教育部高等学校电子信息类专业教学指导委员会规划教材

高等学校电子信息类专业系列教材·新形态教材

U0659347

电工学实验教程

第3版·微课视频版

吴根忠 主 编

仇 翔 王辛刚 吴丽丽 徐 红 副主编

清華大学出版社

北京

内 容 简 介

本书以教育部高等学校电工电子基础课程教学指导分委员会最新修订的"'电工学'课程教学的基本要求"为依据,结合电工学课程组多年的教学实践经验编写,可适应不同专业的教学需要。

全书共 4 章,主要有常用仪器仪表的使用说明、Multisim 12 仿真软件的使用说明、实际操作实验和虚拟仿真实验等,涵盖了直流电路、交流电路、电动机及继电接触控制、模拟电子技术和数字电子技术等内容。

本书可作为高等院校非电类工科专业本科、高职高专及成人教育的教材,也可作为相关工程技术人员的参考书。

本书封面贴有清华大学出版社防伪标签,无标签者不得销售。

版权所有,侵权必究。举报:010-62782989,beiqinquan@tup.tsinghua.edu.cn。

图书在版编目(CIP)数据

电工学实验教程:微课视频版/吴根忠主编.—3 版.—北京:清华大学出版社,2022.9(2025.7重印)
高等学校电子信息类专业系列教材.新形态教材
ISBN 978-7-302-60869-1

Ⅰ.①电…　Ⅱ.①吴…　Ⅲ.①电工实验-高等学校-教材　Ⅳ.①TM-33

中国版本图书馆 CIP 数据核字(2022)第 083098 号

责任编辑:曾　珊　李　晔
封面设计:李召霞
责任校对:郝美丽
责任印制:宋　林

出版发行:清华大学出版社
　　　　　网　　　址:https://www.tup.com.cn,https://www.wqxuetang.com
　　　　　地　　　址:北京清华大学学研大厦 A 座　　　邮　　编:100084
　　　　　社 总 机:010-83470000　　　　　　　　　邮　　购:010-62786544
　　　　　投稿与读者服务:010-62776969,c-service@tup.tsinghua.edu.cn
　　　　　质量反馈:010-62772015,zhiliang@tup.tsinghua.edu.cn
　　　　　课件下载:https://www.tup.com.cn,010-83470236
印 装 者:三河市春园印刷有限公司
经　　销:全国新华书店
开　　本:185mm×260mm　　印　张:13.75　　　　字　　数:335 千字
版　　次:2007 年 7 月第 1 版　2022 年 9 月第 3 版　　印　　次:2025 年 7 月第 4 次印刷
印　　数:2000~2800
定　　价:59.00 元

产品编号:096456-01

P REFACE

第3版前言

　　"电工学实验"是高等学校工科非电类专业共同开设的一门重要的技术基础实验课,旨在使学生掌握电工技术和电子技术的基本理论和基本技能,为学习后续课程打下一定的基础。

　　本书是在第2版的基础上,结合长期的教学实践经验以及新的教学要求重新修订的。本次修订增加了数字电路和综合性、设计性的实验。修订的主要内容如下:

　　(1)通过二维码的形式,嵌入了部分实验的操作视频,使读者更容易理解和掌握仪器设备的使用和实验操作方法,增加了教材的可读性。

　　(2)在实际操作实验中,删除了"步进电机控制电路的研究"的内容,增加了数字电路实验"序列信号发生电路的设计"和"移位寄存器的应用",补充了综合性、设计性实验"彩灯循环显示电路的设计"和"集成运算放大器的综合应用"。

　　(3)更新了"常用仪器仪表的使用说明"和仿真软件Multisim。对虚拟仿真实验的操作方法也进行了相应的更新,并增加了"序列信号发生电路的仿真研究"和"移位寄存器应用电路的仿真研究"两个仿真实验。

　　在全书的编写过程中,得到了浙江工业大学信息工程学院南余荣、贾立新、钟德刚、吴春以及电工学课程组金燕、陆飞、曹全君、李如春、庄婵飞、张丹、余世明等老师的大力支持和帮助,杨海清老师提供了电工接线辅助教学用图,吴苇杭、丁浪、严铁姣等同志在画图、排版等方面做了大量的工作,在此一并表示最诚挚的感谢。

　　本书的出版得到了2019年度浙江工业大学课程建设项目——国家级精品在线开放课程(培育)项目-电工技术基础的资助。

　　由于编者水平有限,书中错误和不妥之处在所难免,恳请读者批评指正。

编　者

2022年6月于浙江工业大学

微课视频清单

视 频 名 称	时长/min	位　　置
视频 1　单管放大电路的搭建与仿真	13	2.5 节
视频 2　叠加定理实验	8	3.1.5 节
视频 3　日光灯电路实验	11	3.2.5 节
视频 4　三相星形负载的实验	16	3.3.5 节
视频 5　电动机正反转控制实验	13	3.4.5 节
视频 6　集成运算放大器实验	10	3.8.2 节
视频 7　六进制计数器的设计与测试	11	3.11.5 节
视频 8　日光灯电路的仿真	8	4.4.3 节
视频 9　十进制计数器的仿真	9	4.10.4 节前

目 录

C ONTENTS

绪　　论

实验须知

1. 实验的意义和目的

电工学实验是电工学课程重要的实践教学环节。实验的目的不仅仅是验证基本理论知识,更重要的是通过实验加强学生的实验手段和实践技能,培养学生分析问题、解决实际问题和应用知识的能力以及工程实践的能力,充分放手让学生自行设计、自主实验,真正培养学生的实践动手能力,全面提高学生的综合素质。学生通过实验可以掌握有关电路连接、测量和故障排除等技能,学会正确使用常见的仪器设备和仪表,掌握一些基本的测试技术、实验方法以及数据采集、处理与分析的方法。

2. 实验规则

实验是电工学课程重要的实践教学环节,实验的目的不仅是巩固和加深理解所学知识,更重要的是训练学生的实验手段和实践技能,培养实际动手能力,树立工程实际观点和严谨的科学作风。

(1) 根据电工学课程大纲的规定,电工学实验根据学生本学期实验情况综合评定,分数计入本课程期末成绩。

(2) 每位学生必须按规定完成实验课,因故不能参加实验者,课前应向指导教师请假。对所缺实验要在期末前的规定时间内补齐。

(3) 每次实验课前,必须做好预习,真正理解和明确实验题目、目的、内容、步骤和操作过程,写出实验预习报告,并接受指导教师的检查和提问。对既不写预习报告,又回答不出问题者,不准其做实验。

(4) 每次实验课,学生必须提前进入实验室,按要求找好座位,检查所需实验设备,做好实验前的准备工作。

(5) 做实验前,首先要确定实验电路所需电源的性质、极性、大小和测试仪表的量程等,了解实验设备的铭牌数据,以免出现错误和损坏设备。

(6) 不准任意搬动和调换实验室内设备,非本次实验所用的仪器设备,未经指导教师允许不得动用。

(7) 要注意测试仪表和设备的正确使用方法,对每次实验中所使用的设备,要了解其原理和使用方法。在没有掌握仪器设备的使用方法前,不得贸然通电使用。

(8) 要求每位学生在实验过程中,必须具有严谨的学习态度和认真、踏实、一丝不苟的科学作风。无特殊原因,中途不得退出实验,否则本次实验无效。

(9) 实验过程中,如出现事故,应马上断开电源开关,然后向指导教师如实反映事故情况,并分析原因,如有损坏仪表和设备时,按有关规定处理。

(10) 实验室内要保持安静、整洁的学习环境,不得大声喧哗,不得随地吐痰和随地乱扔杂物。

（11）每次实验结束之后，实验数据和结果一定要经指导教师检查，确认正确无误后，方可拆线，整理好实验台和周围卫生，然后离开实验室。

（12）实验课后，每位学生必须按实验指导书的要求，独立写好实验报告。实验报告要及时交给指导教师批阅。

3. 实验预习要求

实验前应仔细阅读实验教材中的相关内容，了解本次实验的实验目的、实验原理、实验内容和注意事项等，并按要求写好预习报告，上实验课时应携带预习报告，交辅导教师审阅。

预习报告包括以下内容：

（1）实验目的。

（2）实验原理。

（3）实验线路图。

（4）本次实验所用仪器、设备的使用方法和注意事项。

（5）根据预习要求计算实验数据，分析实验现象。

（6）根据实验步骤和实验内容设计实验数据记录表格。

（7）实验注意事项。

4. 实验注意事项

（1）实验的安全是实验过程中最为重要的，学生在做实验过程中必须始终牢记这一点。实验者做到在实验过程中不带电操作，在实验前做好充分的预习，对实验设备和实验内容充分理解以及规范的实验操作，都能提高实验的安全性。

（2）在实验前对实验设备进行检查。按照实验指导书核对仪器、仪表及使用到的其他设备的类型、规格和数量。如果是设计性实验，则应按设计选定的设备进行核对。了解设备使用方法及线路板的组成和接线要求。

（3）按照实验指导书给出的线路图或自己设计的线路图进行接线，实验电路走线、布线应简洁明了、便于测量，导线长短安排合理，不允许因为导线不够长而把两根导线对接后使用，否则很容易发生触电事故。

（4）完成实验接线后，按电路逐项检查各仪表、设备、元器件的位置、极性等是否正确。确定无误后，再请指导教师进行复查，经教师确认后方可通电进行实验。实验中严格遵循操作规程，改接线路和拆线一定要在断电的情况下进行，绝对不允许带电操作。如发现异常声音、气味或其他事故情况，应立即切断电源，报告指导教师检查处理。

（5）实验时每组同学应分工协作，轮流接线、记录、操作等，使每个同学受到全面训练。测量数据或观察现象要认真细致，实事求是。使用仪器仪表要符合操作规程，切勿乱调旋钮、挡位。注意仪表的正确读数，记录数据时要注意有效数据的位数。

（6）实验结束后，实验记录交指导教师查看并认为无误后，方可拆除线路。最后，应清理实验桌面，清点仪器设备。

（7）未经许可，不得动用其他组的仪器设备或工具等物。爱护公物，发生仪器设备等损坏事故时，应及时报告指导教师，按有关实验管理规定处理。

（8）自觉遵守学校和实验室管理的其他有关规定。

5．实验总结

实验报告是培养学生科学实验的总结能力和分析思维能力的有效手段，也是一项重要的基本功训练，它能很好地巩固实验成果，加深对基本理论的认识和理解，从而进一步扩大知识面。

实验报告是一份技术总结，应根据所得数据和所观察到的实验现象完成实验报告，要求文字简洁，语言通顺，内容清楚，图表数据齐全规范，一律用学校规定的实验报告纸认真书写。实验报告的重点是实验数据的整理与分析，报告内容应包括实验目的、实验原理、实验使用仪器和元器件、实验内容和结果以及实验结果分析讨论等，其中实验内容和结果是报告的主要部分，它应包括实际完成的全部实验，内容如下。

（1）实验原始记录：实验电路（包括元器件参数）、电路原理的分析说明、实验数据与波形以及实验过程中出现的故障记录及解决的方法等，对于设计性课题，还应有整个设计过程和关键的设计技巧说明。原始记录上必须有指导教师签字，否则无效。

（2）实验结果分析、讨论及结论：对原始记录进行必要的分析、整理，包括实验数据与预算结果的比较，产生误差的原因及减小误差的方法，实验故障原因的分析等。数据整理和计算结果尽量以表格列出，物理量要写出单位，表格后面要有计算公式和计算过程。曲线在坐标纸上绘制，先选好坐标，标上物理量及单位，曲线要求光滑，线条粗细均匀，写上曲线名称。

（3）完成实验总结中指定的思考题。

（4）总结本次实验的体会和收获，总结的内容一般应对重要的实验现象、结论加以讨论，以进一步加深理解，此外，对实验中的异常现象，可作一些简要说明，实验中有何收获，可谈一些心得体会。

在编写实验报告时，常常要对实验数据进行科学的处理，才能找出其中的规律，并得出有用的结论。常用的数据处理方法是列表和作图。实验所得的数据可分类记录在表格中，这样便于对数据进行分析和比较。实验结果也可绘成曲线，直观地表示出来。在作图时，应合理选择坐标刻度和起点位置（坐标起点不一定要从零开始），并要采用方格纸绘图。当标尺范围很宽时，应采用对数坐标纸。另外，在波形图上通常还应标明幅值、周期等参数。

预习报告在实验前完成，实验报告应在实验完成后一周内交给实验指导教师批阅。

6．实验安全用电规则

安全用电是实验中始终需要注意的重要事项。为了做好实验，确保人身和设备的安全，在做实验时，必须严格遵守下列安全用电规则：

（1）实验中的接线、改接、拆线都必须在切断电源的情况下进行，线路连接完毕再接通电源。

（2）在电路通电情况下，人体严禁接触电路中不绝缘的金属导线和连接点带电部位，以免触电。一旦发生触电事故，应立即切断电源，保证人身安全。

（3）实验中，特别是设备刚投入运行时，要随时注意仪器设备的运行情况，如发现有超量程、过热、异味、冒烟、火花等现象出现时,应立即断电,并请指导教师检查。

（4）了解有关电器设备的规格、性能及使用方法,严格按要求操作。注意仪器仪表的种类、量程和接线方法,保证设备安全。

（5）实验时应精力集中,衣服、头发等不要接触电动机及其他可以移动的电气设备,以防止安全事故发生。

实验基础
知识

第1章

常用仪器仪表的使用说明

1.1 UTG7025B 函数/任意波形发生器简介

UTG7025B 函数/任意波形发生器(简称信号源),使用 DDS 直接数字频率合成技术,可生成高精度、稳定、纯净、低失真的信号,还能提供高频率且具有快速上升沿和下降沿的方波。操作界面简洁、技术指标优越、图形显示风格人性化,是一款高性能、多功能的双通道函数/任意波形发生器。

1.1.1 面板和按键介绍

1. 前面板

UTG7025B 函数/任意波形发生器提供了简洁、直观且操作简单的前面板,如图 1-1 所示。

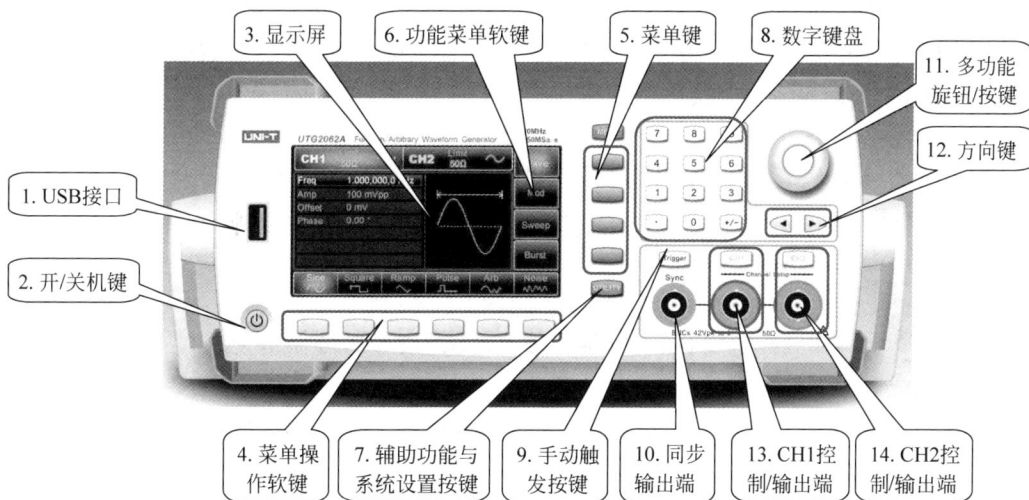

图 1-1 前面板

1) USB 接口

支持 FAT16、FAT32 格式的 U 盘。通过 USB 接口可以读取已存入 U 盘中的任意波形数据文件,存储或读取仪器当前状态文件。

2）开/关机键

开启或关闭仪器，按此键背光灯亮（绿色），随后显示屏显示开机界面后再进入功能界面。为防止意外碰到开/关机键而关闭仪器，该键设置为短按开机，长按约500ms关闭仪器。关闭仪器后按键背光和屏幕同时熄灭。

3）显示屏

高分辨率TFT彩色液晶显示屏通过色调的不同，可以明显区分通道一和通道二的输出状态、功能菜单和其他重要信息。

4）菜单操作软键

通过软键标签的标识对应地选择或查看标签（位于功能界面的下方）的内容，配合数字键盘或多功能旋钮或方向键对参数进行设置。

5）菜单键

通过按菜单键弹出4个功能标签：波形、调制、扫频、脉冲串，按对应的功能菜单软键可获得相应的功能。

6）功能菜单软键

通过软键标签的标识对应地选择或查看标签（位于功能界面的右方）的内容。

7）辅助功能与系统设置按键

通过按此按键可弹出以下功能标签：通道1设置、通道2设置、通道耦合、频率计、网络设置、系统，高亮显示的标签在屏幕下方有对应的子标签，子标签更详细地描述了屏幕右方功能标签的内容，可按对应的菜单操作软键来获得相应的信息或设置，如：设置通道（如输出阻抗设置：1Ω 至 $1k\Omega$ 可调，或者高阻）、指定电压限值、配置同步输出、语言选择、开机参数、背光亮度调节、DHCP（动态主机配置协议）端口配置、存储和调用仪器状态，设置系统相关信息，查看帮助主题列表等。

8）数字键盘

用于输入所需参数的数字键$0\sim9$、小数点“.”、符号键“$+/-$”。小数点“.”键可用于快速切换单位，左方向键退格并清除当前输入的前一位。

9）手动触发按键

在扫频和触发模式下可设置手动触发，当触发灯闪烁时可执行手动触发。

10）同步输出端

输出所有标准输出功能（DC和噪声除外）的同步信号。

11）多功能旋钮/按键

旋转多功能旋钮改变数字（顺时针旋转数字增大）或作为方向键使用，按压多功能旋钮可选择功能或确定设置的参数。

12）方向键

在使用多功能旋钮和方向键设置参数时，用于切换数字的位或清除当前输入的前一位数字或移动（向左或向右）光标的位置。

13）CH1控制/输出端

快速切换在屏幕上显示的当前通道（CH1信息标签高亮表示为当前通道，此时参数列表显示通道1相关信息，以便对通道1的波形参数进行设置）。若此通道为当前通道（CH1信息标签高亮），可通过按CH1键快速开启/关闭通道1输出，也可以通过按Utility键弹出标签后再按"通道 1 设置"软键来设置。开启通道 1 输出时,CH1 键背光灯亮,同时在 CH1 信息标签的右方会显示当前输出的功能模式("波形"或"调制"或"扫频"或"脉冲串"字样),同时在 CH1 输出端输出信号。关闭通道 1 输出时,CH1 键背光灯灭,同时在 CH1 信息标签的右方会显示"关"字样,同时关闭 CH1 输出端。

14) CH2 控制/输出端

与 CH1 操作类似。

2. 后面板

后面板的介绍请见二维码。

后面板介绍

1.1.2　功能界面

功能界面如图 1-2 所示。各软键标签、波形参数及信息说明如下。

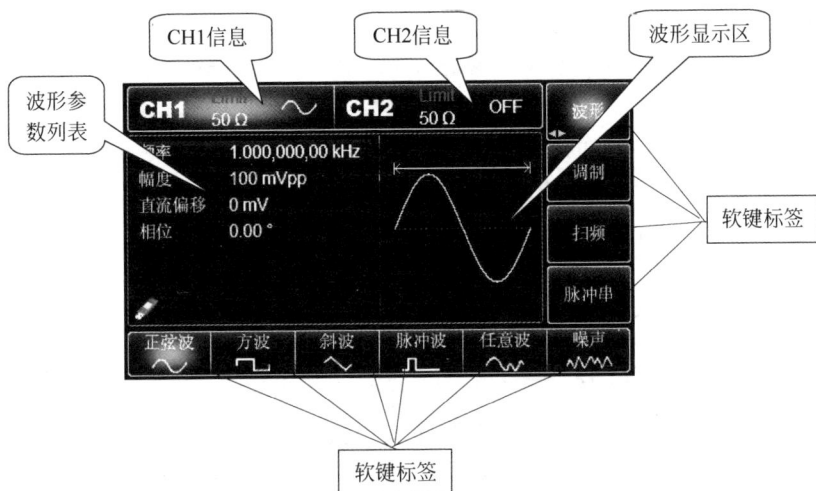

图 1-2　功能界面

(1) CH1/CH2 信息:当前选中的通道标识会高亮显示。

① Limit 表示输出幅度限制,白色为有效,灰色为无效。

② 50Ω 表示输出端要匹配的阻抗 50Ω(1Ω~10kΩ 可调,或为高阻,出厂默认为 50Ω)。

③ 〜 表示当前输出信号为正弦波(不同工作模式下可能为"基波波形""调制""扫频""脉冲串""关"字样)。

(2) 软键标签:用于标识旁边的功能菜单软键和菜单操作软键当前的功能。高亮显示时标签的正中央显示当前通道的颜色或系统设置时的灰色,字体为纯白色。

① 屏幕右方的标签:如果标签高亮显示,说明被选中,则位于屏幕下方的 6 个子软键标签显示的就是它指示的内容(注意:如果当前被选中的标签子目录级数比较多,则下方显示的不一定是它下一级子目录的内容,例如,图 1-3 中的"类型"标签高亮显示,屏幕下方恰好显示的是波形的种类,属于"类型"标签的下一级目录,但如果此时按 Menu 键,右方的标签将会是"波形"标签高亮,而屏幕下方的标签内容无变化,并不是显示的"波形"标签的下一级子目录。"波形"标签的下一级子目应该是"类型"和"参数")。如果要显示的子标签数大于6个(当子标签数大于 6 个时会在标签的右下角显示小三角形符号 ◀▶)则需要分多屏显示,

要查看下一屏,按标签右边对应的功能菜单软键即可。

②屏幕下方的子标签:当子标签所显示的内容属于屏幕右方的"类型"标签下级目录时,以高亮显示表示为选中的功能。当子标签显示的内容属于屏幕右方的"参数"标签(或属于通过按 Utility 按键弹出的标签"通道1设置""通道2设置""通道耦合""频率计""网络设置""系统"中的一种)下级目录时,它与波形参数列表区内容一一对应,以标签的边缘显示当前通道颜色(系统设置时为灰色)且字体为纯白色(参数列表中以字体为纯白色来表示选中);此时按菜单操作软键或多功能旋钮,对应的软键子标签将高亮显示来表示进入"参数编辑状态"以对列表中的参数进行设置,转动多功能旋钮可改变参数,参数设定后通过按多功能旋钮确定并退出编辑状态;若标签处于"选中"状态而不是"编辑"状态,则可以通过转动多功能旋钮或方向键在标签上移动;如果要修改的参数是以数字+单位表示且该项参数处于选中或编辑状态时可以通过按数字键盘来快速输入(左方向键可用来删除当前输入的前一位),屏幕下方的子标签会自动弹出可供选择的有效单位,输入完毕后通过按操作软键或按多功能旋钮确定并退出编辑状态。

(3)波形参数列表:以列表的方式显示当前波形的各种参数,如果列表中某一项显示为纯白色,则可以通过菜单操作软键、数字键盘、方向键、多功能旋钮的配合进行参数设置。如果当前字符底色为当前通道的颜色(系统设置时为白色),则说明此字符进入编辑状态,可用方向键或数字键盘或多功能旋钮来设置参数。

(4)波形显示区:显示该通道当前设置的波形形状(可通过颜色或 CH1/CH2 信息栏的高亮状态来区分是哪一个通道的当前波形,左边的参数列表显示该波形的参数)。注:系统设置时没有波形显示区,此区域被扩展成参数列表。

1.1.3　输出基本波形

UTG7025B 函数/任意波形发生器可从单通道或同时从双通道输出基本波形,包括正弦波、方波、脉冲、噪声、斜波和表达式。开机时,默认输出一个频率为 1kHz、幅度为 100mVpp 的正弦波。本节介绍如何配置仪器输出各类基本波形。

1. 设置输出频率

如要将频率改为 2.5MHz,具体步骤如下:

(1)依次按 Menu→"波形"→"参数"→"频率"(如果按"参数"软键后没有在屏幕下方弹出"频率"标签,则需要再次按"参数"软键进行下一屏子标签显示)。要改为设置波形周期,可再次按"频率"软键切换到"周期",频率和周期可以相互切换。

(2)使用数字键盘输入所需数字 2.5,如图 1-3 所示。

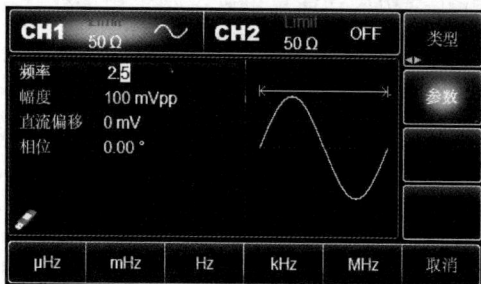

图 1-3　频率值的输入

（3）选择所需单位。

按对应于所需单位的软键。在本例中,按 MHz 软键。在选择单位后,波形发生器即以显示的频率输出波形(如果输出已启用)。通过多功能旋钮和方向键的配合也可进行此参数的设置。

2. 设置输出幅度

如要将幅度改为 300mVpp,具体步骤如下：

（1）依次按 Menu→"波形"→"参数"→"幅度"(如果按"参数"软键后没有在屏幕下方弹出"幅度"标签,则需要再次按"参数"软键进行下一屏子标签显示)。再次按"幅度"软键可进行单位的快速切换(在 Vpp、Vrms、dBm 之间切换)。

（2）使用数字键盘输入所需数字 300,如图 1-4 所示。

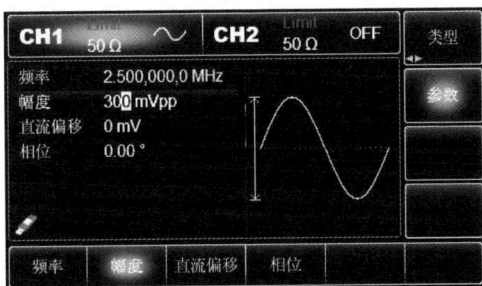

图 1-4　幅度值的输入

（3）选择所需单位。

按所需单位对应的软键。在本例中,选择 mVpp。在选择单位后,波形发生器即以显示的幅度输出波形(如果输出已启用)。通过多功能旋钮和方向键的配合也可进行此参数设置。

3. 设置 DC 偏移电压

在接通电源时,波形默认 DC 偏移电压为 0V 的正弦波。如要将 DC 偏移电压改为 −150mV,具体步骤如下：

（1）依次按 Menu→"波形"→"参数"→"直流偏移"(如果按"参数"软键后没有在屏幕下方弹出"直流偏移"标签,则需要再次按"参数"软键进行下一屏子标签显示)。再次按"直流偏移"软键时,原来用幅度和直流偏移描述波形的参数已变成高电平(最大值)和低电平(最小值)来描述,这种设置信号限值的方法对于数字应用是很方便的。

（2）使用数字键盘输入所需数字 −150,如图 1-5 所示。

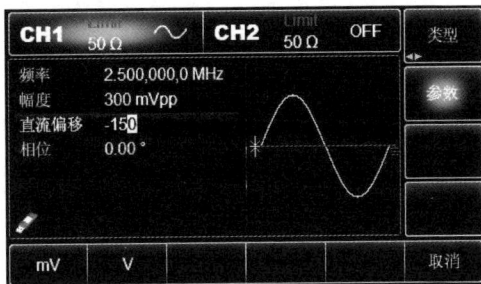

图 1-5　直流偏移电压的输入

（3）选择所需单位。

按对应于所需单位的软键。在本例中，按 mV 软键。在选择单位后，波形发生器即以显示的直流偏移输出波形（如果输出已启用）。通过多功能旋钮和方向键的配合也可进行此参数设置。

4. 设置方波

方波的占空比表示每个循环中方波处于高电平的时间与周期之比（假设波形不是反向的）。在接通电源时，方波默认的占空比是 50%，占空比受最小脉冲宽度 40ns 的限制。设置频率为 1kHz，幅度为 1.5Vpp，直流偏移为 0V，占空比为 70% 方波，具体步骤如下：

依次按 Menu→"波形"→"类型"→"方波"→"参数"（当"类型"标签处于非高亮显示时，才需要按"类型"软键进行选中），要设置某项参数先按对应的软键，再输入所需数值，然后选择单位即可，如图 1-6 所示。通过多功能旋钮和方向键的配合也可进行此参数设置。

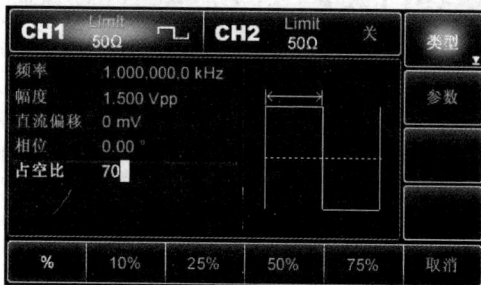

图 1-6　方波参数的设置

5. 设置脉冲波

脉冲波的占空比表示每个循环中从脉冲的上升沿的 50% 阈值到下一个下降沿的 50% 阈值之间时间与周期之比（假设波形不是反向的）。对 UTG7025B 函数/任意波形发生器进行参数配置，可以输出具有可变的脉冲宽度和边沿时间的脉冲波形。在接通电源时，脉冲波默认占空比为 50%，上升/下降沿时间为 1μs，如要将方波设置成周期为 2ms，幅度为 1.5Vpp，直流偏移为 0V，占空比（受最小脉冲宽度 17ns 的限制）为 25%，上升沿时间为 200μs，下降沿时间为 200μs 的方波，具体步骤如下：

依次按 Menu→"波形"→"类型"→"脉冲波"→"参数"（当"类型"标签处于非高亮显示时，才需要按"类型"软键进行选中），再按"频率"软键实现频率与周期的转换。输入所需数值，然后选择单位即可。在输入占空比数值时，屏幕下方会有 25% 的标签，按对应的软键即可快速输入，当然也可以输入数字 25 再按 % 软键来完成输入。对下降沿时间进行设置时，请再次按"参数"软键或在子标签处于选中的状态下，向右旋多功能旋钮进行下一屏子标签的显示（子标签"选中"状态边缘为当前通道颜色，子标签高亮时为"编辑状态"，请参阅 1.1.2 节相关内容），再按"下降沿"软键输入所需数值，然后选择单位即可。通过多功能旋钮和方向键的配合也可进行此参数设置，如图 1-7 所示。

6. 设置直流电压

直流电压的输出就是对直流偏移进行设置，所以在对前面的直流偏移函数进行更改时，直流电压（DC 偏移）的默认值已更改，在接通电源时，直流电压默认为 0V。如要将 DC 偏移

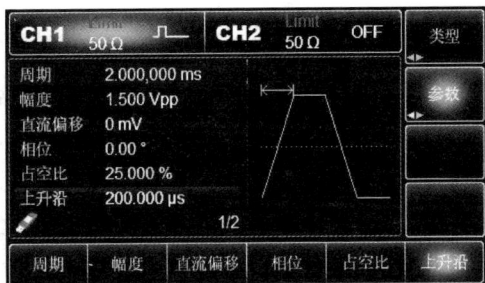

图 1-7　脉冲波参数的设置

电压改为 3V,具体步骤如下:

（1）依次按 Menu→"波形"→"类型"→"直流"（如果按"波形"软键后"类型"标签处于非高亮状态,则需要按两次"类型"软键,第一次代表高亮设置,第二次代表进行下一屏子标签显示）。

（2）使用数字键盘输入所需数字 3,如图 1-8 所示。

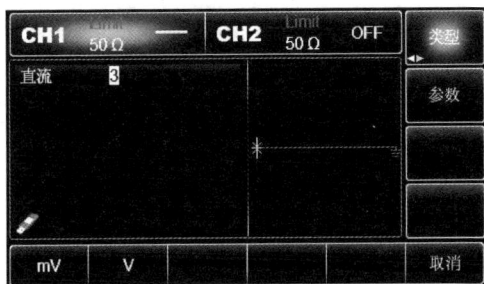

图 1-8　直流电压值的输入

（3）选择所需单位。

按所需单位对应的软键。在本例中,按 V 软键。在选择单位后,波形发生器即以显示的直流偏移输出波形（如果输出已启用）。通过多功能旋钮和方向键的配合也可进行此参数设置。

7. 设置斜波

对称度表示每个循环中斜波斜率为正的时间与周期之比（假设波形不是反向的）。在接通电源时,斜波默认的对称度是 100%。如要将斜波设置成频率为 10kHz,幅度为 2V,直流偏移为 0V,对称度为 50% 的三角波,具体步骤如下:

依次按 Menu→"波形"→"类型"→"斜波"→"参数"（当"类型"标签处于非高亮显示状态时,才需要按"类型"软键进行选中）,要设置某项参数时,先按对应的软键,再输入所需数值,然后选择单位即可。在输入对称度数值时,屏幕下方会有 50% 的标签,按对应的软键即可快速输入,当然也可以通过输入数字 50,再按 % 软键来完成输入,如图 1-9 所示。通过多功能旋钮和方向键的配合也可进行此参数设置。

8. 设置噪声波、谐波和表达式

UTG7025B 函数/任意波形发生器还可以对噪声波、谐波和输出信号的表达式进行设

图 1-9 斜波参数的设置

置,限于篇幅,这里不做详细介绍,如有需要,可参阅《UTG7025B 使用手册》。

1.1.4 辅助功能设置

UTG7025B 函数/任意波形发生器的辅助功能的设置详见二维码。

1.2 UT8804N 台式数字万用表使用说明

1.2.1 产品概述

UT8804N 是 $4\frac{5}{6}$ 位、自动量程台式彩屏真有效值万用表,可用于测量交直流电压、交直流电流、电阻、电导、二极管、电路通断、电容、温度、频率、脉冲宽度等参数,并具有数据保持、最大值/最小值/平均值测量、比较功能测量、相对值测量、峰值检测、趋势图捕捉以及 20000 条的数据记录/回读功能。

UT8804N 台式数字万用表的安全操作准则和综合指标请参阅二维码中的内容。

1.2.2 LCD 显示器

UT8804N 台式数字万用表集成 4.3 英寸彩色显示屏,如图 1-10 所示。各部分的功能见表 1-1。

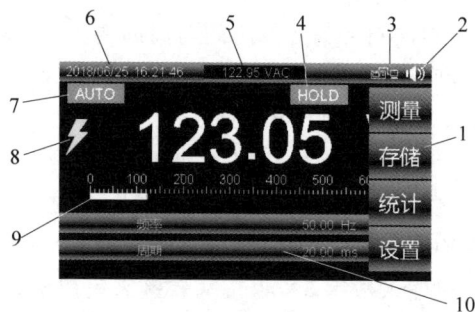

图 1-10 LCD 显示屏

表 1-1　LCD 显示屏的功能表

序号	功 能	说 明
1	菜单功能标签	测量、存储、统计和设置等菜单功能
2	蜂鸣器	表示启用了仪表的蜂鸣器(与通断性测试报警无关)
3	通信	表示通信链路上的活动
4	保持符号	表示数据处于保持模式
5	小测量值	若主显示屏和辅助显示屏被菜单或弹出信息遮盖住了,则在此处显示测量值
6	时间及日期	表示内部时钟设置的时间和日期
7	量程指示符	表示仪表当前所处的量程及量程模式(自动或手动)
8	闪电符号	输入端存在危险电压
9	模拟条	快速模拟显示输入信号
10	辅助显示	显示关于输入信号的辅助测量信息

1.2.3　功能简介

1. 外形结构

UT8804N 台式数字万用表的前面板和后面板如图 1-11 所示。前后面板各部分的功能简介如下。

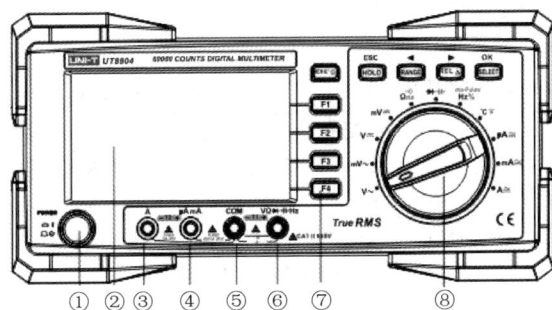

(a) 前面板

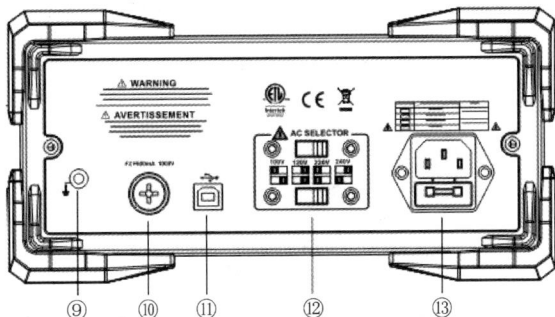

(b) 后面板

图 1-11　万用表的前面板和后面板

① 电源开关。

② TFT 显示屏。

③ A 电流输入插孔。

④ μA 和 mA 电流输入插孔。

⑤ COM 输入端。

⑥ 其余测量输入端。

⑦ 功能按键。

⑧ 旋钮开关。

⑨ 接地。

⑩ 保险丝旋钮(F1 600mA)。

⑪ USD 接口。

⑫ 交流电压选择开关。

⑬ 插座。

2. 功能按键

前面板上的 9 个按钮用于激活旋转开关选定的功能特性或浏览菜单。每个按钮的功能如表 1-2 所示。

表 1-2　按钮的功能说明

按　　　钮	功　　　能
MENU	打开或关闭菜单功能标签 长按按钮 1s 切换背光亮度
F1 F2 F3 F4	选择相对应的菜单功能
ESC/HOLD	在菜单显示时,用于退出子菜单;否则,用于数据保持功能
◄/RANGE	在菜单显示时,用于控制光标向上滚动,选择相关的子功能和模式;否则,用于将仪表量程模式切换至手动模式,然后依次在所有可用量程之间变换。要返回自动量程选取,需长按按钮 1s
►/RELΔ	在菜单显示时,用于控制光标向下滚动,选择相应的子功能菜单;否则,用于相对值模式测量,要退出相对值模式测量,需长按按钮 1s
OK/SELECT	在菜单显示时,确认进入光标选取的子菜单功能和模式;否则,用于选择挡位的复合功能

3. 旋钮开关

旋钮开关如图 1-12 所示。每个挡位的功能如表 1-3 所示。

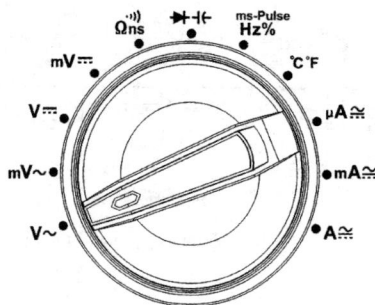

图 1-12　旋钮开关

表 1-3　旋钮开关的功能说明

旋　钮	功　能
V~	交流电压测量
mV~	交流毫伏测量和交流合并直流(AC+DC)毫伏测量
V⎓	直流(DC)和交流合并直流(AC+DC)电压测量
mV⎓	直流毫伏测量
Ωⁿs	电阻、通断性和电导系数测量
⊪⊣⊢	二极管测试和电容测量
ms-Pulse Hz%	频率、占空比和脉冲宽度测量
℃℉	温度测量
μA≅	交流(AC)、直流(DC)和交流合并直流(AC+DC)微安测量
mA≅	交流(AC)、直流(DC)和交流合并直流(AC+DC)毫安测量
A≅	交流(AC)、直流(DC)和交流合并直流(AC+DC)安培测量

4. 测量端子

万用表前面板上有 4 个测量端子,这 4 个端子的功能如表 1-4 所示。

表 1-4　测量端子的功能

端　子	描　述
A ◉	测量 0～10.00A 电流(20A 过载最长持续 30s,再中断 10min)和频率的输入端子
μAmA ◉	测量 0～600mA 电流和频率的输入端子
COM ◉	用于所有测量的公共端子
VΩ⊣⊢Hz ◉	测量电压、通断性、电阻、二极管测量、电导、电容、频率、周期和占空系数的输入端子

温度测量功能通过相应的转接座使用 4 个端子。

如果表笔插错,则显示屏会显示"Lead Error!"作为警告。

1.2.4　测量操作说明

1. 打开仪表电源

在开启仪表电源之前,需要先设置供电电源。供电电源的选择开关在后面板上,如图 1-13 所示。将两个红色开关拨到 100V/120V/220V/230V 对应的供电电源位置,请勿拨错,否则会烧坏电源插座上的保险丝。之后,按前面板上的电源开关打开电源。

2. 交流电压的测量

测量交流电压时,按以下步骤操作:

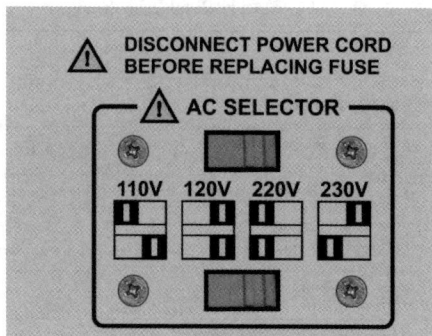

图 1-13　供电电源选择开关

（1）将红表笔插入 ⊙ 插孔，黑表笔插入 ⊙ 插孔。

（2）将仪表的旋转开关转到 **V~** ，将表笔并联到待测电源或负载上。

（3）从显示器上直接读取被测电压值，显示值为真有效值。

（4）按功能键 MENU 打开主菜单，接着按 F1 键打开测量模式的子菜单，控制光标可选择电压＋频率、峰值、低通滤波、dBV、dBm 等测量模式。

（5）在电压＋频率测量模式下，主显电压，副显频率和周期。

（6）在峰值测量模式下，显示正峰值 PeakMax，负峰值 PeakMin。

（7）在低通滤波测量模式下，交流信号要经过一个滤波器，该滤波器会拦截频率高于 1kHz 的电压信号，如图 1-14 所示，低通滤波器可测量由逆变器和变频电动机产生的复合正弦波信号。

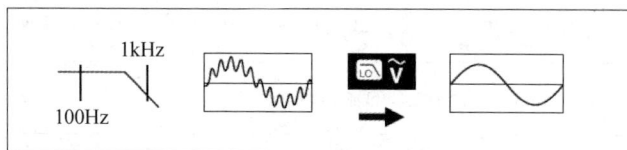

图 1-14　低通滤波测量模式示意图

（8）在 dBV 测量模式下，主显 dBV，副显相应的交流电压值，模拟条显示被测信号的交流电压。

$$dBV＝20lg(输入电压(V))$$

（9）在 dBm 测量模式下，主显 dBm，副显相应的交流电压值和参考阻抗值，模拟条显示被测信号的交流电压。dBm 是一个表示功率绝对值的值，即分贝毫瓦，$dBmV＝10lg(输入电压×输入电压/R)(mW)$；R 为可选电阻（4～1200Ω）。设置操作如下：

• 主菜单的设置项进入后，控制光标，选择"设置 dBm 参考值"子菜单。

• 进入"设置 dBm 参考值"子菜单后，按 F2（◀）或 F3（▶）键，在 10 个定义的参考值之间滚动：4、8、16、25、32、50、75、600、1000 和"修改"，选择"修改"菜单选项时，通过按 F2 或 F3 键修改数字，按 ◀ 或 ▶ 键选择编辑位置，可以选择 4～1200Ω 任意一个参考阻抗值。

• 按 F1 键确认。

注意：

- 不要输入高于 1000V 的电压。虽然仪表有可能测量更高的电压,但有损坏仪表的危险。
- 在测量高电压时,要特别注意避免触电。
- 为了避免电击或人身伤害,必须在未连接滤波器的情况下测量电压,以检测是否存在危险电压。然后再选用滤波器功能。在低通滤波测量模式下,仪表将转为手动模式。按 RANGE 键选择量程。在低通滤波器启用时,自动量程不可用。
- 在完成所有的测量操作后,要断开表笔与被测电路的连接。

3. 交流毫伏电压的测量

测量交流毫伏电压时,按以下步骤操作:

(1) 将红表笔插入 VΩ⊶Hz ⊙ 插孔,黑表笔插入 COM ⊙ 插孔。

(2) 将仪表的旋转开关转到 mV~,将表笔并联到待测电源或负载上。

(3) 从显示器上直接读取被测电压值,显示值为真有效值。

(4) 按功能键 MENU 打开主菜单,接着按 F1 键打开测量模式的子菜单,控制光标可选择电压＋频率、峰值、AC＋DC 等测量模式。

(5) 在电压＋频率测量模式下,主显毫伏电压,副显频率和周期。

(6) 在峰值测量模式下,显示正峰值 PeakMax,负峰值 PeakMin。

(7) 在 AC＋DC 测量模式下,主显 AC＋DC 值,定义为 $\sqrt{ac^2+dc^2}$,副显交流分量和直流分量。

4. 直流电压/直流毫伏电压的测量

测量直流(毫伏)电压时,需要将仪表的旋转开关转到 V⎓(mV⎓),其他操作与测量交流(毫伏)电压时类似。

5. 交流电流/直流电流的测量

测量交流电流/直流电流时,按以下步骤操作:

(1) 将红表笔插入 mAμA ⊙ 或 A ⊙ 插孔,黑表笔插入 COM ⊙ 插孔。

(2) 将仪表的旋转开关转到 μA≂ 或 mA≂ 或 A≂,按 SELECT 键选择所需测量的电流范围,将表笔串联到待测回路中。

(3) 从显示器上直接读取被测电流值,交流测量时显示真有效值。

(4) 按功能键 MENU 打开主菜单,接着按 F1 键打开测量模式的子菜单,控制光标可选择电流＋频率、峰值等测量模式。

(5) 在电流＋频率测量模式下,主显电流,副显频率和周期(交流电流测量时)。在 AC＋DC 测量模式下,主显 AC＋DC 值,定义为 $\sqrt{ac^2+dc^2}$,副显交流分量和直流分量(直流电流测量时)。

(6) 在峰值测量模式下,显示正峰值 PeakMax,负峰值 PeakMin。

注意：

- 在仪表串联到待测回路之前,应先将回路中的电源关闭,将所有高压电容器放电。
- 测量时应使用正确的输入端口和功能挡位,如不能估计电流的大小,应从大电流量程开始测量。

- 当表笔插在仪表的电流输入端口时，切勿把表笔测试针并联到任何电路上，否则会烧断仪表内部保险丝和损坏仪表。
- 在完成所有的测量操作后，应先关断测量电路的电源，再断开表笔与被测电路的连接。

6. 电阻的测量

测量电阻时，按以下步骤操作：

(1) 将红表笔插入 VΩ⊶⋅Ⅱ·Hz ⊙ 插孔，黑表笔插入 ⊙ COM 插孔。

(2) 将仪表的旋转开关转到 Ωₙₛ 测量挡，按 SELECT 键选择电阻测量 Ω 挡，将表笔并联到被测电阻二端。

(3) 从显示器上直接读取被测电阻值。

注意：

- 如果被测电阻开路或阻值超过仪表最大量程，则显示器将显示 OL。
- 当测量在线电阻时，在测量前必须先将被测电路的所有电源关断，并将所有电容器彻底放电，才能保证测量正确。
- 在低阻测量时，表笔会带来约 $0.1 \sim 0.2\,\Omega$ 电阻的测量误差。为获得精确读数，可以利用相对测量功能，首先短路输入表笔再按 $\boxed{\text{REL}\triangle}$ 键，待仪表自动减去表笔短路显示值后再进行低阻测量。
- 如果表笔短路时的电阻值不小于 $0.5\,\Omega$，则应检查表笔是否有松脱现象或其他原因。
- 测量 $1\,\text{M}\Omega$ 以上的电阻时，可能需要在几秒后读数才会稳定。
- 不要输入高于交流 30V（有效值）、交流 42V（峰值）或直流 60V 的电压，避免伤害人身安全。
- 在完成所有的测量操作后，要断开表笔与被测电路的连接。

7. 电导的测量

测量电导时，按以下步骤操作：

(1) 将红表笔插入 ⊙ 插孔，黑表笔插入 ⊙ COM 孔。

(2) 将仪表的旋转开关转到 Ωₙₛ 测量挡，按 SELECT 键选择电导 60nS 测量挡，将表笔并联到被测电阻二端。

(3) 从显示器上直接读取被测电导值。

8. 通断测试

通断测试时，按以下步骤操作：

(1) 将红表笔插入 ⊙ 插孔，黑表笔插入 ⊙ 插孔。

(2) 将仪表的旋转开关转到 Ωₙₛ 测量挡，按 SELECT 键选择通断测试挡 •))，将表笔连接到待测的两点。当被测两点之间电阻 $<10\,\Omega$ 时，蜂鸣器连续发声；当被测两点之间电阻 $>50\,\Omega$ 时，蜂鸣器不发声。

(3) 从显示器上直接读取被测电阻值。

9. 电容的测量

测量电容时，按以下步骤操作：

（1）将红表笔插入 ⊙ 插孔，黑表笔插入 ⊙ 插孔。

（2）将仪表的旋转开关转到 ⊶⊩ 测量挡，按 SELECT 键选择电容测量挡，将表笔并联到被测电容二端。

（3）从显示器上直接读取被测电容值。

注意：

- 如果被测电容短路或容值超过仪表的最大量程，则显示器将显示 OL。
- 对于小量程挡电容的测量，须采用仪表相对测量 REL 功能，避免分布电容的影响，便于正确读数。
- 对于大于 $600\mu F$ 电容的测量，会需要较长的时间，才能有正确的读数。
- 为了确保测量精度，建议电容在测试前将电容彻底放电后再进行测量，对带有高压的电容尤为重要，以避免损坏仪表和伤害人身安全。
- 不要输入高于交流 30V（有效值）、交流 42V（峰值）或直流 60V 的电压，避免伤害人身安全。
- 在完成测量操作后，要断开表笔与被测电容的连接。

10．二极管的测试

进行二极管测量时，按以下步骤操作：

（1）将红表笔插入 ⊙ 插孔，黑表笔插入 ⊙ 插孔。红表笔极性为"＋"，黑表笔极性为"－"。

（2）将仪表的旋转开关转到 ⊶⊩ 测量挡，按 SELECT 键选择二极管测量挡 ⊶，将表笔并联到被测二极管二端上。从显示器上直接读取被测二极管的近似正向 PN 结结电压。

（3）对正常半导体 PN 结，它会发出短暂"哔"声；如果半导体 PN 结短路（低于 0.1V），它会连续发声。硅型 PN 结典型电压值约为 $0.5\sim0.8V$。

注意： 测试二极管时的开路电压约为 3V。如果被测二极管开路或极性反接，则显示 OL。

11．频率/占空比测量/脉冲宽度的测量

（1）将红表笔插入 ⊙ 插孔，黑表笔插入 ⊙ 插孔。

（2）将仪表的旋转开关转到 Hz% 测量挡，按 SELECT 键选择频率测量挡 Hz 或占空比％或脉冲宽度 ms-Pulse，将表笔并联到待测信号上。

（3）从显示器上直接读取被测频率值或占空比或脉冲宽度。

注意：

- 在占空比和脉冲宽度功能挡时，模拟条显示被测信号的频率。
- 不要输入高于 30V rms 被测频率电压，以免伤害人身安全。
- 在完成所有的测量操作后，要断开表笔与被测电路的连接。

12．相对值测量

短按功能键 📷 进入相对值测量模式，此时主显测量值-基值，副显相对值和实时测量值。长按功能键 📷，退出相对值测量模式。

该仪器还具有温度、最大值最小值测量、比较模式 COMP、记录测量数据、控制背光、仪表设置等功能。

UT8804 台式数字万用表技术指标详见二维码。其他更具体的内容请参阅《UT8804N 使用手册—台式数字彩屏万用表》。

1.3　UT8633 数字交流毫伏表使用说明

1.3.1　产品介绍

UT8633 是一款数字交流毫伏电压表，最大显示 38000，具有多功能、高精度等特点。UT8633 最高测量电压为 380V，最小有效分辨率为 $50\mu V$。

UT8633 数字交流毫伏表的特点、基本性能和技术指标详见二维码中的内容。

1.3.2　面板介绍

1. 前面板

UT8633 交流毫伏表的前面板如图 1-15 所示。前面板的标志说明见表 1-5。

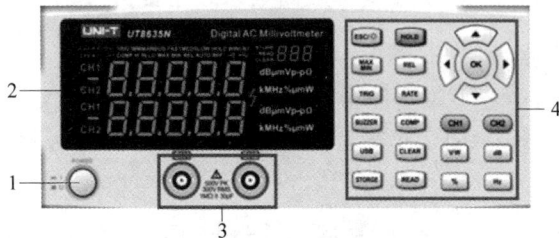

图 1-15　前面板

表 1-5　前面板标志说明

序号	名　称	说　明
1	电源开关	用于打开/关闭仪器
2	显示屏	用于显示测量参数和运行模式等信息
3	输入插座	用于接入待测信号
4	按键	用于选择测试模式 其他界面根据屏幕指示实现特定的操作功能

1）按键

前面板的按键分布如图 1-16 所示。各按键的功能见表 1-6。

图 1-16　前面板按键

表 1-6 按键功能说明表

按键	短 按 功 能	长 按 功 能
ESC/☼	ESC 键	循环切换背光亮度(共 3 级)
HOLD	起动或退出保持功能	进入保持功能相关参数设置界面
MAX MIN	起动 MAX MIN 功能或切换 MAX MIN 功能的显示值(最大值、最小值、当前值)	退出 MAX MIN 功能
REL	起动或退出相对值功能	无效
TRIG	手动触发模式下,手动触发一次	循环切换触发方式(立即、手动、总线)
RATE	循环切换读数速率模式(快、中、慢)	无效
BUZZER	打开或关闭按键音	打开或关闭警报音(比较模式时的警报)
COMP	起动或退出比较功能	进入比较功能相关参数设置界面
USB	打开或关闭 USB 通信功能	无效
CLEAR	回读模式下,删除一条数据	回读模式下,删除全部数据
STORGE	存储当前测量的数据	无效
READ	进入回读模式	无效
CH1	测量模式下,选择通道 1 作为主通道	测量模式下,设置通道 1 接地或浮地
CH2	测量模式下,选择通道 2 作为主通道	测量模式下,设置通道 2 接地或浮地
V/W	循环切换电压、峰-峰值、功率测量功能	功率测量时进入参考电阻设置界面
dB	循环切换 dB、dBm、dBμV、dBmV、dBV 测量功能	dB 测量时进入参考电压设置界面,dBm 测量时进入参考电阻设置界面
%	打开或关闭第一行的百分比计算结果	进入百分比参考值设置界面
Hz	打开或关闭主通道的频率显示	无效
▲(上键)	测量模式下,上调一个量程;编辑模式下,上调一个数字	测量模式下,上调到最大量程;编辑模式下,连续上调数字
▼(下键)	测量模式下,下调一个量程;编辑模式下,下调一个数字	测量模式下,下调到最小量程;编辑模式下,连续下调数字
◀(左键)	测量模式下,切换第二行显示功能;编辑模式下,光标向左移一位	测量模式下,短暂显示测量功能参考值
▶(右键)	测量模式下,切换第二行显示功能;编辑模式下,光标向右移一位	测量模式下,短暂显示测量功能参考值
OK	测量模式下,切换手动或自动量程模式;编辑模式下,保存编辑结果	无效

2)输入端

交流毫伏表共有两个输入端 CH1 和 CH2,采用 BNC 插座,如图 1-17 所示。在使用时要注意:BNC 插座芯线与外层屏蔽壳间、CH1 BNC 插座和 CH2 BNC 插座间、BNC 插座与机箱外壳间最高能接受 380Vrms 或者 500Vpk 电压。

3)测量界面

在进入测量模式后,屏幕分成若干个区域,分别显示相应的信息,如图 1-18 所示。各部分显示的内容见表 1-7。

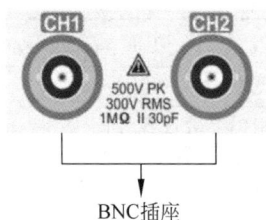

图 1-17　输入端 CH1 和 CH2

图 1-18　屏幕显示的信息

表 1-7　屏幕各部分说明

序　号	说　明
1	通道信息
2	显示值区域
3	显示单位区域
4	辅助功能信息
5	存储信息

2. 后面板

后面板的布局如图 1-19 所示。各部分的说明见表 1-8。

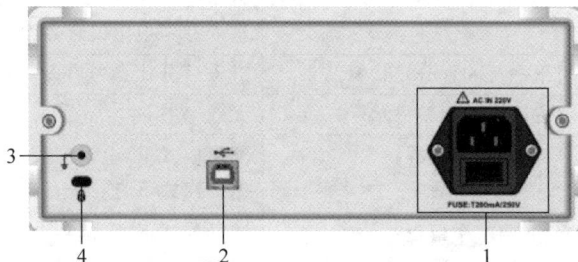

图 1-19　后面板布局

表 1-8　后面板各部分名称及说明

序　号	名　称	说　明
1	AC 220V 电源插座	交流电源接入插座（带保险丝）
2	USB Device 接口	外部通信接口,实现远程控制
3	接地端口	用于仪器接地
4	防盗锁	用于产品防盗

1.3.3　使用电源及环境要求

1. 电源要求

UT8633N 数字交流毫伏表使用 AC $220 \times (1 \pm 10\%)$ V、50/60Hz 的电源,最大功耗 15W,电源保险丝规格为 250V/0.2A。

2．使用环境要求

UT8633N 数字交流毫伏表只可以在常温以及低凝结区使用,使用的一般环境要求:温度 0～40℃、湿度 20％～80％(非冷凝)、海拔≤2000m。

1.3.4　测量选项

这一部分主要是对数字交流毫伏表的主要功能进行了详细的说明,主要包含测量配置、触发模式设置、最大/最小值(MAX/MIN)、COMP 比较模式和 HOLD 保持功能等。

1．测量配置

1) 主通道设置

在测量时,LCD 显示屏第一行的最左边位置指示出当前的主通道,并在第一行显示主通道的测量功能和测量值;第二行用于副功能,它可以是任一通道的任一功能,如图 1-20 所示。通过短按 CH1 键或 CH2 键来设置主通道。

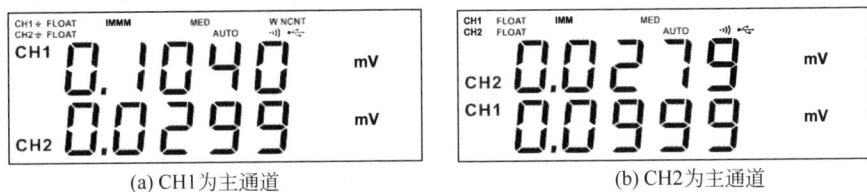

(a) CH1为主通道　　(b) CH2为主通道

图 1-20　主通道的设置

OK 键设置量程模式、上下键手动调整量程、V/W 键或 dB 键切换功能都只是针对主通道,它们不会改变另一个通道的设置;当需要改变另一个通道的这些设置时,需要先把该通道设置为主通道。

2) 测量功能选择

在测量时,V/W 键或 dB 键用来选择主通道的测量功能;左、右键可以循环选择 LCD 第二行副功能的用途;％键可以打开或关闭百分比计算功能,打开时它以 LCD 第一行的显示值来做计算,计算结果显示在 LCD 的第二行,如图 1-21(a)所示;按 Hz 键可以打开或关闭主通道的频率显示,打开时将在 LCD 第二行显示出主通道的频率,如图 1-21(b)所示。

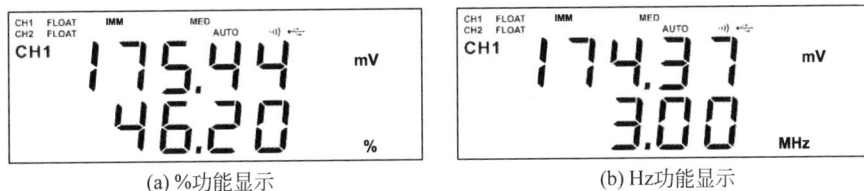

(a) %功能显示　　(b) Hz功能显示

图 1-21　不同测量功能时的显示

3) 量程设置

在测量时,短按 OK 键可以循环选择主通道量程的手动或自动模式。无论在何种量程模式下,短按上键向上升一个量程、短按下键向下降一个量程,长按上键选择 380V 量程、长按下键选择 3.8mV 量程;手动选择量程后会强制进入手动模式。手动选择量程时,LCD 显示器会短暂指示出选择的量程,如"−3.8−mV""−38−mV""−380−mV"等,如图 1-22

所示。

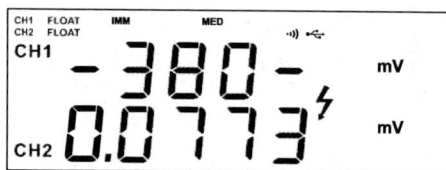

图 1-22　量程指示

在手动模式时，当信号的有效值低于量程的 8％时，LCD 会显示 Lo，此时需要手动降一个量程；当信号的有效值大于量程的 105％时，LCD 会显示 OL，此时需要手动升一个量程，如图 1-23 所示。

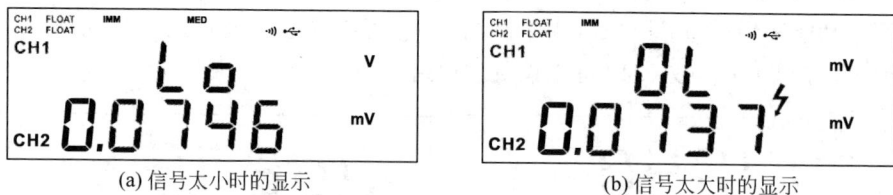

(a)信号太小时的显示　　　　　　　　　　(b)信号太大时的显示

图 1-23　信号太小或太大时的显示

注意：按键操作量程只是针对主通道，它不会影响另一个通道的状态，需要设置另一个通道的量程时，需要短按 CH1 或 CH2 键来将其设置为主通道后再操作。

4）测量速率设置

在测量时，短按 RATE 键可以设置测量速率，共有快速（FAST）、中速（MED）和慢速（SLOW）3 种测量速率，两个通道共用相同的测量速率设置值。较慢的测量速率可以得到更稳定的读数。中速时的显示如图 1-24 所示。在快速模式时，测量结果会比中速和慢速模式时少保留一位小数点。

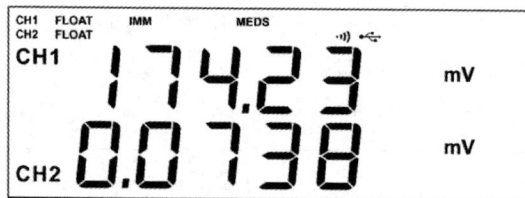

图 1-24　中速时的显示—MED

5）相对值测量（REL）

测量时，短按 REL 键打开或关闭相对值测量功能，此功能只对第一行的测量值有效。关闭时短按 REL 键，会选用当前第一行的测量值为参考值来开启相对值测量，之后第一行的显示值＝原始测量值－参考值，如图 1-25 所示。

2. 触发模式设置

在测量时，长按 TRIG 键可以选择测量的触发模式，共有立即触发（IMM）、手动触发（MAN）、总线触发（BUS）3 种模式。两个通道共用相同的触发设置和触发信号。立即触发

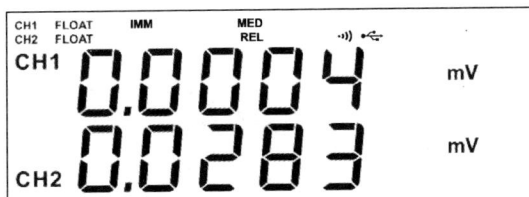

图 1-25 相对值的测量—REL

无须任何条件,完成一次测量后立即开始下一次测量,仪器会不断测量并显示,如图 1-26 所示;手动触发时,手动短按一次 TRIG 键就触发一次测量,完成后不继续测量而是等待下次触发;总线触发时,收到一次来自通信总线的触发命令就触发一次测量,完成后不继续测量而是等待下次触发。

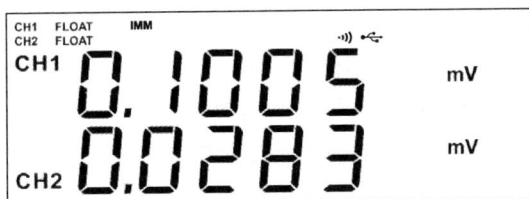

图 1-26 立即触发模式—IMM

3. 最大/最小值(MAX/MIN)

测量时,短按 MAX/MIN 键进入 MAX MIN 功能,此功能只对第一行的测量值有效。进入此功能后,仪器开始捕捉第一行测量值的最大值和最小值。开启此功能后,短按 MAX/MIN 键可以循环切换显示值,LCD 指示"MAX MIN"时,第一行显示的是当前值,如图 1-27 所示;LCD 指示"MAX"时,第一行显示的是最大值;LCD 指示"MIN"时,第一行显示的是最小值。

图 1-27 最大值最小值测量—MAX MIN

在此功能下,长按 MAX/MIN 键即可退出 MAX MIN 功能。

4. 比较测量(Compare Operations)

测量时,短按 COMP 键打开或关闭比较模式,此功能只对第一行的测量值有效。打开比较模式后,第一行的测量值会依照比较模式的设置值作比较。如果测量值在设置值的上限、下限值范围内,LCD 指示出"COMP IN"并且没有警报声。如果测量值小于设置值的下限值,LCD 显示"COMP LO"并且发出警报声(警报声开启时),如图 1-28 所示。如果测量值大于设置值的上限值,LCD 显示"COMP HI"并且发出警报声(警报声开启时)。通过长按 BUZZER 键来开启或关闭警报声。

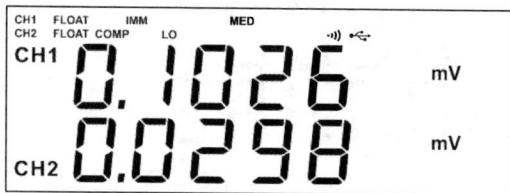

图 1-28　测量值小于下限值—COMP LO

比较模式上限值(COMP HI)、下限值(COMP LO)的设置方式请参见第 38 页二维码中的内容。

5. 保持功能（HOLD）

测量时，短按 HOLD 键打开或关闭此功能，此功能只对第一行的测量值有效。

打开此功能后，依据设置的 CNT 值和 WIN 值，捕获一个稳定的测量值。起动捕获时，符号 HOLD 会闪烁并且显示实时测量值，当连续的 CNT 个测量值的差值都在 WIN 值范围内，则将最后一个测量值作为获得的稳定值显示在第一行，并且符号 HOLD 停止闪烁、改为常显状态。如果之后的测量值不超出 WIN 值定义的范围，则保留现有稳定值并显示之；如果某次测量值超出 WIN 值定义的范围，则重新开始捕获稳定值。

HOLD 功能的 CNT 值、WIN 值的设置方式、UT8633N 数字交流毫伏表的参数设置、存储功能和其他设置请扫描左侧二维码查看。

交流毫伏表
的参数设置
和存储功能

1.4　UPO8152Z 混合信号示波器使用说明

UPO8152Z 混合信号示波器的简介及使用注意事项详见二维码的内容。

1.4.1　面板介绍

示波器简介
及使用注意
事项

1. 前面板

示波器的前面板如图 1-29 所示，面板上各部分简介如下。

① 屏幕显示区域。

② 多功能旋钮（Multipurpose）。

③ 波形录制设置。

④ 飞梭旋钮。

⑤ 功能菜单键。

⑥ 数字键盘。

⑦ 自动设置控制键。

⑧ 运行/停止控制键。

⑨ 单次触发控制键。

⑩ 全部清除控制键。

⑪ 探头补偿信号连接片和接地端。

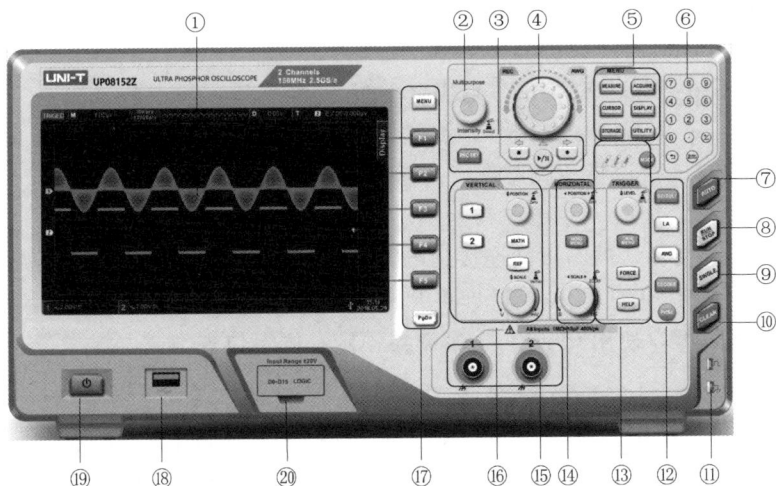

图 1-29　示波器前面板

⑫ 出厂设置、LA(16 路数字通道)、AWG(任意波形发生器)、协议解码、拷屏键。

⑬ 触发控制区(TRIGGER)。

⑭ 水平控制区(HORIZONTAL)。

⑮ 模拟通道输入端。

⑯ 垂直控制区(VERTICAL)。

⑰ 菜单控制软键。

⑱ USB HOST 接口。

⑲ 电源软开关键。

⑳ 数字通道输入接口。

2. 后面板

示波器后面板如图 1-30 所示,各部分简介如下。

图 1-30　示波器后面板

① EXT Trig：外触发的输入端。

② OUT：输出端，同时支持 AUX Out 输出。

③ VIDEO Out：VGA 视频信号输出。

④ USB Device：USB Device 接口，通过此接口可使示波器与 PC 进行通信。

⑤ LAN：通过该接口将示波器连接到局域网中，对其进行远程控制。

⑥ AC 电源输入插座：AC 电源输入端。

⑦ 电源开关：在 AC 插座正确连接到电源后，打开此电源开关，示波器就能正常上电。此时按下前面板上的"电源软开关键"即可开机。

⑧ 安全锁孔：可以使用安全锁，将示波器锁定在固定位置。

1.4.2　操作面板功能概述

1. 垂直控制

垂直控制区如图 1-31 所示。

① 1、2：模拟通道设置键，分别表示 CH1、CH2，两个通道标签用不同颜色标识，屏幕中的波形和通道输入连接器的颜色也与之对应。按下任意按键打开相应通道菜单（或激活和关闭通道）。

② MATH：按下该键打开数学运算功能菜单。可进行（加、减、乘、除）运算、FFT 运算、逻辑运算、高级运算。

③ REF：用于回调用户存储在本机或 U 盘里面的参考波形。可将实测波形和参考波形比较。

④ 垂直 POSITION：垂直移位旋钮，可移动当前通道波形的垂直位置，同时基线光标处显示垂直位移值 240.00mV 。按下该旋钮可使通道显示位置回到垂直中点。

⑤ 垂直 SCALE：垂直挡位旋钮，调节当前通道的垂直挡位，顺时针转动减小挡位，逆时针转动增大挡位。调节过程中波

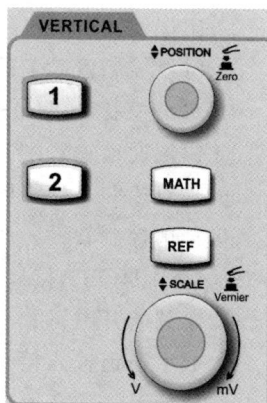

图 1-31　垂直控制区

形显示幅度会增大或减小，同时屏幕下方的挡位信息 1 1.00V 1X 实时变化。垂直挡位步进为 1—2—5。按下旋钮可使垂直挡位调整方式在粗调、细调之间切换。

2. 水平控制

水平控制区如图 1-32 所示。

① HORI MENU：水平菜单按键，显示"视窗扩展""独立时基""触发释抑"。

② 水平 POSITION：水平移位旋钮，调节旋钮时触发点相对屏幕中心左右移动。调节旋钮过程中所有通道的波形左右移动，同时屏幕上方的水平位移值 D 0.00s 实时变化。按下该旋钮可使通道显示位置回到水平中点。

③ 水平 SCALE：水平时基旋钮，调节所有通道的时基挡位，调节时可以看到屏幕上的波形水平方向上被压缩或扩展，同时屏幕下方的时基挡位 M 1.00μs （如图 1-35②所示）实时变化。时基挡位步进为 1—2—4。按下旋钮可快速在主视窗和扩展视窗之间切换。

3. 触发控制

触发控制区如图 1-33 所示。

图 1-32 水平控制区

图 1-33 触发控制区

① LEVEL：触发电平调节旋钮，顺时针转动增大电平，逆时针转动减小电平。在调节触发通道的触发电平值的过程中，屏幕右上角的触发电平值 T ① E⁄DC 0.000μV （如图 1-35⑤所示）实时变化。按下该旋钮可使触发电平快速回到触发信号 50% 的位置。

② TRIG MENU：显示触发操作菜单内容，具体见 1.4.6 节。

③ FORCE：强制触发键，按下该键强制产生一次触发。

④ HELP：显示示波器内置帮助系统内容。

4. 自动设置

 按下该键，示波器将根据输入的信号，自动调整垂直刻度系数、扫描时基以及触发模式直至显示最合适的波形。

注意：使用自动设置功能时，若被测信号为正弦波，要求其频率不小于 20Hz，幅度在 20mVpp～120Vpp；如果不满足此参数条件，则自动设置功能可能无效。

5. 运行/停止

 按下该键将示波器的运行状态设置为"运行"或"停止"。

运行（RUN）状态下，该键亮绿色背光灯；停止（STOP）状态下，该键亮红色背光灯。

6. 单次触发

 按下该键将示波器的触发方式设置为 SINGLE，该键橙色背光灯点亮。

7. 全部清除

按下该键清除屏幕上所有的波形。如果示波器处于 RUN 状态,则继续显示新波形。

8. 屏幕复制

按下该键可将屏幕波形以 BMP 位图格式快速复制到 USB 存储设备中。

9. 多功能旋钮

该旋钮主要有两个功能:Intensity 和 Multipurpose。

Intensity:在进行非菜单操作时,转动该旋钮可调整波形显示的亮度。亮度调节范围为 0～100%。

Multipurpose:在进行菜单操作时,按下某个菜单软键后,转动该旋钮可选择该菜单下的子菜单,然后按下旋钮(即 Select 功能)可选中当前选择的子菜单。

10. 飞梭旋钮

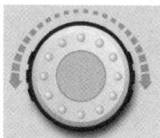

对于某些可设置范围较大的数值参数,该旋钮提供了快速调节的功能。

顺时针(逆时针)旋转增大(减小)数值;内层旋钮可微调,外层旋钮可粗调。例如,在回放波形时,使用该旋钮可以快速定位需要回放的波形帧。类似的参数还有触发释抑时间、脉宽设置、斜率时间等。

11. 功能按键

功能按键共有 6 个,如图 1-34 所示。各功能键简介如下。

MEASURE:按下该键进入测量设置菜单。可设置测量信源、所有参数测量、用户定义、测量统计、测量指示器等。打开用户定义,一共有 34 种参数测量,可通过多功能旋钮快速选择参数进行测量,测量结果将出现在屏幕底部。

ACQUIRE:按下该键进入采样设置菜单。可设置示波器的获取方式和深存储方式。

CURSOR:按下该键进入光标测量菜单。可手动通过光标测量波形的时间或电压参数。

DISPLAY:按下该键进入显示设置菜单。设置波形显示类型、显示格式、栅格亮度、波形亮度、持续时间、色温、反色温。

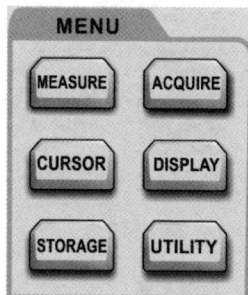

图 1-34　功能按键

STORAGE：按下该键进入存储界面。可存储的类型包括设置和波形。可存储到示波器内部或外部 USB 存储设备中。

UTILITY：按下该键进入辅助功能设置菜单。可以进行自校正、系统信息、语言设置、菜单显示、波形录制、通过测试、方波输出、频率计、输出选择、背光亮度、清除数据、IP、RTC 设置等。

1.4.3 用户界面

示波器的显示界面如图 1-35 所示，各部分的含义简介如下。

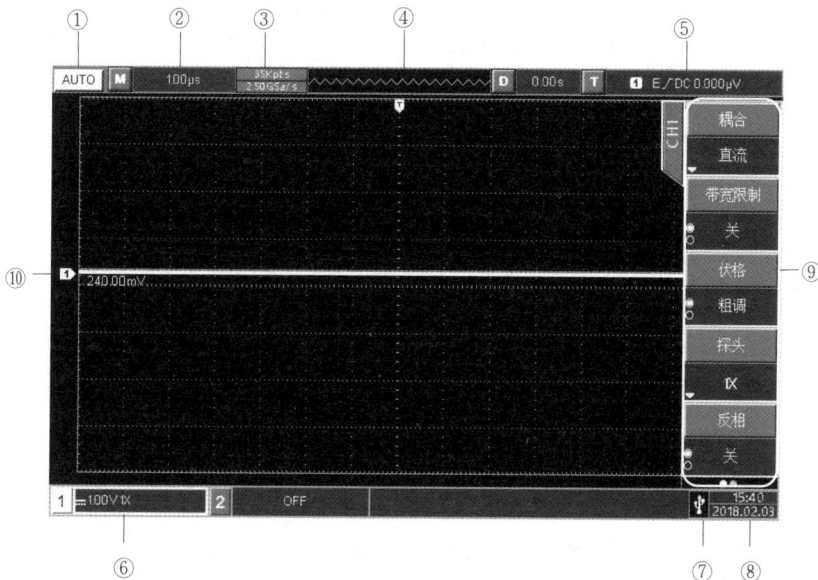

图 1-35 示波器显示界面

① 触发状态标识：可能显示 TRIGED(已触发)、AUTO(自动)、READY(准备就绪)、STOP(停止)、ROLL(滚动)。

② 时基挡位：表示屏幕波形显示区域水平轴上一格所代表的时间。使用示波器前面板水平控制区的 SCALE 旋钮可以改变此参数。

③ 采样率/存储深度：显示示波器当前挡位的采样率和存储深度。

④ 水平位移：显示波形的水平位移值。调节示波器前面板水平控制区的 POSITION 旋钮可以改变此参数，按下水平控制区的 POSITION 旋钮可以使水平位移值回到 0。

⑤ 触发状态：显示当前触发源、触发类型、触发斜率、触发耦合、触发电平等触发状态。

- 触发源：有 CH1、CH2、EXT 等几种状态。其中 CH1、CH2 会根据通道颜色的不同而显示不同的触发状态颜色。例如图 1-35 中的 **1** 表示触发源为 CH1。

- 触发类型：有边沿、脉宽、视频、斜率、高级触发。例如图 1-35 中的 **E** 表示触发类型为边沿触发。

- 触发沿：有上升、下降、任意 3 种。例如图 1-35 中的 **/** 表示上升沿触发。

- 触发耦合：有直流、交流、高频抑制、低频抑制、噪声抑制 5 种。例如图 1-35 中的 **DC** 表示触发耦合为直流。

- 触发电平：显示当前触发电平的值。调节示波器前面板触发控制区的 LEVEL 旋钮可以改变此参数。

⑥ CH1 垂直状态标识：显示 CH1 通道激活状态、通道耦合、带宽限制、垂直挡位、探头衰减系数。

- 通道激活状态：[1 -100V 1X] 背景色显示为与通道颜色一致，代表通道被激活。按 1、2 键可以激活或打开/关闭对应通道。
- 通道耦合：包括直流、交流、接地。
- 带宽限制：当带宽限制功能被打开时，会在 CH1 垂直状态标识中出现 B 标识。
- 垂直挡位：显示 CH1 的垂直挡位，在 CH1 通道激活时，通过调节示波器前面板垂直控制区（VERTICAL）的 SCALE 旋钮可以改变此参数。
- 探头衰减系数：显示 CH1 的探头衰减系数，包括 0.001X、0.01X、0.1X、1X、10X、100X、1000X。

⑦ USB DEVICE 标识：在 USB DEVICE 接口连接上 U 盘等 USB 存储设备时显示此标识。

⑧ 设备当前年月日以及时间。

⑨ 操作菜单：显示当前操作菜单内容。按相应按键可以改变操作菜单。按 F1～F5 键可以改变对应位置的菜单子项的内容。

⑩ 模拟通道标识和波形：显示 CH1、CH2 的通道标识和波形，通道标识与波形颜色一致。

1.4.4　设置垂直通道

UPO8152Z 提供两个模拟输入通道 CH1、CH2，每个通道的垂直系统设置方法完全相同。下面以通道 1 为例介绍垂直通道的设置。

1. 打开/激活/关闭模拟通道

CH1、CH2 两个模拟通道都包含 3 种状态：打开、关闭、激活。

打开：在通道关闭时按 1、2 键中的任意一个，可以打开相应通道。

关闭：不显示相应通道的波形。任意已打开并且已激活的通道，按相应通道按键可以关闭该通道。

激活：多通道同时打开时，只有一个通道被激活（必须为打开状态才能激活）。激活状态下可以调节垂直控制区（VERTICAL）的垂直位移旋钮 POSITION、垂直挡位旋钮 SCALE 可以改变已激活通道的设置。已打开但未激活的通道，按相应通道按键可以激活该通道，在任意通道被激活时，示波器显示对应的通道菜单，如图 1-36 所示。

(a) 激活状态　　　　　　(b) 打开未激活

图 1-36　激活状态指示

2. 通道耦合

依次按 1→"耦合"键 ，可以选择通道直流耦合、交流耦合或接地，如图 1-37 所示。

| (a) 直流 | (b) 交流 | (c) 接地 |

图 1-37　耦合状态指示

3. 带宽限制

依次按 1→"带宽限制"键,打开带宽限制,示波器的带
宽限制在大约 20MHz,衰减信号中 20MHz 以上的高频信
号。常用于在观察低频信号时减少信号中的高频噪声。当
带宽限制功能选择到"开"时,垂直状态标识中会出现 B 标
识,如图 1-38 所示。

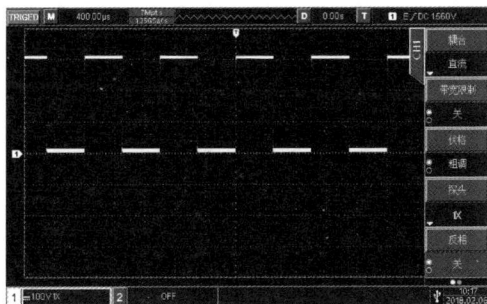

图 1-38　带宽限制打开时的标识

4. 伏/格

依次按 1→"伏/格"→"粗调/细调"。也可按下旋钮 SCALE 快速切换"粗调/细调"。
在"粗调"时,伏/格范围是 1mV/div～20V/div,以 1－2－5 方式步进。例如,

$$10\text{mV}\rightarrow20\text{mV}\rightarrow50\text{mV}\rightarrow100\text{mV}$$

在"细调"时,指在当前垂直挡位范围内以 1% 的步进改变垂直挡位,例如,

$$10.00\text{mV}\rightarrow10.10\text{mV}\rightarrow10.20\text{mV}\rightarrow10.30\text{mV}$$

注意：div 指示波器波形显示区域的方格,/div 代表每格。

5. 探头

为了配合探头的衰减系数设定,需要在通道操作菜单中相应设置探头衰减系数。如探
头衰减系数为 10∶1,则通道菜单中探头系数相应设置成 10X,以确保电压读数正确。
依次按 1→"探头"键,可以选择 0.001X、0.01X、0.1X、1X、10X、100X、1000X。

6. 反相

依次按 1→"反相"键,打开反相功能,波形电压值被反相,同时垂直状态标识中出现反
相标识 ,如图 1-39 所示。

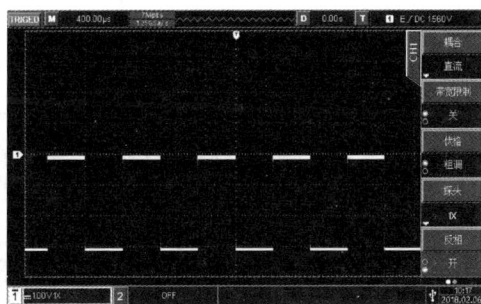

| (a) 反相关 | (b) 反相开 |

图 1-39　反相标识

7. 偏置

当被测信号中的直流分量相对与其交流分量的幅值很大时,观察波形会很不方便。此

时根本无法观察波形。在使用偏置功能时,叠加－10V偏置抵消掉波形的直流分量后就能很好地观察波形,同时能知道信号直流分量的大小,如图1-40所示。以上操作为:依次按1→PgDn→"偏置"键,打开偏置功能,逆时针调节Multipurpose旋钮至－10V。

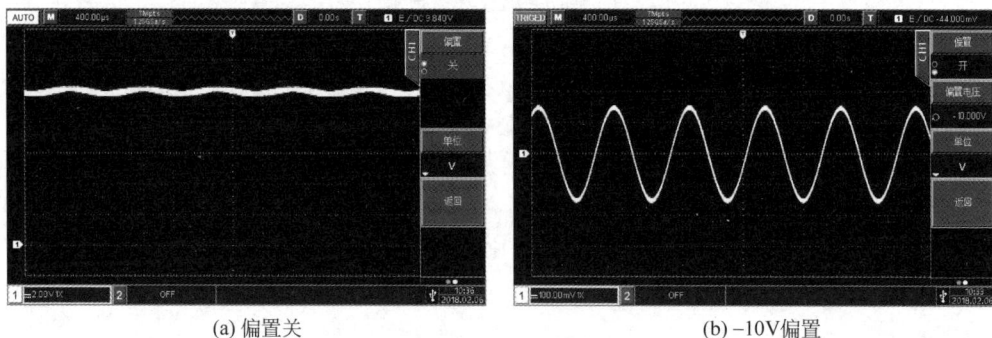

(a) 偏置关　　　　　　　　　　　　　　(b) －10V偏置

图1-40　直流偏置的设定

注意:按下Multipurpose旋钮可使偏置归零。

8. 单位

为当前通道选择幅度显示的单位。依次按1→PgDn→"单位"键,并通过Multipurpose旋钮选择单位为V、A、W或U,默认单位为V。也可以通过连续按"单位"键进行通道单位的切换。按下Multipurpose旋钮可以选择单位。修改单位后,通道状态标签中的单位相应改变。

1.4.5　设置水平系统

1. 水平挡位

水平挡位也称水平时基,即显示屏水平方向上每刻度所代表的时间值,通常表示为s/div。通过水平控制区(HORIZONTAL)中的SCALE调节,按1—2—4步进设置水平挡位,即2ns/div、4ns/div、10ns/div、20ns/div、……、40s/div。顺时针转动减小挡位,逆时针转动增大挡位。调节水平时基时,屏幕左上角的挡位信息实时变化,如图1-41所示。

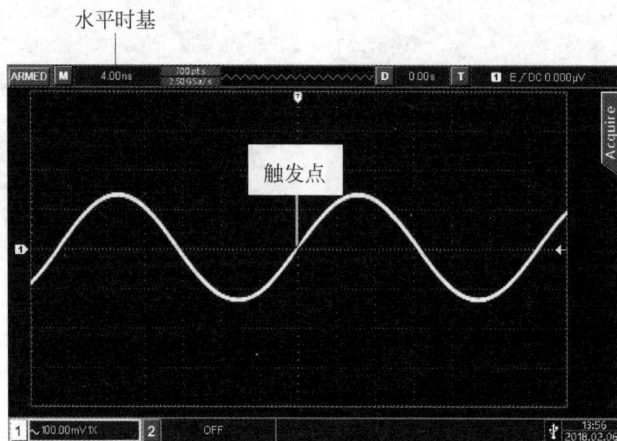

图1-41　水平时基的调节

改变水平时基时,波形将随着触发点的位置进行相应的扩展或压缩。

注意:水平时基挡位无 100ns/div,改为 80ns/div。

2. ROLL 滚动模式

在触发模式为自动时,调节水平控制区的 SCALE 旋钮,改变示波器的水平挡位到慢于 40ms/div,示波器会进入 ROLL 模式。示波器会连续在屏幕上绘制波形的电压-时间趋势图。最早的波形最先出现在屏幕最右端,然后逐渐向左移动,并将最新的波形绘制在屏幕最左端,如图 1-42 所示。

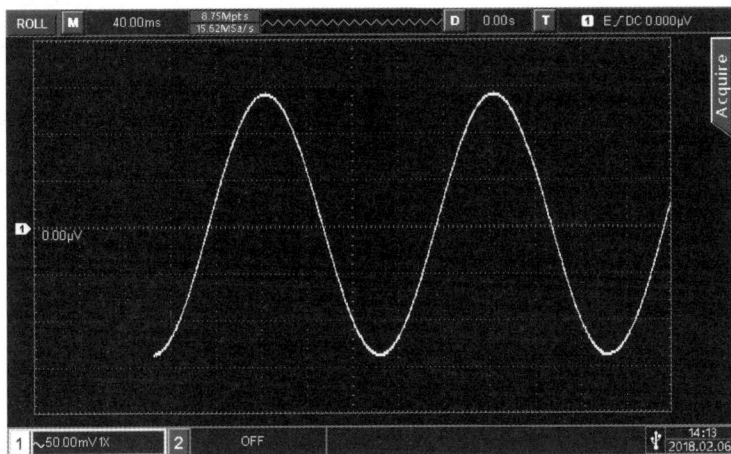

图 1-42 ROLL 滚动模式

应用于慢扫描模式观察低频信号,建议将"通道耦合"方式设置为"直流"。

3. 视窗扩展

视窗扩展可用来水平放大一段波形,以便查看图像细节。

按前面板水平控制区(HORIZONTAL)中的 HORI MENU 键后,按"类型"软键,可打开视窗扩展。也可按下水平控制区中的 SCALE 旋钮直接进入视窗扩展模式。在视窗扩展模式下,屏幕被分成两个显示区域,如图 1-43 所示。

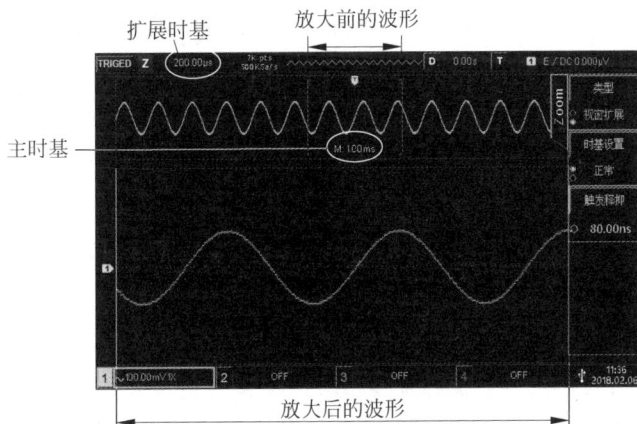

图 1-43 视窗扩展模式

1）放大前的波形

屏幕上半部分中括号内为放大前的波形。可以通过调节水平控制区中的 POSITION 旋钮,左右移动该区域,或调节水平时基 SCALE 放大或缩小该区域。

2）放大后的波形

屏幕下半部分是经水平扩展的波形,视窗扩展相对于主时基提高了分辨率。

注意：水平时基挡位为 20ms/div～40ns/div 时,才有视窗扩展功能。

1.4.6　设置触发系统

触发决定了示波器何时开始采集数据和显示波形。一旦触发被正确设定,它就可以将不稳定的显示转换成有意义的波形。仪器在开始采集数据时,先收集足够的数据用来在触发点的左方显示波形,并在等待触发条件发生的同时连续采集数据。当检测到触发后,仪器连续采集足够多的数据以在触发点的右方显示波形。

1. 触发系统名词介绍

1）触发信源

用于产生触发的信号。触发可从多种信源得到：输入通道（CH1、CH2）,交流（AC Line）、外部触发（EXT TRIG）等。

- 输入通道：选择示波器前面板上的模拟信号输入端 CH1、CH2 中的任意一个作为触发信号。
- 外部触发：选择示波器面板的 EXT Trig 输入信号作为触发信号。

2）触发模式

决定示波器在触发事件情况下的行为方式。该示波器提供 3 种触发模式：自动、正常和单次触发。按下前面板触发控制区 MODE 键可以切换选择触发模式。

- 自动触发：在没有触发信号输入时,系统自动运行采集数据,并显示；当有触发信号产生时,则自动转为触发扫描,从而与信号同步。

注意：在此模式下,允许在 40ms/div 或更慢的时基挡位时,进入没有触发信号的 ROLL 模式。

- 正常触发：示波器在正常触发模式下只有当触发条件满足时才能采集到波形。在没有触发信号时停止数据采集,仪器处于等待触发状态。当有触发信号产生时,产生触发扫描。
- 单次触发：在单次触发模式下,用户按一次 SINGLE 按键,示波器进入等待触发,当仪器检测到一次触发时,采样并显示所采集到的波形,然后进入 STOP（停止）状态。按示波器前面板上的 SINGLE 键可以快速进入单次触发模式。

3）触发耦合

触发耦合决定信号的何种分量被传送到触发电路。耦合类型包括直流、交流、低频抑制、高频抑制和噪声抑制。

- 直流：让信号的所有成分通过。
- 交流：阻挡直流成分并衰减 10Hz 以下信号。
- 低频抑制：阻挡直流成分并衰减低于 8kHz 的低频成分。
- 高频抑制：衰减超过 80kHz 的高频成分。

- 噪声抑制：噪声抑制可以抑制信号中的高频噪声，降低示波器被误触发的概率。

4）触发灵敏度

触发灵敏度是指示波器能够产生正确触发的最小信号要求。输入通道（CH1、CH2）在一般情况下触发灵敏度为 1div，即作为信源的输入通道，其信号至少应有 1div。

5）预触发/延迟触发

预触发/延迟触发是指触发事件之前/之后采集的数据。

触发位置通常设定在屏幕的水平中心，可以观察到 7 格的预触发和延迟信息。通过旋转水平位移 POSITION 旋钮调节波形的水平位移，查看更多的预触发信息。通过观察预触发数据，可以观察到触发前的波形情况。例如，捕捉电路起动时刻产生的毛刺，通过观察和分析预触发数据，就能帮助查出产生毛刺的原因。

6）强制触发

按 FORCE 键强制产生一次触发信号。

在使用正常或单次触发模式时如果在屏幕上看不到波形，按 FORCE（强制触发）键可采集信号基线，以确认采集是否正常。

2. 边沿触发

边沿触发使用触发信号的上升或者下降沿来产生触发。

依次按 TRIG MENU→"类型"键，并通过 Multipurpose 旋钮选择"边沿类型"，默认触发类型为边沿。也可以通过连续按"类型"键，进行触发类型的切换，按下 Multipurpose 旋钮可以确认选择。

此时，屏幕右上角显示触发设置信息 ，即触发类型为"边沿类型"，触发源为 CH1，上升沿触发，触发电平为 0.00V。

边沿触发菜单操作简介如下。

1）信源

按"信源"键，选择触发源，可以选择 CH1、CH2、AC Line、EXT、EXT/5 或 D0～D15，当前选中的信源显示在屏幕右上角。

注意：只有选择已接入信号的通道作为触发信源才能得到稳定的触发。

2）边沿类型

按"边沿类型"键，选择输入信号在何种边沿上触发。可以选择上升沿、下降沿和任意沿，当前边沿类型显示在屏幕右上角。

（1）上升沿：设置在信号的上升边沿触发。

（2）下降沿：设置在信号的下降边沿触发。

（3）任意沿：设置在信号的上升边沿和下降边沿各产生一次触发。

3）触发设置

按"触发设置"键，进入触发设置菜单。

4）触发模式

按"触发模式"键，选择"自动""普通"或"单次"。当前触发方式对应的状态灯变亮。

5）触发耦合

按"触发耦合"键，选择触发耦合：直流、交流、高频抑制、低频抑制、噪声抑制。

其他触发方式还有脉宽触发、视频触发、斜率触发、欠幅触发、超幅触发、延迟触发、超时触发、持续时间触发、建立保持触发、N 边沿触发、码型触发等，详见《UPO8152Z 混合信号示波器用户手册》。

UPO8152Z 混合信号示波器具有自动测量功能，详见二维码中的内容。

1.4.7　光标测量

使用光标可以测量所选波形的 X 轴值（时间）和 Y 轴值（电压）。按示波器前面板功能菜单键中的 CURSOR 键进入光标测量菜单。

1. 时间测量

按 CURSOR 键进入光标测量菜单，然后按"类型"键选择"时间"，按"信源"键选择要进行测量的通道，按"模式"键选择"独立"，默认为"独立"，如图 1-44 所示。

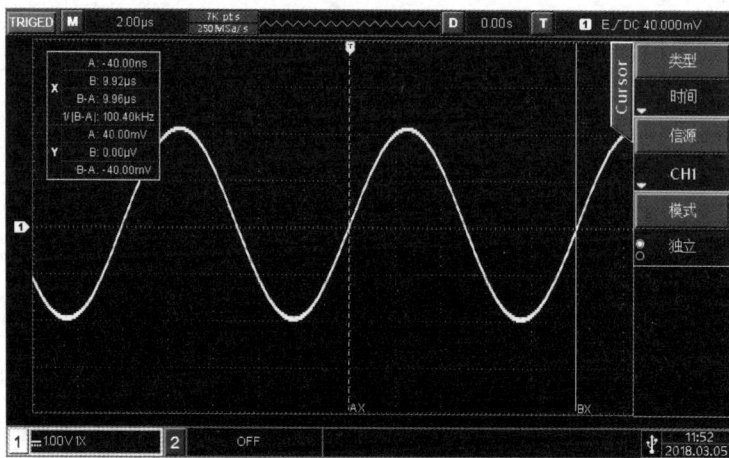

图 1-44　时间的测量

此时通过调节 Multipurpose 旋钮可以移动屏幕上的垂直光标 AX 所在的位置，按 Multipurpose 旋钮可以切换到光标 BX。光标 BX 的位置调节方法同 AX。

按"模式"键设置为"跟踪"，调节 Multipurpose 旋钮将会使光标 AX 和 BX 同步移动。

显示区域左上角光标测量信息显示框："X"表示时间类测量显示，"Y"表示电压类测量显示。其中，

BX－AX：表示测量的时间。

$1/|BX-AX|$：表示时间的倒数，即频率。

对于一个周期性信号，如果将 AX 和 BX 分别设置在信号所显示波形相邻两个周期上升沿的相同位置，则 BX－AX 就是信号的周期。而 $1/|BX-AX|$ 就是信号的频率。

2. 电压测量

通过光标进行电压测量的方式与时间测量相似，只是由时间测量的垂直光标变成了水平光标。

按 CURSOR 键进入光标测量菜单，然后按"类型"键选择"电压"，按"信源"键选择要进行测量的通道，并按"模式"键选择"独立"，默认为"独立"，如图 1-45 所示。

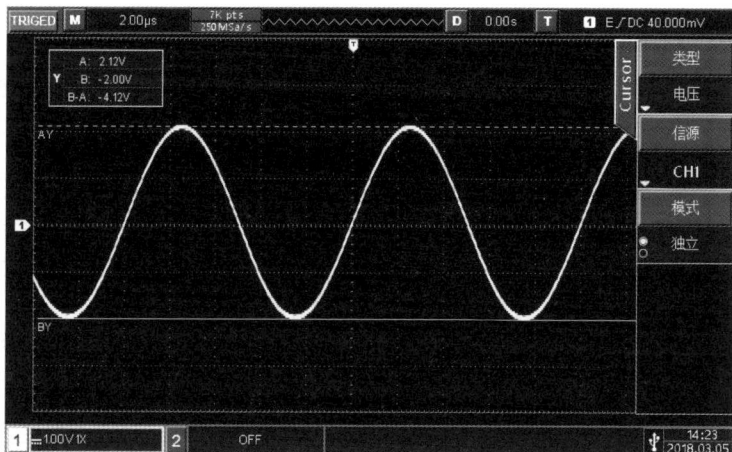

图 1-45　电压的测量

此时通过调节 Multipurpose 旋钮可以移动屏幕上的水平光标 AY 所在的位置,按下 Multipurpose 旋钮可以切换到光标 BY。光标 BY 的位置调节方法同 AY。

将"模式"设置为"跟踪",调节 Multipurpose 旋钮将会使光标 AY 和 BY 同步移动。其中,

AY、BY:表示光标 AY 和 BY 当前位置所代表的电压值。

BY－AY:表示两个光标之间的电压差。

1.4.8　其他功能按键

1. 自动设置

自动设置会自动根据输入信号,选择合适的时基挡位、幅度挡位、触发等参数,从而使波形自动显示在屏幕上。按示波器前面板上的 AUTO 键即可进行自动设置。

自动设置只适用于以下条件:

(1) 自动设置只适合对简单的单一频率信号进行设置。对于复杂的组合波无法实现有效的自动设置效果。

(2) 被测信号频率不小于 20Hz,幅度不小于 20mVpp;方波占空比大于 5%。

(3) 只对打开的通道进行自动设置,处于关闭状态的通道将不进行设置。

2. 运行/停止

通过示波器前面板的 RUN/STOP 键进行设置。当按下该键并有绿灯亮时,表示处于运行(RUN)状态,如果按键后出现红灯亮则为停止(STOP)。运行状态时,示波器连续采集波形,屏幕上部显示 AUTO;停止状态,示波器停止采集,屏幕上部显示 STOP。按 RUN/STOP 键能在运行和停止状态之间切换。

3. 出厂设置

按示波器前面板的 DEFAULT 键,可以快速将示波器恢复出厂设置。

UPO8152Z 混合信号示波器的其他功能详见《UPO8152Z 混合信号示波器用户手册》。

1.5　MC1098 单相电量仪表板使用说明

1.5.1　产品介绍

MC1098 单相电量仪表板的标准配置为一个单相电量仪,可测试交流电压、电流、频率、功率因素、无功功率、视在功率、有功功率和相位角等参数。

1.5.2　面板布局

MC1098 单相电量仪的面板布局如图 1-46 所示。其中:

①、②为电源接入插头。通过空气开关接 220V 市电。

③为第一显示窗,与⑥配合使用。该显示窗可显示频率、功率因素、无功功率、视在功率、有功功率和相位角,显示某个参数时,相应的指示灯亮。指示灯说明见⑭。

④为第二显示窗口。该显示窗显示电压值,单位说明见⑬。

⑤为第三显示窗口。该显示窗显示电流值,单位说明见⑫。

⑥为 SET 键。按下 SET 键,第一显示窗口的显示内容按以下次序轮流转换(参数指示灯也相应变换):频率→功率因素→无功功率→视在功率→有功功率→相位角。

⑦为电压插座。需要测量的电压信号接到这两个插座上。

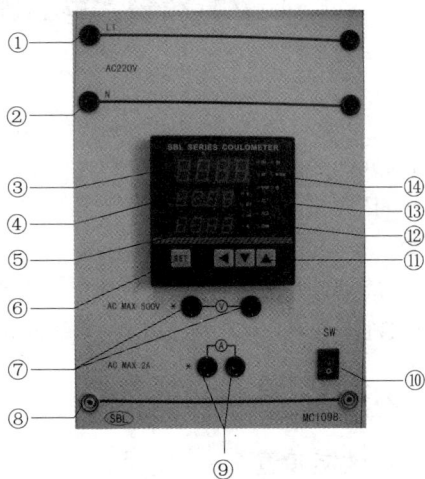

图 1-46　单相电量仪的面板布局图

⑧为仪表板的接地插座。

⑨为电流插座。需要测量的电流信号接到这两个插座上。

⑩为电源开关。控制仪表板的电源,只有开启电源开关,该仪表板才能正常工作。

⑪保留。厂家调试维修时使用。

⑫为电流单位指示灯。指示电流的单位为 mA 或 A。

⑬为电压单位指示灯。指示电压的单位为 V 或 kV。

⑭为参数指示灯。根据该组指示灯的亮暗情况,确定第一显示窗口中显示的是哪个参数(显示参数的调整见③和⑥)。

1.5.3　技术参数

电压测量范围:0～500V;电流测量范围:0～2A;测量精度:±0.2%F.S;仪表供电电源:85～265V AC/DC。

1.5.4　使用说明

在实验电路连接中,此电量仪可作为标准交流电路测试表。其中,"V"两边的插座(即

⑦)连接电压回路,"A"两边的插座(即⑨)连接电流回路,其中带"＊"的两个插座表示为同名端。

该电量仪有3组显示窗口。电压、电流测量值在第2个、第3个显示窗口上;最上排的显示窗口分别作为频率(Hz灯亮)、功率因素(PF灯亮)、无功功率(VAR灯亮)、视在功率(VA灯亮)、有功功率(W/kW灯亮)、相位角(φ灯亮)等参数的循环显示,每次断电以后,该显示窗口的默认值为"频率"(Hz灯亮)。仪表上的SET键为转换参数类别和确定键。要转换最上排显示窗口的显示参数,只要轻按SET键即可。

电量仪若自带电源插头线,直接插在电源插座上即可通电。若无电源插头线,则需要通过空气开关为其供电,即用短接桥将板上的L1、N线和空气开关板上引出的L1、N线连接。

1.6　UT501A绝缘电阻测试仪使用说明

UT501A绝缘电阻测试仪能完成绝缘电阻、直流电压、交流电压等参数测量,功能全、准确度高、性能稳定、操作方便可靠,适用于测量变压器、电动机、电缆、开关、电器等各种电气设备及绝缘材料的绝缘电阻。

文中的符号说明及技术规格详见二维码中的内容。

1.6.1　仪器正面视图

UT501A绝缘电阻测试仪的正面视图如图1-47所示。

图1-47中各部分简介如下。

(1) EARTH:绝缘电阻测试取样插孔。

(2) G:电压测量输入负插孔。

(3) V:电压测量输入正插孔。

(4) LINE:绝缘电阻测试高压输出插孔。

(5) 显示液晶屏。

(6) 背光按钮(LIGHT)。

(7) 数据保持按钮(HOLD)。

(8) 绝缘电阻测量按钮(TEST)。

(9) 功能旋钮。

各按键及旋钮的功能如下。

• HOLD数据保持。

• LIGHT打开或关闭背光源。

• TEST打开或关闭高压测量。

• 功能旋钮指向ACV时进行交流电压测量。

• 功能旋钮分别指向100V/250V/500V/1000V(选择需要的输出电压)时进行绝缘电阻测量。

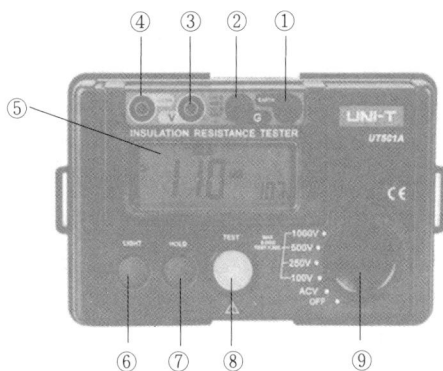
图1-47　正面视图

符号说明及技术规格

1.6.2　交流电压测量

测量交流电压时,功能旋钮指向 ACV 处。

（1）将红测试线插入 V 输入端口,黑测试线插入 G 输入端口,如图 1-48 所示。

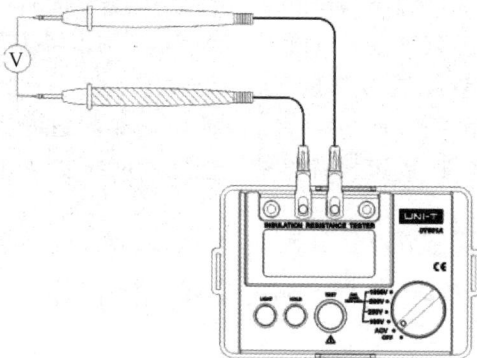

图 1-48　测量交流电压的接线

（2）将功能旋钮打向 ACV 功能位即可进行交流电压测量。

注意：

- 不要输入高于交流 750Vrms 的电压。仪器虽然能显示更高的电压,但有损坏仪器或电击危险。
- 在完成所有的测量操作后,要断开测试线与被测电路的连接,并从仪器输入端拿掉测试线。
- 如果电池盖被打开,请不要进行测量。

1.6.3　绝缘电阻测量

测量绝缘电阻时,功能旋钮选择测试电压 100V/250V/500V/1000V 之一。将红测试线插入 LINE 输入端口,黑测试线插入 EARTH 输入端口,如图 1-49 所示。将红、黑鳄鱼夹接入被测电路,正极电压从 LINE 端输出。在测量绝缘电阻前,待测电路必须完全放电,并且与电源电路完全隔离。

在进行连续测量操作时,功能旋钮选择测试电压 100V/250V/500V/ 1000V 其中之一,按下 TEST 键后,此键自锁并进行连续测量,输出绝缘电阻测试电压,同时测试灯发出红色警告,在测试完毕以后,按下 TEST 键,解除自锁停止测量。

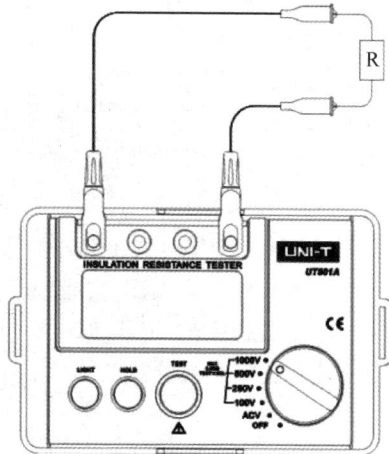

注意：

- 测量绝缘电阻时,请将两条测试表笔严格分开放置,勿将其绞放在一起。
- 勿在高压输出状态短路两个测试表笔和高压输出之后再去测量绝缘电阻。

图 1-49　测量绝缘电阻的接线

- 如果电池盖被打开,请不要进行测量。
- 在测试前,确定待测电路没有带电,请勿测量带电设备或带电线路的绝缘。
- 测试完毕,勿用手触摸电路,内部电容存储的电压可能引起电击。
- 测试导线离开连接的电路,不能用手触摸,直到测试电压完全被释放。

1.7 DM6236P 数字式光电转速表使用说明

DM6236P 数字式光电转速表,在保证其非接触,高精度测速基础上,采用专用微处理器、光电转换和抗干扰技术,测速过程中的最后转速值、最大转速值、最小转速值自动存在存储器中,通过逐次按记忆键(RTM),3 种转速值及对应的英文符号会依次显示在 LCD 显示器上。先显示最大值(用 UP 表示),后显示最小值(用 dn 表示),最后显示最后一个测量值(用 LA 表示)。只要不更换电池,数据将会长期保持,一旦再次测量,存储器的内容将被刷新。

1.7.1 数字式光电转速表特性

(1) 显示:5 位,18mm LCD 液晶显示与功能符号。
(2) 测量范围:2.5～99 999r/min。
(3) 分辨率:0.1r/min(2.5～999.9r/min 时),1r/min(>1000r/min 时)。
(4) 测量准确率:±(0.05%+1 字)。
(5) 采样时间:0.8s(>60r/min 时)。
(6) 量程选择:自动。
(7) 存储:最后值(LA)、最大值(UP)、最小值(dn)。
(8) 检测距离:50～200mm。

1.7.2 测量方法

将反射胶纸贴在被测物体上,按下测量按钮(TEST),将光线对准被测目标,并使可见光束与被测物体表面垂直,转速表开始测量。

1.7.3 测量条件

(1) 将反射胶纸剪成约 12mm×12mm 的方块,并将一块贴在被测物体上。
(2) 没有贴发射胶纸的面积必须远远大于反射胶纸面积。
(3) 若被测物体表面反光,会影响测量。可在贴反射胶纸前,用黑色纸带加以覆盖。
(4) 必须将反射胶纸贴得平整光滑。

1.7.4 低转速测量

如果要测量非常低的转速,可以用多块反射胶纸均匀地贴在被测物体上,然后将读数除以反射胶纸数,就能得到被测物体的实际转速值。

1.7.5　存储显示按钮

（1）测量按钮键释放以后，最后值（LA）、最大值（UP）、最小值（dn）立即自动存储，如图 1-50 所示。

（2）按下前面板上的按钮（RTM），存储值随时可以在显示器上显示出来。第 1 次按下，将显示最后值，LA 和最后值将交替显示；第 2 次按下，将显示最大值，UP 和最大值将交替显示；第 3 次按下，将显示最小值，dn 和最小值将交替显示。

注意：（1）更换电池时请注意极性，以免损坏电路。

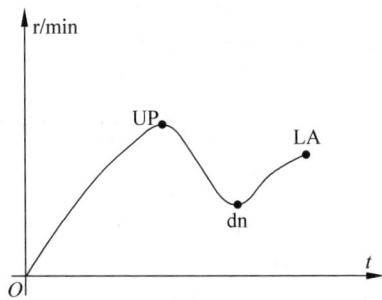

图 1-50　存储测量值的示意图

（2）请勿将仪器发出的光柱直接照射到人或动物的眼睛，以免造成伤害。

第2章

Multisim 12仿真软件的使用说明

Multisim 12 是一种 EDA 仿真软件,它为用户提供了丰富的元件库和各类功能齐全的虚拟仪器,可对各类直流电路、交流电路、模拟电路和数字电路进行仿真。

2.1 Multisim 12 用户界面

起动 Multisim 12 后显示的用户界面如图 2-1 所示,主要由菜单栏、标准工具栏、主工具栏、元器件工具栏、虚拟仪器仪表栏、使用中的元件列表、工作窗口、设计管理窗口、电子表格视图、仿真开关和状态栏等项组成。

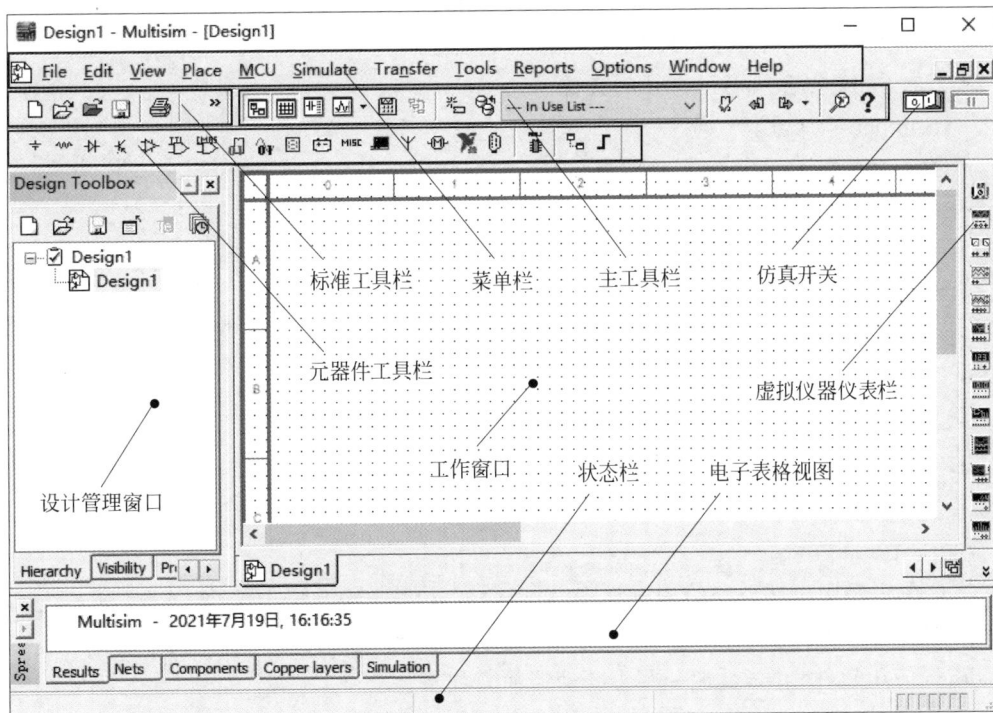

图 2-1 Multisim 12 的用户界面

2.1.1 菜单栏

Multisim 12 菜单栏中提供了软件中几乎所有的功能命令，包含 12 个主菜单，如图 2-2 所示，从左至右分别是 File（文件）菜单、Edit（编辑）菜单、View（窗口显示）菜单、Place（放置）菜单、MCU（微控制器）菜单、Simulate（仿真）菜单、Transfer（文件输出）菜单、Tools（工具）菜单、Reports（报告）菜单、Options（选项）菜单、Window（窗口）菜单和 Help（帮助）菜单等。在每个主菜单下都有一个下拉菜单。下面具体介绍。

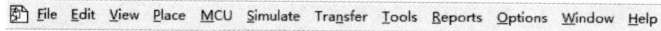

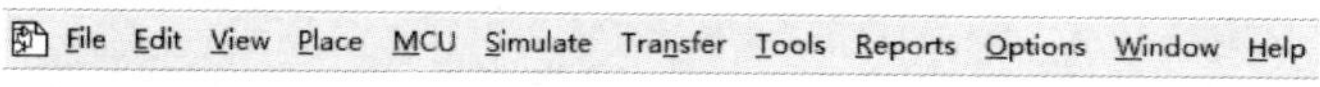

File Edit View Place MCU Simulate Transfer Tools Reports Options Window Help

图 2-2 菜单栏

1) File（文件）菜单

该菜单主要用于管理所创建的电路文件，如打开、保存和打印等，如图 2-3 所示。

该下拉菜单中的一些主要功能简介如下。

- New：提供一个空白窗口以建立一个新文件。
- Open：打开一个已存在的文件。
- Open samples：打开一个已存在的例程。
- Close：关闭当前工作区内的文件。
- Close all：关闭所有已打开的文件。
- Save：将工作区内的文件以 *.ms12 的格式存盘。
- Save as：将工作区内的文件另存为其他文件名。
- Save all：保存所有已打开的文件。
- Snippets：片段。
- Projects and packing：工程和打包。
- Print：打印当前工作区内的电路原理图。
- Print preview：打印预览。
- Print options：打印选项，包括 Printer sheet setup（打印页面设置）和 Print Instruments（打印机设置）。

图 2-3 File（文件）菜单

- Recent designs：最近几次打开过的文件，可选其中一个打开。
- Recent projects：最近几次打开过的工程，可选其中一个打开。
- File information：文件信息。
- Exit：退出并关闭 Multisim 软件。

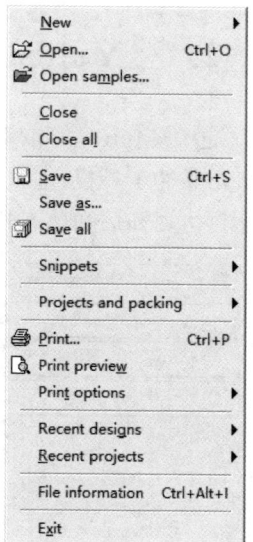

2) Edit（编辑）菜单

该菜单主要用于在电路绘制过程中，对电路和元件进行各种处理，如图 2-4 所示。

该下拉菜单中的大多数命令［如 Cut（剪切）、Copy（复制）、Delete（删除）等］与一般 Windows 应用软件相同，其他一些主要功能简介如下。

- Merge selected buses：合并所选总线。
- Graphic annotation：图形注释。
- Order：排序。
- Assign to Layer：指定到层。

- Layer settings：层设置。
- Orientation：旋转。
- Align：对齐。
- Title block position：标题栏位置设置。
- Edit symbol/title block：编辑符号/标题栏。
- Font：字体设置。
- Comment：注释。
- Properties：属性设置。

3）View(窗口显示)菜单

该菜单用于确定电路窗口上显示的内容、电路图的缩放和元件的查找，如图2-5所示。

该下拉菜单中的一些主要功能简介如下。

- Full screen：全屏显示。
- Parent sheet：母电路图。
- Zoom in：放大。
- Zoom out：缩小。
- Zoom area：局部放大。
- Zoom sheet：显示完整电路图。
- Zoom to magnification：按指定比例放大。
- Zoom selection：所选内容放大。
- Grid：显示栅格。
- Border：显示边界。
- Print page bounds：打印图纸边界。
- Ruler bars：显示标尺栏。
- Status bar：显示状态栏。
- Design Toolbox：显示设计管理窗口。
- Spreadsheet View：显示电子表格视图。
- SPICE Netlist Viewer：显示 SPICE 网络表查看器。
- LabVIEW Co-simulation Terminals：显示 LabVIEW 协同仿真终端。
- Description Box：显示描述框。
- Toolbars：显示相应的工具栏。
- Show comment/probe：显示注释/探针。
- Grapher：显示仿真结果的图表。

4）Place(放置)菜单

该菜单提供在仿真界面内放置元件、连接点、导线和文字等命令，如图2-6所示。

该下拉菜单中的一些主要功能简介如下。

- Component：放置一个元件。
- Junction：放置一个节点。
- Wire：放置一根导线。
- Bus：放置总线。

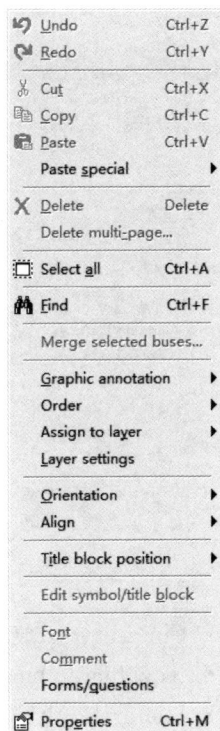

图2-4　Edit(编辑)菜单

Full screen	F11
Parent sheet	
Zoom in	Ctrl+Num +
Zoom out	Ctrl+Num -
Zoom area	F10
Zoom sheet	F7
Zoom to magnification...	Ctrl+F11
Zoom selection	F12
✓ Grid	
✓ Border	
Print page bounds	
Ruler bars	
Status bar	
✓ Design Toolbox	
Spreadsheet View	
SPICE Netlist Viewer	
LabVIEW Co-simulation Terminals	
Description Box	Ctrl+D
Toolbars	▶
Show comment/probe	
Grapher	

图 2-5　View(窗口显示)菜单

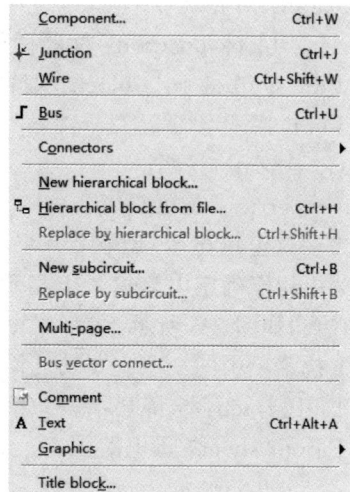

Component...	Ctrl+W
Junction	Ctrl+J
Wire	Ctrl+Shift+W
Bus	Ctrl+U
Connectors	▶
New hierarchical block...	
Hierarchical block from file...	Ctrl+H
Replace by hierarchical block...	Ctrl+Shift+H
New subcircuit...	Ctrl+B
Replace by subcircuit...	Ctrl+Shift+B
Multi-page...	
Bus vector connect...	
Comment	
A Text	Ctrl+Alt+A
Graphics	▶
Title block...	

图 2-6　Place（放置）菜单

- Connectors：放置连接器。
- New hierarchical block：新建一个层次电路模块。
- Hierarchical block from file：从文件获取层次电路。
- Replace by hierarchical block：用层次电路模块替换所选电路。
- New subcircuit：新建一个子电路。
- Replace by subcircuit：用子电路替换所选电路。
- Multi-page：生成多层电路。
- Bus vector connect：放置总线矢量连接。
- Comment：放置注释。
- Text：放置文字。
- Graphics：放置图形。
- Title block：放置标题栏。

5）MCU（微控制器）菜单

该菜单提供微控制器仿真设置与操作命令，如图 2-7 所示。该下拉菜单中的一些主要功能简介如下。

- No MCU component found：没有 MCU 元件。
- Debug view format：调试视图格式。
- MCU windows：显示 MCU 窗口。
- Line numbers：行号。
- Pause：暂停。
- Step into：单步进入。
- Step over：单步跨越。
- Step out：单步跳出。
- Run to cursor：运行到光标。

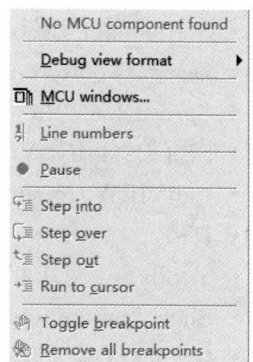

No MCU component found
Debug view format ▶
MCU windows...
Line numbers
Pause
Step into
Step over
Step out
Run to cursor
Toggle breakpoint
Remove all breakpoints

图 2-7　MCU(微控制器)菜单

- Toggle breakpoint：设置断点。
- Remove all breakpoints：清除所有断点。

6）Simulate（仿真）菜单

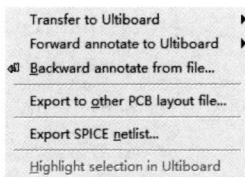

该菜单提供电路仿真设置与操作命令，如图 2-8 所示。该下拉菜单中的一些主要功能简介如下。

- Run：仿真运行。
- Pause：暂停仿真。
- Instruments：选择仿真仪表。
- Interactive simulation settings：交互仿真设置。
- Mixed-mode simulation settings：混合式仿真设置。
- Analyses：选择仿真分析法。
- Postprocessor：打开后处理器对话框。
- Simulation error log/audit trail：仿真错误记录/检查路径。
- XSPICE command line interface：XSPICE 命令行输入界面。
- Load simulation settings：加载仿真设置。
- Save simulation settings：保存仿真设置。
- Automatic fault option：自动故障选项。
- Dynamic probe properties：动态探针属性设置。
- Reverse probe direction：翻转探针方向。
- Clear instrument data：清除仪表数据。
- Use tolerances：使用容差设置。

7）Transfer(文件输出)菜单

该菜单用于将仿真结果传输给其他软件处理的命令，如图 2-9 所示。该下拉菜单中的一些主要功能简介如下。

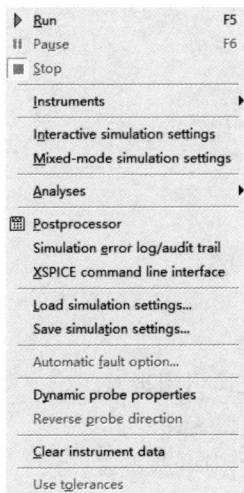

图 2-8　Simulate(仿真)菜单　　　图 2-9　Transfer(文件输出)菜单

- Transfer to Ultiboard：传输到 Ultiboard。
- Forward annotate to Ultiboard：创建 Ultiboard 注释文件。

- Backward annotate from file：从文件反向注释。
- Export to other PCB layout file：导出到其他 PCB 文件。
- Export SPICE netlist：导出 SPICE 网络表。
- Highlight selection in Ultiboard：高亮显示 Ultiboard 中选择的元器件。

8）Tools（工具）菜单

该菜单主要用于编辑、管理元器件和元件库，如图 2-10 所示。该下拉菜单中的一些主要功能简介如下。

- Component wizard：元器件向导。
- Database：元件库管理、保存、合并和转换。
- Variant manager：变量管理器。
- Set active variant：设置有效变量。
- Circuit wizards：电路向导。
- SPICE netlist viewer：SPICE 网络表查看器。
- Rename/renumber components：元器件重命名/重编号。
- Replace components：替换元器件。
- Update components on sheet：更新电路图上的元器件。
- Update HB/SC symbols：更新层次电路和子电路符号。
- Electrical rules check：电气规则检查。
- Clear ERC markers：清除 ERC 标志。
- Toggle NC marker：标识未连接点。
- Symbol Editor：符号编辑器。
- Title Block Editor：标题栏编辑器。
- Description Box Editor：电路描述编辑器。
- Capture screen area：屏幕区域截图。
- Online design resources：在线设计资源。

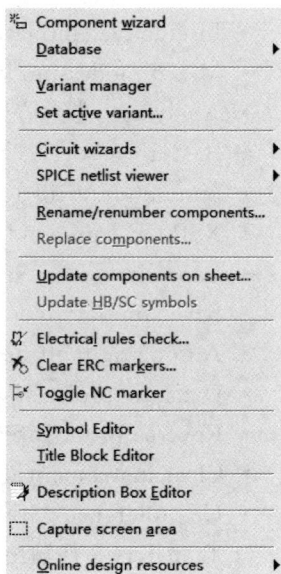

图 2-10　Tools（工具）菜单

9）Reports（报表）菜单

该菜单列出了 Multisim 可以输出的各种表格、清单，如图 2-11 所示。该下拉菜单中的一些主要功能简介如下。

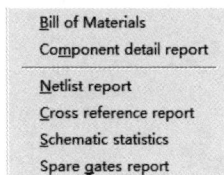

图 2-11　Reports（报告）菜单

- Bill of Materials：元器件清单。
- Component detail report：元器件详细报表。
- Netlist report：网络表报表。
- Cross reference report：交叉引用报表。
- Schematic statistics：原理图统计。
- Spare gates report：未使用门电路报表。

10）Options（选项）菜单

该菜单用于定制电路的界面和电路某些功能的设定，如图 2-12 所示。该下拉菜单中的一些主要功能简介如下。

- Global preferences：全局选项设置。

- Sheet properties：页属性设置。
- Lock toolbars：锁定工具栏。
- Customize interface：定制用户界面。

11）Window(窗口)菜单

该菜单用于设定窗口,如图 2-13 所示。该下拉菜单中的一些主要功能简介如下。

- New window：新建窗口。
- Close：关闭当前窗口。
- Close all：关闭所有窗口。
- Cascade：窗口层叠。
- Tile horizontally：窗口水平方向排列。
- Tile vertically：窗口垂直方向排列。
- 1 Design 1：当前打开的文件名。
- Next window：下一个窗口。
- Previous window：前一个窗口。
- Windows：窗口列表选择。

12）Help(帮助)菜单

该菜单为用户提供帮助,如图 2-14 所示。该下拉菜单中的一些主要功能简介如下。

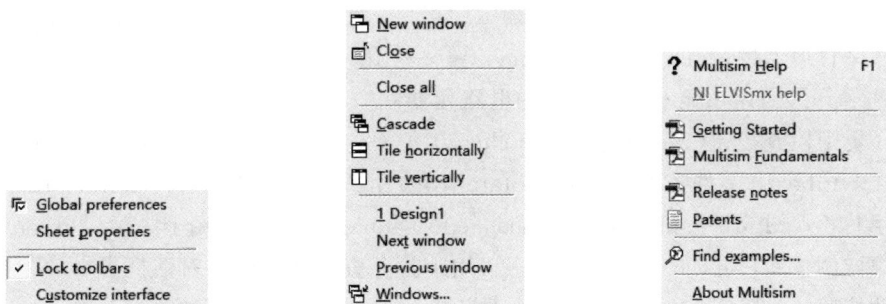

图 2-12　Options(选项)菜单　　图 2-13　Window(窗口)菜单　　图 2-14　Help(帮助)菜单

- Multisim Help：帮助窗口。
- NI ELVISmx help：NI ELVISmx 帮助窗口。
- Getting Started：入门教程。
- Multisim Fundamentals：Multisim 原理简介。
- Release notes：版本发布信息。
- Patents：专利信息。
- Find examples：查找范例文件。
- About Multisim：关于 Multisim 12 的说明。

2.1.2　标准工具栏

标准工具栏包含了常用的基本功能按钮,如新建、打开、保存、打印、放大和缩小等,与 Windows 的基本功能相同,如图 2-15 所示。

图 2-15　标准工具栏

2.1.3　主要工具栏

主要工具栏如图 2-16 所示。

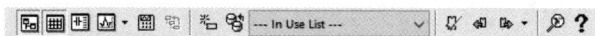

图 2-16　主要工具栏

借助主要工具栏可方便地进行一些操作,虽然用 2.1.1 节介绍的菜单也可以执行这些操作,但使用主要工具栏中的快捷键会更方便。这些快捷键按钮从左至右分别为:

设计管理窗口按钮(Design Toolbox)▣——显示或隐藏设计管理窗口。

数据表格栏按钮(Spreadsheet View)▦——显示或隐藏数据表格栏。

SPICE 网络表查看器按钮(SPICE netlist viewer)▣——显示或隐藏 SPICE 网络表查看器。

图形分析按钮(Grapher)▣·——选择要进行的分析。

后处理器按钮(Postprocessor)▣——显示或隐藏后处理器窗口。

母电路按钮(Parent sheet)▣——跳转到相应的母电路。

元件创建向导按钮(Component wizard)▣——用于打开元件创建向导对话框。

元件库管理器按钮(Database manager)▣——用于打开元件库管理器对话框。

▭用于显示当前使用的电路元器件。

电气规则检查按钮(Electrical rules check)▣——用于打开电气规则检查对话框。

打开 Ultiboard 文件按钮(Backannotate from file)▣——用于打开 Ultiboard 文件。

保存 Ultiboard 文件按钮(Forward annotate to Ultiboard)▣·——用于保存 Ultiboard 文件。

查找样例按钮(Find examples)▣——用于打开查找样例电路对话框。

帮助按钮(Multisim help)▣——用于打开 Multisim 12 的帮助文件。

2.1.4　元器件工具栏

Multisim 12 将元件模型分为虚拟元件和实际元件两大类。图 2-17 所示的是虚拟元件库,图 2-18 所示的是实际元件库。

模拟元件系列　基本元件系列　二极管系列　晶体管系列　测量元件系列　混合元件系列　电源系列　额定元件系列　信号源系列

图 2-17　虚拟元件库栏

虚拟元件库共有 9 个元件分类库,每个元件库放置同一系列的元件,从左到右分别是模拟元件系列(Show/Hide Analog Family)、基本元件系列(Show/Hide Basic Family)、二极

TTL元件库　　CMOS元件库

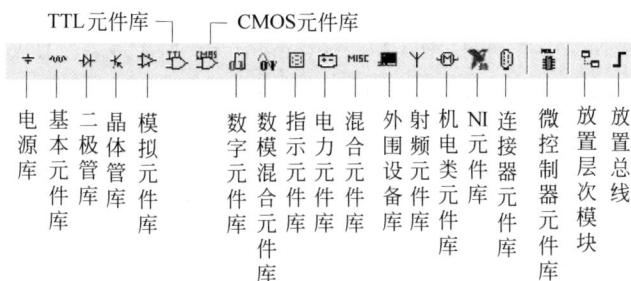

电源库　基本元件库　二极管库　晶体管库　模拟元件库　数字元件库　数模混合元件库　指示元件库　电力元件库　混合元件库　外围设备库　射频元件库　机电类元件库　NI元件库　连接器元件库　微控制器元件库　放置层次模块　放置总线

图 2-18　实际元件库栏

管系列(Show/Hide Diode Family)、晶体管系列(Show/Hide Transistor Family)、测量元件系列(Show/Hide Measurement Family)、混合元件系列(Show/Hide Misc Family)、电源系列(Show/Hide Power Source Family)、额定元件系列(Show/Hide Rated Family)和信号源系列(Show/Hide Signal Source Family)。

实际元件库中放置的是各种实际元件,从左到右分别是电源库(Place Source)、基本元件库(Place Basic)、二极管库(Place Diode)、晶体管库(Place Transistor)、模拟元件库(Place Analog)、TTL元件库(Place TTL)、CMOS元件库(Place CMOS)、数字元件库(Place Misc Digital)、数模混合元件库(Place Mixed)、指示元件库(Place Indicator)、电力元件库(Place Power Components)、混合元件库(Place Misc)、外围设备库(Place Advanced Peripherals)、射频元件库(Place RF)、机电类元件库(Place Electromechanical)、NI元件库(Place NI Component)、连接器元件库(Place Connector)、微控制器元件库(Place MCU)、放置层次模块(Hierarchical block from file)和放置总线(Bus)。

虚拟元件库中存放的是非标准化元件,选取虚拟元件后,双击相应按钮就可以对其参数进行任意设置,修改元器件参数非常方便;实际元件库中存放的是各种参数都符合实际标准的元件,通常在市场上可以买到。如果要使设计的电路参数符合实际情况,应该从实际元件库中选取元件。

2.1.5　仪器仪表栏

仪器仪表栏含有 22 种用来对电路工作状态进行测试的仪器仪表,一般都将该工具栏放置在工作台的右边,如图 2-19 所示。

在该工具栏中,从上至下分别是数字万用表(Multimeter)、函数信号发生器(Function generator)、瓦特表(Wattmeter)、示波器(Oscilloscope)、4 通道示波器(Four channel oscilloscope)、波特图仪(Bode Plotter)、频率计数器(Frequency counter)、字信号发生器(Word generator)、逻辑转换仪(Logic converter)、逻辑分析仪(Logic Analyzer)、IV 分析仪(IV analyzer)、失真分析仪(Distortion analyzer)、频谱分析仪(Spectrum analyzer)、网络分析仪(Network analyzer)、安捷伦函数发生器(Agilent function generator)、安捷伦

图 2-19　仪器仪表栏

数字万用表（Agilent multimeter）、安捷伦示波器（Agilent oscilloscope）、泰克示波器（Tektronix oscilloscope）、测量探针（Measurement probe）、LabVIEW 仪器（LabVIEW instrument）、NI ELVISmx 仪器（NI ELVISmx instrument）和电流探针（Current Probe）等。

2.1.6　其他

1）工作窗口

工作窗口也称为 Workspace，位于界面的中央，它相当于一个现实工作中的操作平台，电路图的编辑绘制、仿真分析及波形数据显示等都将在此窗口中进行。

2）仿真开关

仿真开关用以控制仿真进程，一般在界面的右上角，如图 2-20 所示。图中左侧是仿真开关按钮（Simulation switch），右侧是暂停按钮（Pause the running interactive simulation）。

图 2-20　仿真开关

3）状态栏

状态栏显示有关当前操作以及鼠标所指条目的有用信息，在界面的最下方。

2.2　Multisim 12 基本操作

2.2.1　文件基本操作

与 Windows 常用的文件操作一样，Multisim 12 中也有如下文件操作：New（新建文件）、Open（打开文件）、Save（保存文件）、Save As（另存文件）、Print（打印文件）、Print Setup（打印设置）和 Exit（退出）等。这些操作可以在 File 菜单的子菜单下选择命令，也可以使用快捷键或工具栏的图标进行快捷操作。

2.2.2　元器件基本操作

常用的元器件编辑功能有 Rotate 90° clockwise（顺时针旋转 90°）、Rotate 90° counter clockwise（逆时针旋转 90°）、Flip horizontal（水平翻转）、Flip vertical（垂直翻转）、Properties（元件属性）等，如图 2-21 所示。这些操作可以通过在 Edit 菜单下选择命令完成；也可以把鼠标指针移动到需要操作的元器件上，右击快捷菜单中选择命令完成；还可以利用快捷键操作。

(a) 原始图像　　(b) 顺时针旋转90°　(c) 逆时针旋转90°　　(d) 水平翻转　　(e) 垂直翻转

图 2-21　元器件编辑功能

2.2.3　文本基本编辑

对文字注释的方式有两种：直接在电路工作区输入文字或者在文本描述框输入文字，两种操作方式有所不同。

1. 在电路工作区输入文字

单击 Place/Text 命令或使用 Ctrl＋T 快捷操作，然后用鼠标单击需要输入文字的位置，输入需要的文字。用鼠标指针指向文字块，右击，在弹出的菜单中选择 Color 命令，选择需要的颜色。双击文字块，可以随时修改输入的文字。

2. 在文本描述框输入文字

利用文本描述框输入文字不占用电路窗口，可以对电路的功能、使用说明等进行详细的说明，可以根据需要修改文字的大小和字体。单击 View/Description Box 命令或使用 Ctrl＋D 快捷键操作，打开电路文本描述框，在其中输入需要说明的文字，可以保存和打印输入的文本。

2.2.4 图纸标题栏编辑

单击 Place→Title block 命令，在打开对话框的查找范围处指向 Circuit Design Suite 12.0/titleblocks 目录，在该目录下选择一个 *.tb7 图纸标题栏文件，将之放在电路工作区，如图 2-22 所示。用鼠标指针指向文字块，右击，在弹出的快捷菜单中选择 Properties 命令，可对标题栏的内容进行编辑，如图 2-23 所示。

Electronics Workbench 801-111 Peter Street Toronto, ON M5V 2H1 (416) 977-5550		Electronics WORKBENCH
Title: 彩灯循环电路	Desc.: 彩灯循环电路	
Designed by:	Document No: 0001	Revision: 1.0
Checked by:	Date: 2021-08-01	Size: A0
Approved by:	Sheet 1 of 1	

图 2-22 图纸标题栏

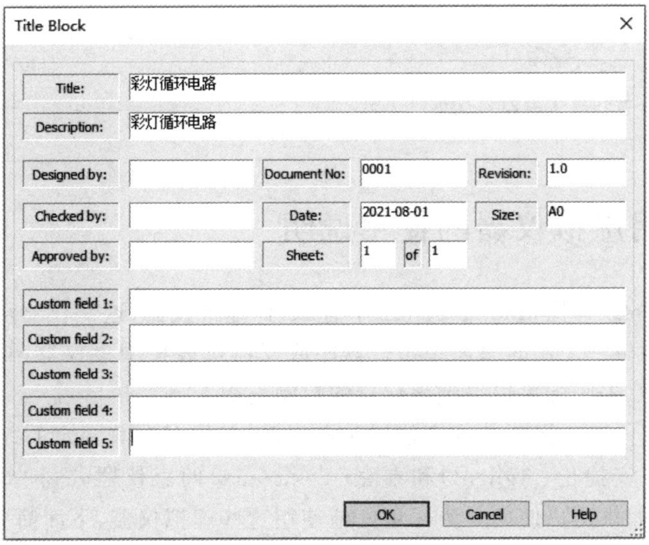

图 2-23 标题栏属性

2.2.5　子电路创建

子电路是用户自己建立的一种单元电路。将子电路存放在用户器件库中,可以反复调用并使用。利用子电路可使复杂系统的设计模块化、层次化,可增加设计电路的可读性、提高设计效率、缩短设计电路的周期。创建子电路的工作需要以下几个步骤:创建、编辑或修改等。

(1) 子电路创建:单击 Place/New subcircuit 命令,在屏幕出现 Subcircuit Name 的对话框中输入子电路名称 sub1,单击 OK 按钮,就会给出子电路图标,完成子电路的创建。此时子电路中没有具体的电路和输入/输出连接点,子电路图标如图 2-24(a)所示。

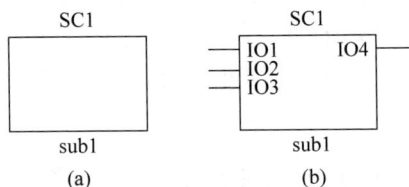

图 2-24　子电路图标

(2) 子电路编辑或修改:双击子电路图标,在出现的对话框中单击 Open subsheet 按钮,如图 2-25 所示,会弹出一个"sub1(SC1)"的空白电路窗口,在该窗口中可以直接编辑子电路图。假设需要创建的子电路为一个基本 RS 锁存器,在完成子电路编辑后,为了能对子电路进行外部连接,在子电路中必须添加输入/输出连接点,单击 Place→connectors→HB→SC connector 命令或使用 Ctrl+I 快捷键操作,屏幕上出现输入/输出符号,将其与子电路的输入/输出信号端进行连接。带有输入/输出符号的子电路才能与外电路连接,如图 2-26 所示。在完成子电路的编辑后,原有的子电路图标会自动添加上输入/输出端子,如图 2-24(b)所示。

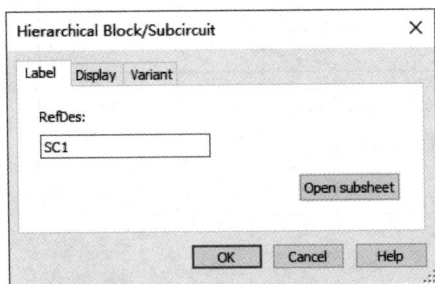

图 2-25　子电路对话框

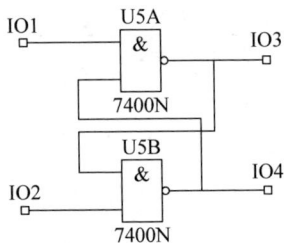

图 2-26　子电路图

2.3　常用虚拟仪器的使用说明

Multisim 12 的仪器库(Instruments)中有 22 种虚拟仪器,这些仪器可用于各种模拟电路和数字电路的测量。使用时只需单击仪器库或仪器仪表栏中该仪器图标,拖动放置在相应位置即可,通过双击图标可以得到该仪器的控制面板。

虽然虚拟仪器的基本操作与现实仪器非常相似,但仍存在着一定的区别。Multisim 12 的仪器库还提供了安捷伦(Agilent)和泰克(Tektronix)两家仪器公司的多款仪器及其"真实形象"的用户界面供用户使用。为了更好地使用这些虚拟仪器,下面简要介绍几种最常用的虚拟仪器的使用方法。

2.3.1　数字万用表

Multisim 12 提供的数字万用表(Multimeter)外观和操作与实际的万用表相似,可以测电流 A(直流或交流)、电压 V(直流或交流)、电阻 Ω 和分贝值 dB,其图标如图 2-27(a)所示、面板如图 2-27(b)所示,单击面板上的 Set 按钮,弹出的万用表的设置界面如图 2-27(c)所示。万用表有正极和负极两个引线端。

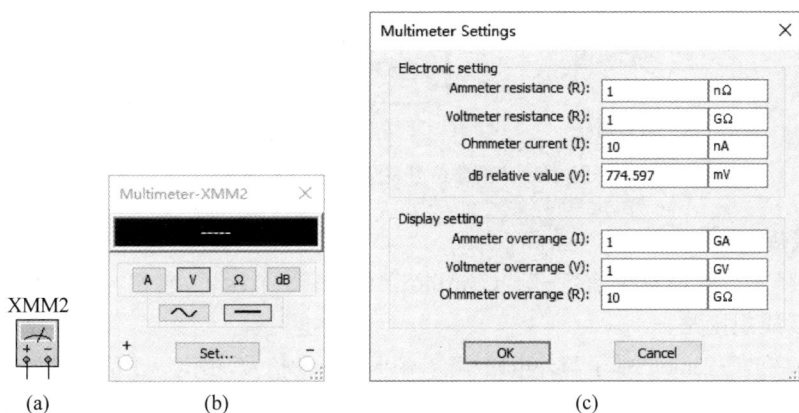

图 2-27　数字万用表图标和面板

当用来测量电压或电流时,也可用电压表或电流表。电压表和电流表在"元件库栏/指示元件库"中。

2.3.2　瓦特表

Multisim 12 提供的瓦特表(Wattmeter)用来测量电路的交流功率或者直流功率,同时也显示所测负载(二端网络)的功率因数(Power Factor),其图标和面板如图 2-28 所示。瓦特表有 4 个引线端口:电压正极和负极、电流正极和负极。

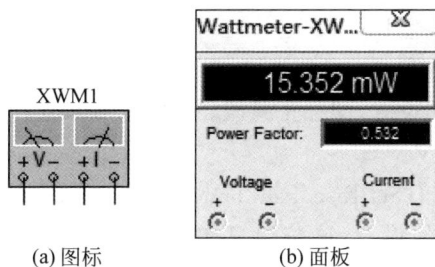

图 2-28　瓦特表图标和面板

2.3.3　函数信号发生器

函数信号发生器(Function Signal Generator)可以产生正弦波、方波和三角波信号,每一种信号的频率(Frequency)、幅值(Amplitude)和偏置电压(Offset)都可以进行设定。对偏置电压的设置可将正弦波、方波和三角波叠加到设置的偏置电压上输出。其图标和面板如图 2-29 所示。对于三角波和方波,还可以设置占空比(Duty cycle)大小。

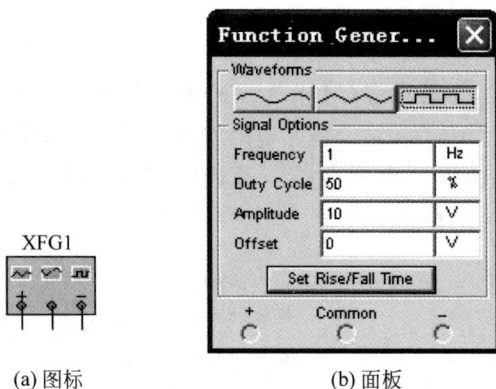

(a)图标　　　　　　(b)面板

图 2-29　函数信号发生器图标和面板

1)接线规则

函数信号发生器图标上有"+"、"Common"和"-"3个端子,它们与外电路相连输出电压信号,其接线规则是:

(1)"+"和"Common"端子与外电路相连,输出正极性信号,幅值等于信号发生器的设定值。

(2)"-"和"Common"端子与外电路相连,输出负极性信号,幅值等于信号发生器的设定值。

(3)"+"和"-"端子与外电路相连,输出信号的幅值等于信号发生器的设定值的两倍。

(4)"+"、"Common"和"-"3个端子同时与外电路相连,且把"Common"端子与公共地(Ground)连接,则输出两个幅值相等、极性相反的信号。

2)面板操作

通过对面板的不同设置,可改变输出信号的波形类型、幅值大小、占空比或偏置电压等。

(1)波形区(Waveforms)。选择输出信号的波形类型有正弦波、方波和三角波3种周期性信号供选择。

(2)信号功能区(Signal Options)。对所选择的输出信号进行相关参数设置。

- Frequency:信号频率的设置,范围为1Hz~999MHz。
- Duty Cycle:信号占空比的设置,设定范围为1%~99%。
- Amplitude:信号幅值(电压)的设置,其可选范围为1μV~999kV。
- Offset:偏置电压的设置,即把正弦波、三角波、方波叠加在设置电压上输出,其可选范围为1μV~999kV。

(3)上升/下降时间按钮(Set Rise/Fall Time)。信号上升时间与下降时间的设置,该按钮只在产生方波时有效。单击该按钮后,弹出的对话框如图2-30所示。

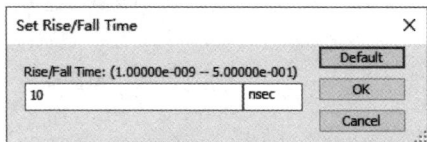

图 2-30　Set Rise/Fall Time 对话框

在对话框中根据需要设定上升时间(下降时间)及对应的时间单位,再单击OK按钮即可。如单击Default,则为默认值10ns。

3)其他函数信号发生器

Multisim 12的仪器库中还包括安捷伦函数发生器(Agilent Function Generator)。安捷伦函数发生器的面板与实际使用的仪器完全相同,其操作方法与实际安捷伦函数发生器相同,具体操作方法可参考安捷伦函数发生器的使用说明。

2.3.4　示波器

示波器(Oscilloscope)可用来观察各种信号的波形,也可用来测量信号幅度、频率及周期等参数,是实验中经常使用的仪器之一,该仪器的图标和面板如图 2-31 所示。

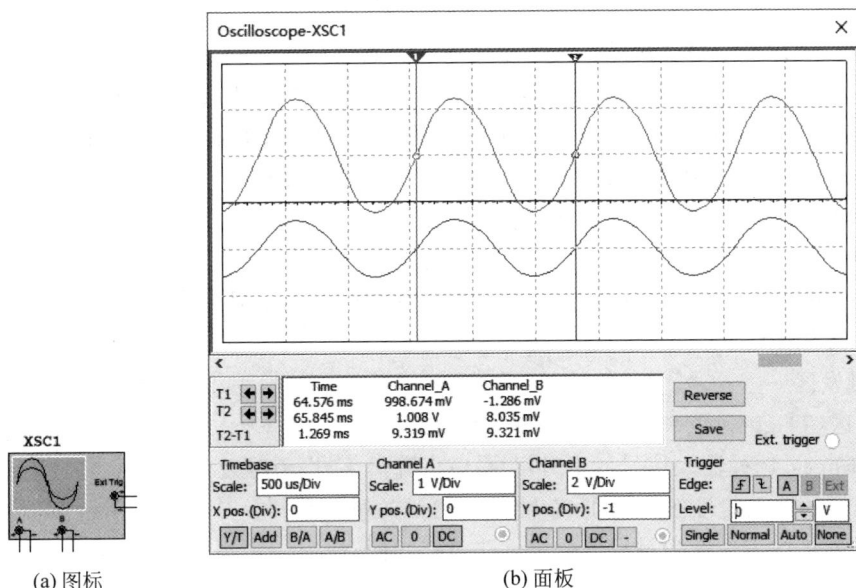

(a) 图标　　　　　　　　　　　　　　　　(b) 面板

图 2-31　示波器图标和面板

1. 连接规则

图 2-31 所示的是一个双踪示波器,有 A、B 两个通道,Ext Trig 是外触发端,具体连接方式如下:

(1) A、B 两个通道的"＋"端分别接需测量的信号,"－"端接地,示波器上显示的是该测量点与地之间的波形。

(2) Ext Trig 中的"＋"和"－"分别为外触发端和接地端。

2. 面板操作

双踪示波器的面板操作说明如下:

1) 时间区

时间区(Timebase)用来设置 X 轴方向时间基线扫描时间的相关参数。

(1) Scale:设置 X 轴方向每一个刻度代表的时间。根据所测信号频率的高低,分别单击▽或△按钮选择适当的值。

(2) X pos.(Div): X 轴方向时间基线的起始位置,修改该值可左右移动显示的波形。

(3) Y/T:表示 Y 轴方向显示 A、B 两通道的输入信号, X 轴方向显示时间基线,并按设置的时间进行扫描。当显示随时间变化的信号波形(例如三角波、方波及正弦波等)时,常采用此种方式。

(4) B/A(A/B):表示将 A(B)通道信号作为 X 轴扫描信号,将 B(A)通道信号施加在

Y 轴上，这两种方式可用于观察李沙育图形。

（5）Add：表示 X 轴按设置时间进行扫描，而 Y 轴方向显示 A、B 通道的输入信号之和。

2）通道 A 区

通道 A 区(Channel A)用来设置 A 通道输入信号在 Y 轴方向上的标度。

（1）Scale：表示 A 通道输入信号在 Y 轴方向上每格所表示的电压数值。单击该栏后可改变每格所代表的数值。

（2）Y pos.(Div)(Y 轴位置)：设置 Y 轴的起始点位置。起始点为 0 时，信号波形以 X 轴为对称轴；起始点为正值，信号波形往上移动；起始点为负值，信号波形往下移动。

（3）触发耦合方式：AC(交流耦合)、0(0 耦合)或 DC(直流耦合)，交流耦合只显示交流分量，直流耦合显示直流和交流之和，0 耦合，在 Y 轴设置的原点处显示一条直线。通常利用 0 耦合来确定 Y 轴的零点位置，即 X 轴所在位置。

3）通道 B 区

通道 B 区(Channel B)用来设置 B 通道 Y 轴方向输入信号的标度，设置方法与通道 A(Channel A)相同。

4）触发区

触发区(Trigger)用来设置示波器的触发方式。

（1）Edge：选择输入信号的上升沿 ⏶ 或下降沿 ⏷ 作为触发信号。A 或 B 表示用 A 通道或 B 通道的输入信号作为同步 X 轴时基扫描的触发信号。Ext 表示用示波器图标上触发端子 T 连接的信号作为触发信号来同步 X 轴时基扫描。

（2）Level：选择触发电平的大小。

（3）Single：选择单脉冲触发。

（4）Normal：选择一般脉冲触发。

（5）Auto：表示触发信号不依赖外部信号。一般情况下通常都使用 Auto 方式。

（6）None：不选择触发信号。

3. 测量波形参数

在显示屏幕上有两条可以左右移动的读数指针，指针上方有三角形标志。把光标移至读数指针上(或三角形标志上)，按住鼠标左键可拖动读数指针左右移动。

在显示屏幕下方的测量数据显示区中显示了两个波形的测量数据(如图 2-31 所示)，分别是：

（1）Time：从上到下的 3 个数据分别是 1 号读数指针离开屏幕最左端(时基线零点)所对应的时间 T_1(64.576ms)、2 号读数指针离开屏幕最左端(时基线零点)所对应的时间 T_2(65.845ms)、两个时间之差 T_2-T_1(1.269ms)；可以通过 T_2-T_1 的读数来测量信号的周期，通过单击 T_1 或 T_2 右边向左(或向右)的箭头可以分别微调两根读数指针。

（2）Channel_A：从上到下的 3 个数据分别是 1 号读数指针所在位置处通道 A 的信号值(998.674mV)、通道 B 的信号值(1.008V)和两个信号值之差(9.319mV)。

（3）Channel_B：从上到下分别是 2 号读数指针所在位置处通道 A 的信号幅度值、通道 B 的信号幅度值和两个幅度值之差。

为了测量的方便和准确，可以单击 Pause 按钮(或 F6 键)，或者单击面板右下方的 single 按钮，使波形保持不变，然后再测量。

4．设置信号波形显示颜色

只要在电路中改变与示波器 A、B 通道连接导线的颜色，波形的显示颜色便与导线的颜色相同。方法是选中连接导线，右击，在弹出的对话框中设置导线颜色即可。

5．改变屏幕背景颜色

单击面板右下方的 Reverse 按钮，即可改变屏幕背景的颜色，通常屏幕背景的颜色在黑色和白色之间转换。要将屏幕背景恢复为原色，再次单击 Reverse 按钮即可。

6．存储数据

对于读数指针测量的数据，单击展开面板右下方的 Save 按钮即可将其存储，数据存储格式为 ASCII 码格式。

7．移动波形

在动态显示时，单击仿真开关或 Pause 按钮（或按 F6 键），通过改变 X position 的数值，可实现波形的左右移动。

8．其他示波器

1）安捷伦示波器

Multisim 12 的仪器库中包括安捷伦示波器（Agilent Oscilloscope），该虚拟仪器的操作方法与实际安捷伦示波器相同。具体操作方法可参考安捷伦示波器的使用说明书。

2）四通道示波器

Multisim 12 的仪器库中还提供了一台四通道示波器（Four Channel Oscilloscope），其图标和面板如图 2-32 所示。该示波器使用方法与 2 通道的示波器相似，但是示波器的通道数由常见的 2 通道变为 4 通道。因此在面板上也多了一个通道控制器旋钮 ，只有当旋钮拨到某个通道位置，才能对该通道的 Y 轴进行调整。

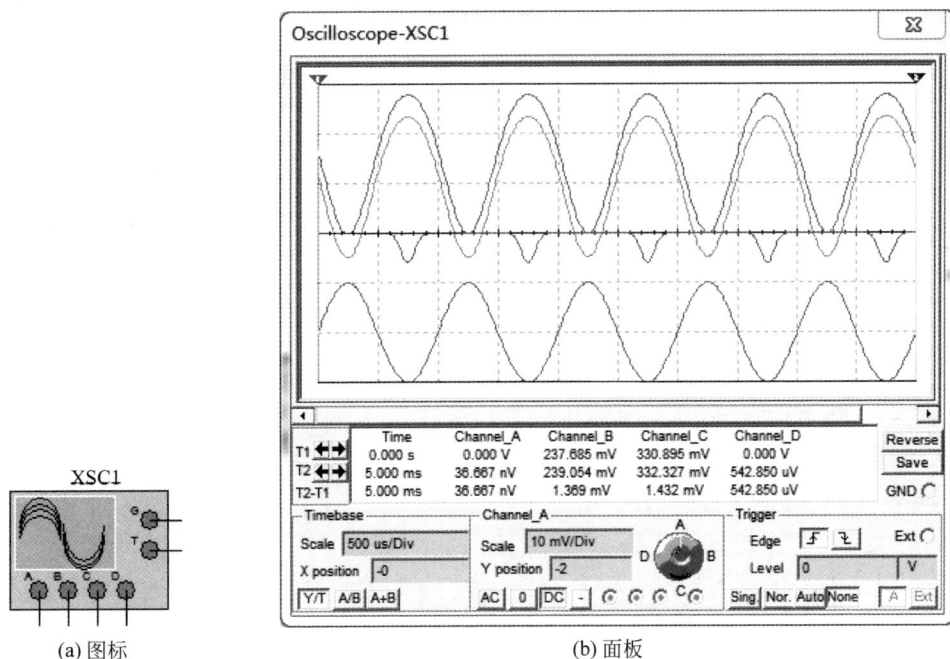

(a) 图标　　　　　　(b) 面板

图 2-32　四通道示波器的图标和面板

3）泰克示波器

Multisim 12 的仪器库中还包括泰克示波器（Tektronix Oscilloscope）。该虚拟仪器的操作方法与实际泰克示波器相类似。具体操作方法可参考泰克示波器的使用说明书。

2.4　基本分析方法

起动 Simulate 菜单中的 Analyses 命令，里面共有 19 种分析功能，从上至下分别为：直流工作点分析（DC Operating Point Analysis）、交流分析（AC Analysis）、单频交流分析（Single frequency AC analysis）、瞬态分析（Transient Analysis）、傅里叶分析（Fourier Analysis）、噪声分析（Noise Analysis）、噪声系数分析（Noise figure Analysis）、失真分析（Distortion Analysis）、直流扫描分析（DC Sweep Analysis）、灵敏度分析（Sensitivity Analysis）、参数扫描（Parameter Sweep）、温度扫描分析（Temperature Sweep Analysis）、极点-零点分析（Pore-Zero Analysis）、传递函数分析（Transfer Function Analysis）、最坏情况分析（Worst Case Analysis）、蒙特卡罗分析（Monte Carlo Analysis）、布线宽度分析（Trace Width Analysis）、批处理分析（Batched Analysis）、用户自定义分析（User Defined Analysis）及 RF 分析（RF）。下面简要介绍几种常用的分析方法。

2.4.1　直流工作点分析

直流工作点分析（DC Operating Point Analysis）是在电路中电感短路、电容开路的情况下，计算电路的静态工作点。直流分析的结果通常可用于电路的进一步分析，如在进行暂态分析和交流小信号分析之前，程序会自动先进行直流工作点分析，以确定暂态的初始条件和交流小信号情况下非线性化模型的参数。

下面以如图 2-33 所示的单管放大电路为例，介绍直流工作点分析的基本操作过程。

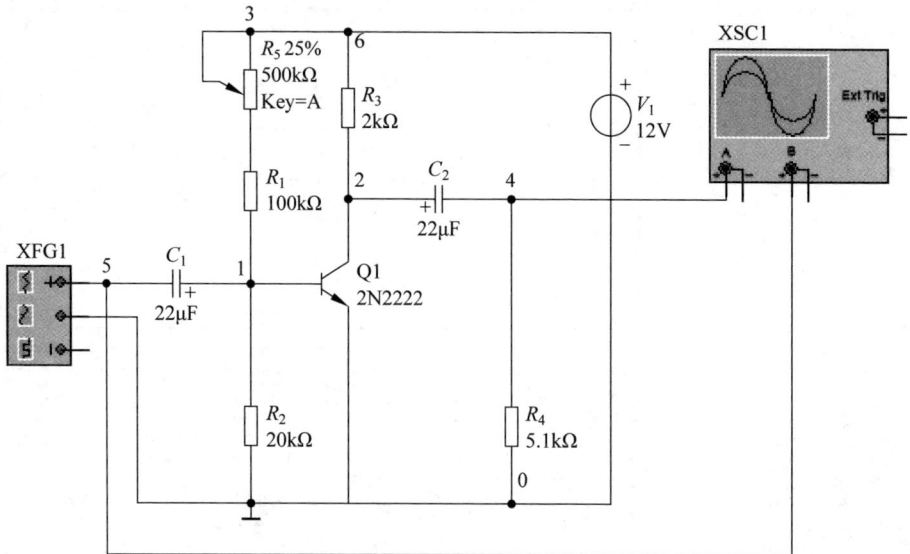

图 2-33　单管放大电路

电路搭建完成后，选择 Options→Sheet Properties 命令，在 Net Names 选项卡中选择 Show All，这样电路中所有网络号都会显示出来。

图 2-33 中的晶体管取理想元件，把电位器的阻值调节到 20%～30%，此时用示波器看到的波形没有失真，如图 2-34 所示，电路处于放大状态。打开 Simulate 菜单中的 Analyses 命令，弹出（DC Operating Point Analysis）直流工作点分析对话框，如图 2-35 所示，从中选择要仿真的变量：网络 1 的电压 $V(1)$、网络 2 的电压 $V(2)$ 和集电极电流 $I(R3)$（$V(1)$ 为晶体管基极电压，$V(2)$ 为集电极电压），单击 Simulate 进行分析，得到如图 2-36 所示的直流工作点仿真结果，即

$$V_{BE} = V(1) = 648.847\,\text{mV}$$

$$V_{CE} = V(2) = 6.002\,\text{V}$$

$$I_C = I(R_3) = 2.999\,\text{mA}$$

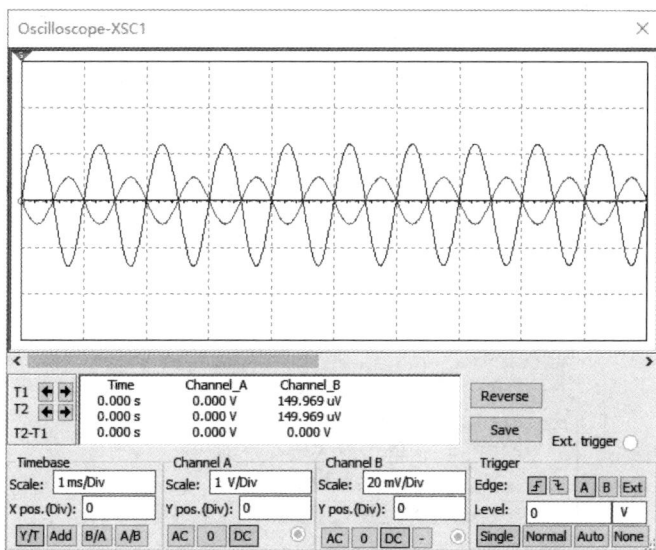

图 2-34　放大状态的波形

2.4.2　交流分析

交流分析（AC Analysis）可以进行电路的小信号频率响应的仿真。进行交流分析时，程序自动先对电路进行直流工作点分析，以建立电路中非线性元件的交流小信号模型，同时把直流电源置零，把交流信号源、电容及电感等元器件用相应的交流模型代替，如果电路中含有数字元件，可以看作一个接地的大电阻。交流分析时都假定输入信号为正弦波，即不管电路输入端实际为何种输入信号，进行交流分析时都将自动以正弦波替换，且信号的频率也将以设定的范围替换。交流分析的结果以幅频特性和相频特性两个图形显示。如果将波特图仪连至电路的输入端和被测点，也同样可获得交流频率特性。

下面我们仍以单管放大电路为例，说明如何进行交流分析。

电路搭建完成后，打开 Simulate 菜单中的 Analyses 子菜单，将弹出交流分析（AC Analysis）对话框，如图 2-37 所示，在对话框中进行交流分析的起止频率等项的设定。

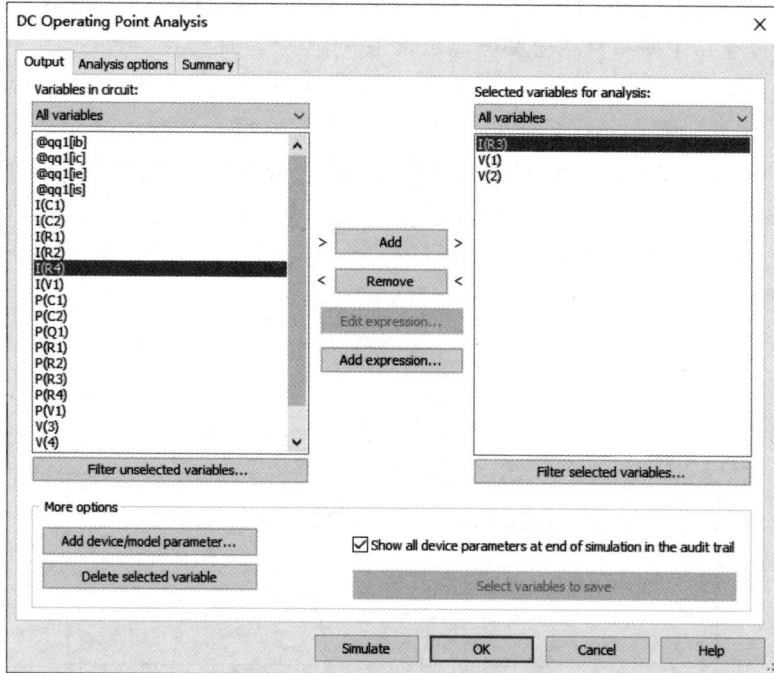

图 2-35　直流工作点分析对话框

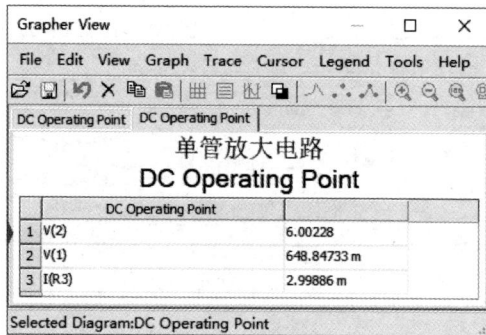

图 2-36　直流工作点仿真结果

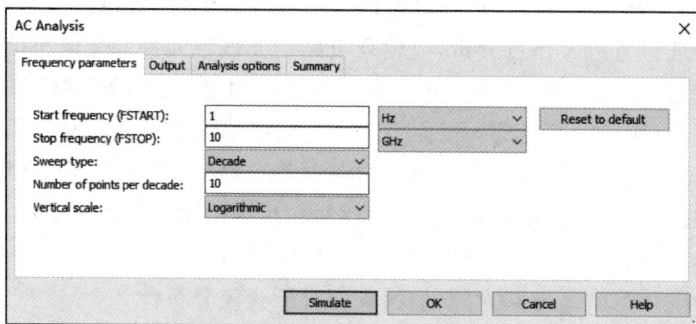

图 2-37　交流分析（AC Analysis）对话框

在 Output 选项卡中,选定分析变量 $V(4)$ 的电压传输特性,如图 2-38 所示。

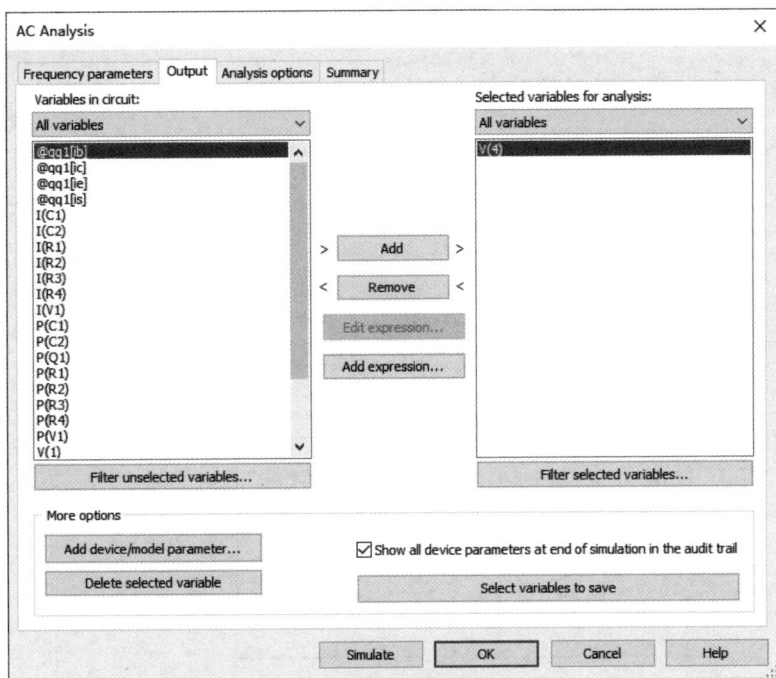

图 2-38　输出变量选择对话框

单击 Simulate 按钮进行分析,其幅频特性和相频特性仿真结果如图 2-39 所示。

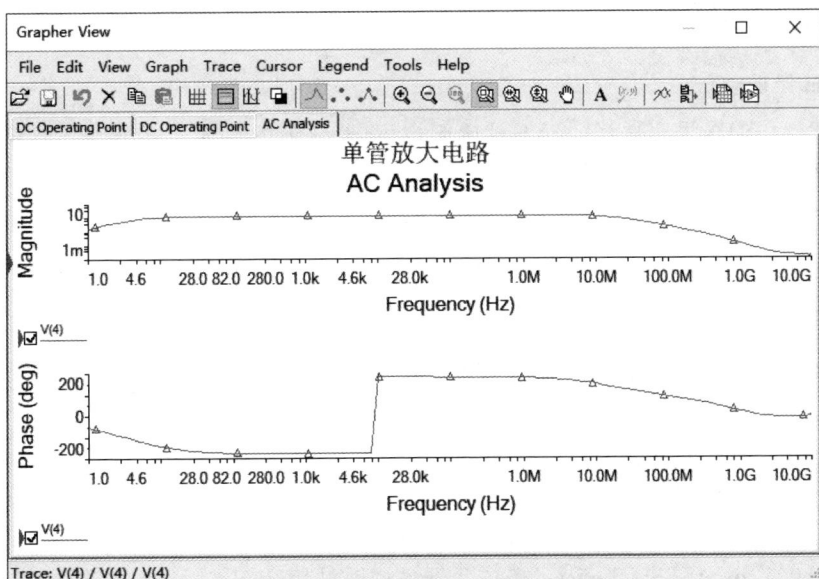

图 2-39　幅频特性和相频特性仿真结果

对电路的瞬态分析详见二维码的内容。

瞬态分析

2.5　电路的搭建与仿真

本节以如图 2-40 所示的单管放大电路为例,说明 Multisim 12 的电路搭建和仿真的整个过程。

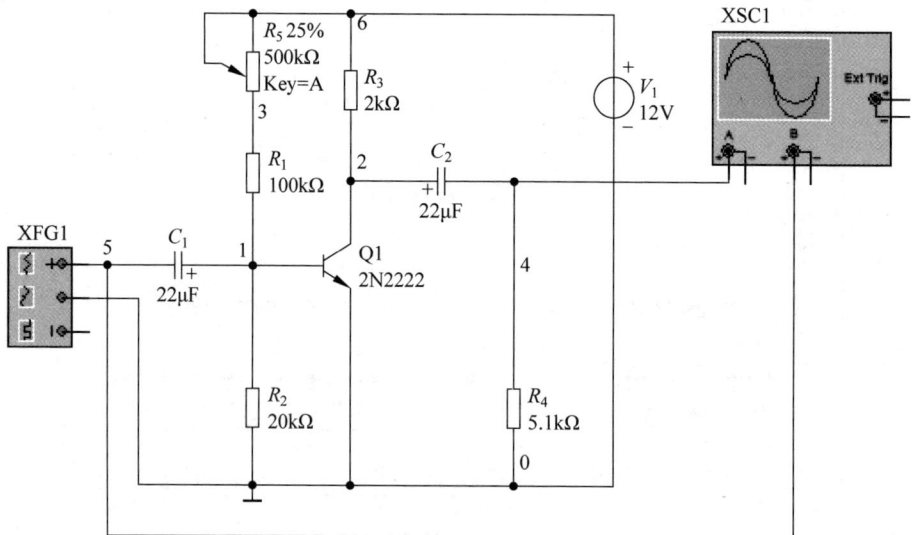

图 2-40　单管放大电路

2.5.1　元器件

1. 选择元器件

在元器件栏中单击要选择的元器件库图标,打开该元器件库。在屏幕出现的元器件库对话框中选择所需的元器件。

2. 选中元器件

用鼠标单击元器件,可选中该元器件。

3. 元器件操作

选中元器件,右击,在菜单中出现如图 2-41 所示操作命令。除常用的 Cut(剪切)、Copy(复制)、Paste(粘贴)、Delete(删除)等常用操作命令外,其他的一些操作命令简介如下。

Flip horizontal：选中元器件水平翻转。

Flip vertical：选中元器件垂直翻转。

Rotate 90° clockwise：选中元器件顺时针旋转 90°。

Rotate 90° counter clockwise：选中元器件逆时针旋转 90°。

Bus vector connect：显示总线向量连接对话框。

Replace by hierarchical block：用层次电路模块替换。

Replace by subcircuit：用子电路替换。

Replace components：用其他元件替换。

Save component to database：将元器件保存至元件库。

Edit symbol/title block：编辑符号/标题块。

Lock/Unlock name position：锁定/解锁名称位置。

Reverse probe direction：探针方向相反。

Save selection as snippet：保存为片段。

Color：设置元件颜色。

Font：字体设置。

Properties：打开属性对话框。

NI ELVIS II instrument enabled in simulation：允许仿真 NI ELVIS II 设备。

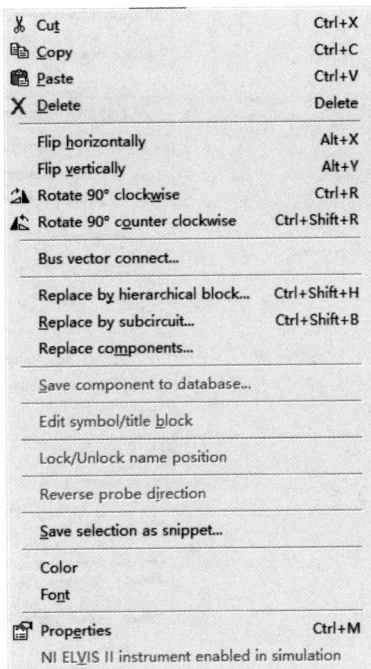

4. 元器件特性参数

双击该元器件,在弹出的元器件特性对话框中,可以设置或编辑元器件的各种特性参数。元器件每个不同选项下将对应不同的参数。例如,NPN 晶体管的主要选项为：Label——标识；Display——显示；Value——数值；Pins——引脚等。

✂ Cut		Ctrl+X
📋 Copy		Ctrl+C
📋 Paste		Ctrl+V
✕ Delete		Delete
Flip horizontally		Alt+X
Flip vertically		Alt+Y
Rotate 90° clockwise		Ctrl+R
Rotate 90° counter clockwise		Ctrl+Shift+R
Bus vector connect...		
Replace by hierarchical block...		Ctrl+Shift+H
Replace by subcircuit...		Ctrl+Shift+B
Replace components...		
Save component to database...		
Edit symbol/title block		
Lock/Unlock name position		
Reverse probe direction		
Save selection as snippet...		
Color		
Font		
📋 Properties		Ctrl+M
NI ELVIS II instrument enabled in simulation		

图 2-41　元器件操作命令

2.5.2　编辑原理图

1. 建立电路文件

打开 Multisim 12 的用户界面(如图 2-1 所示),此时系统自动命名空白电路文件为 Design 1。在 Multisim 12 正常运行时,选择菜单 File→New 命令,同样也会出现这样的空白电路文件。

2. 设计电路界面

通过 Options 菜单中的若干选项,可以设计出个性化的界面。

(1) 选择 Options→Global Preferences 命令,打开 Global Preferences 对话框中的 Components 选项卡,如图 2-42 所示,对 Symbol standard 区内的电气元器件符号标准进行设置,Multisim 12 提供了两套元器件符号标准,ANSI 是美国标准,DIN 是欧洲标准,这里选择 DIN。

(2) 选择 Options→Sheet Properties 命令,打开 Sheet Properties 对话框,选择 Workspace 选项卡,如图 2-43 所示,对其中的相关项进行设置：选择 Show 区内的 Show grid(也可从 View/grid 菜单选取),则电路图中将出现栅格；选择 Show 区内的 Show border(也可从 View/border 菜单选取),则电路窗口就像一张标准图纸。在该页面中还可以在 Custom size 区,通过设置 Width 和 Height 来改变电路图纸的大小。

(3) 选择 Options→Sheet Properties 命令,打开 Sheet Properties 对话框,选择 Sheet visibility 选项卡,如图 2-44 所示,可以对元件符号显示(Component)、网络名称显示(Net Names)、连接器显示(Connectors)、总线显示(Bus entry)等进行设置。

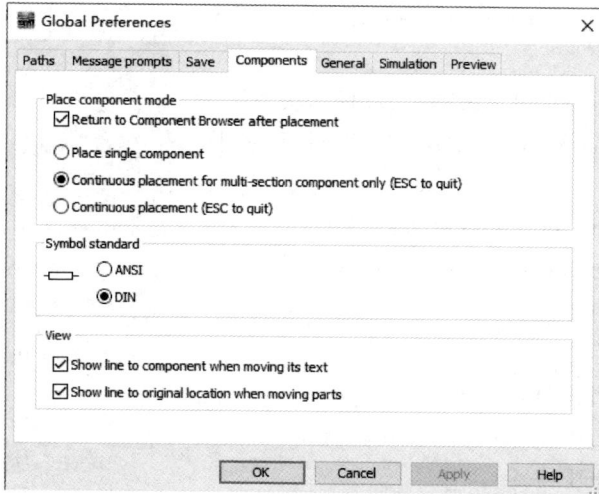

图 2-42　Components 选项卡

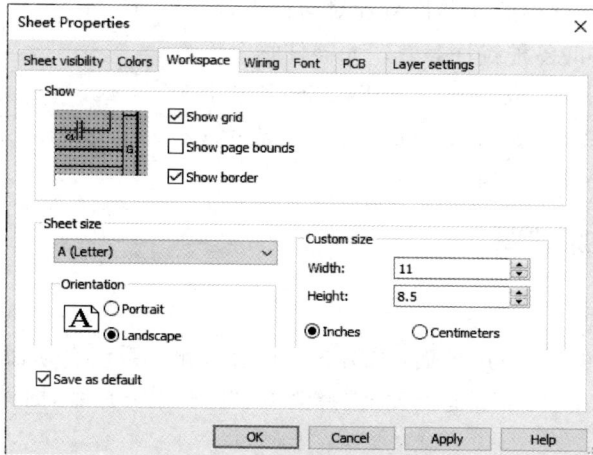

图 2-43　Workspace 选项卡

Component 栏目的显示控制如下：

- Labels 标签
- RefDes 元件序号
- Values 参数值
- Initial conditions 初始条件
- Tolerance 公差
- Variant data 变量数据
- Attributes 属性
- Symbol pin names 符号引脚名称
- Footprint pin names 封装引脚名称

在 Sheet Properties 对话框中，其他选项卡简介如下：

1) Colors（颜色选项）

设置仿真工作区的颜色，通常设置为黑色或白色。

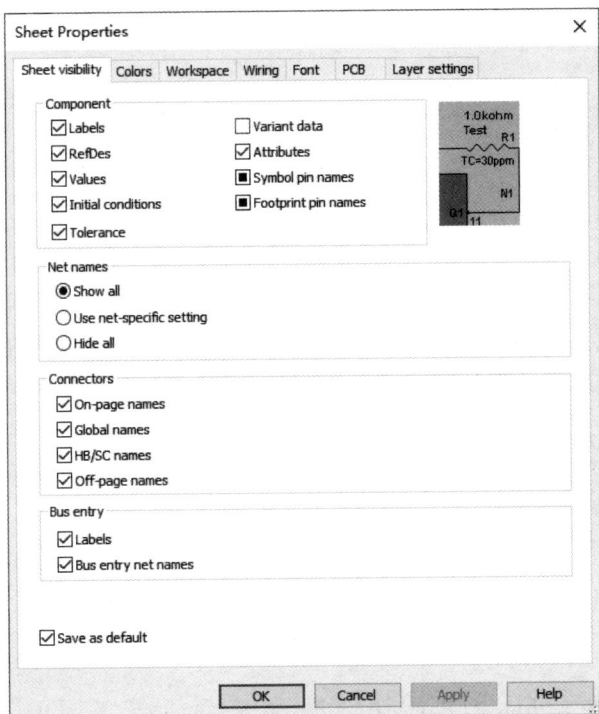

图 2-44 Sheet visibility 选项卡

2）Wring（线宽选项）

Wire width 栏目设置连接线的线宽；Bus width 栏目设置总线的线宽。

3）Font（字体选项）

设置字体、文字对齐方式以及应用范围，其使用方法与其他应用软件基本相同。

4）PCB（电路板选项）

电路板选项选择与制作电路板相关的命令。其中

Ground option：是否将数字地和模拟地相连。

Unit settings：设置 PCB 尺寸单位。

Copper Layers：PCB 板的覆铜层数。

5）Layer settings（层设置选项）

设置各电路层是否显示，添加注释层。

3. 电路搭建

电路界面设计好后，就可以进行电路搭建了。

1）元件选择

根据如图 2-40 所示的电路图，从元器件工具栏中可以进行元件的选择。待放大的信号源（函数信号发生器，信号源也可以用交流电源代替）可从仪器仪表栏选取，而直流电压源、接地端可以从电源库（Sources）中选取，如图 2-45 所示。

图 2-45 信号源与电源器件的选择

　　在图 2-45 中，双击函数信号发生器或直流电压源可以对参数、符号等进行设置，如图 2-46 所示。

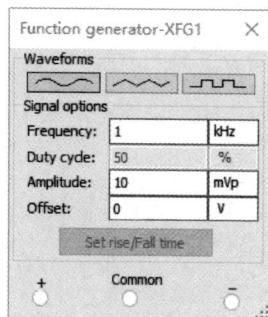

(a) 函数信号发生器参数设置对话框　　　　　　(b) 电源参数设置对话框

图 2-46　函数信号发生器和电源参数设置对话框

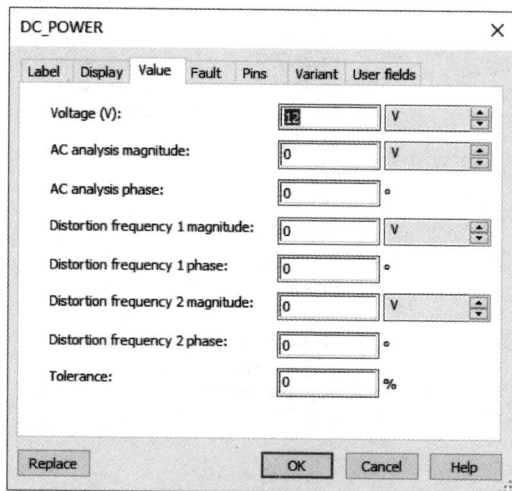

电阻、电容等在基本元件库(Basic)中选择，如图 2-47 所示。

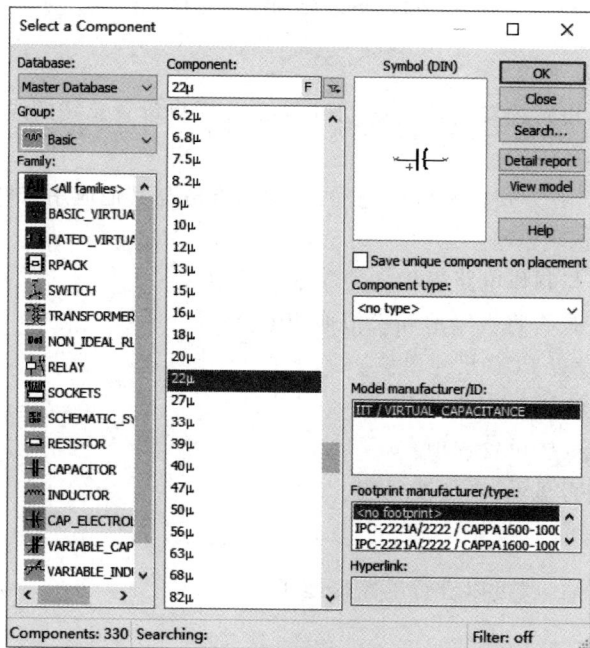

图 2-47　基本元件库

　　如果所选取元件的方向不符合要求，可以由 Ctrl＋R 快捷键或由 Edit 菜单中的旋转选项进行旋转。

　　晶体管可从晶体管库(Place Transistor)中选择，如图 2-48 所示。实际 NPN 元件库中有各种型号的 NPN 晶体管,包括了国外几家大公司的产品,如 Zetex、National 等,如果要选用国产的晶体管,如 3DG6(β=80),则只能在虚拟元件库栏中单击晶体管系列,选取一个 BJT_NPN 来代替,它的 β 默认值是 100,需要进行修改。

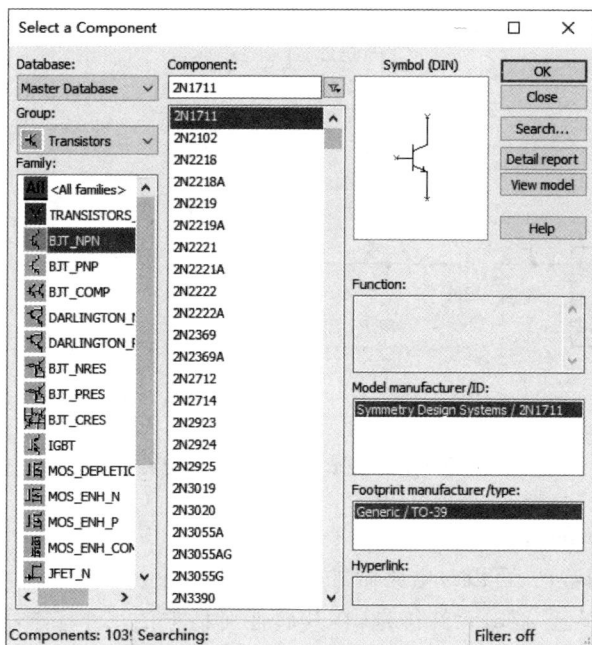

图 2-48　NPN 型晶体管实际元件库

到目前为止,图 2-40 电路中所需的所有元件都已选取,显示在如图 2-49 所示的界面中,单击 In Use List 栏内的三角按钮,可以列出电路中所用到的全部元件。

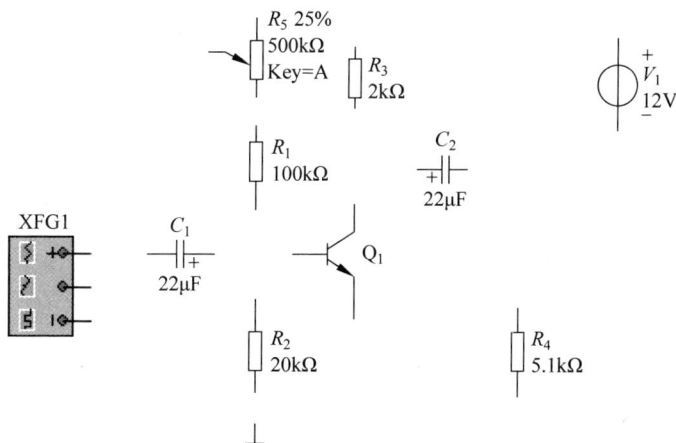

图 2-49　选取的全部元件

2）电路连线

选择元件后,就可以进行电路连线了。电路连线比较方便,具体步骤是:将鼠标指针指向所要连接的元件引脚末端,此时鼠标指针变成一个小圆点,单击鼠标左键并移动鼠标,将在屏幕中出现一条虚线,移动到终点后再单击鼠标左键即完成一条连线。如果要从某点转弯,可在转弯点单击左键,然后继续移动直到终点,再单击鼠标左键即完成一条连线。整个电路完成连线后如图 2-50 所示。

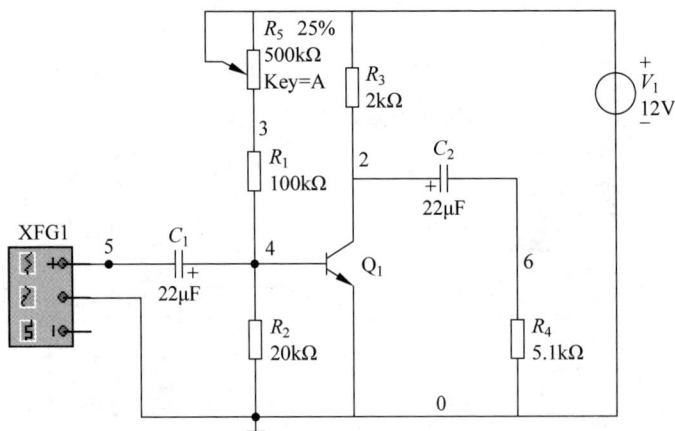

图 2-50　完成连线后的完整电路

3）电路的进一步编辑

为了使电路更加整洁,可以对电路做进一步的编辑。

（1）修改元件序号。双击元件符号,在其属性对话框的 Label 选项卡中可以对元件的序号进行修改。

（2）修改元件或连线的颜色。鼠标指针指向元件或连线,右击出现下拉菜单,选择 Color（或 Netcolor）项,在弹出的颜色对话框中选择所需的颜色即可。

（3）删除元件或连线。选中要删除的元件或连线,按 Delete 键即可删除,删除元件时与该元件连接的连线一同消失;删除连线时不会影响元件。

4）保存文件

编辑后的电路图通过选择菜单 File→Save As 命令得到保存,这与一般文件的保存方法相同,保存后的文件以 .ms 12 为扩展名。

2.5.3　电路仿真

按前所述,对这个共射极放大电路可以进行如下仿真。

1. 静态工作点测试

参照 2.4.1 节,可以进行电路的静态工作点测试。

2. 测量电压放大倍数

可以在图 2-34 的输入/输出电压波形上读出电压的幅值,电路的电压放大倍数由它们的比值得到;或者从瞬态分析所得的幅频特性上得到电压放大倍数的波特值,运算后得到放大倍数。

3. 观察静态工作点对输出波形的影响

逐渐加大输入信号,用示波器观察输出波形,改变 R_5,使输出电压出现失真,如图 2-51

所示,再起动静态工作点分析,测量此时的 V_{CE} 值,分析波形失真与 V_{CE} 之间的关系,从波形上也可以看出此时的失真情况。

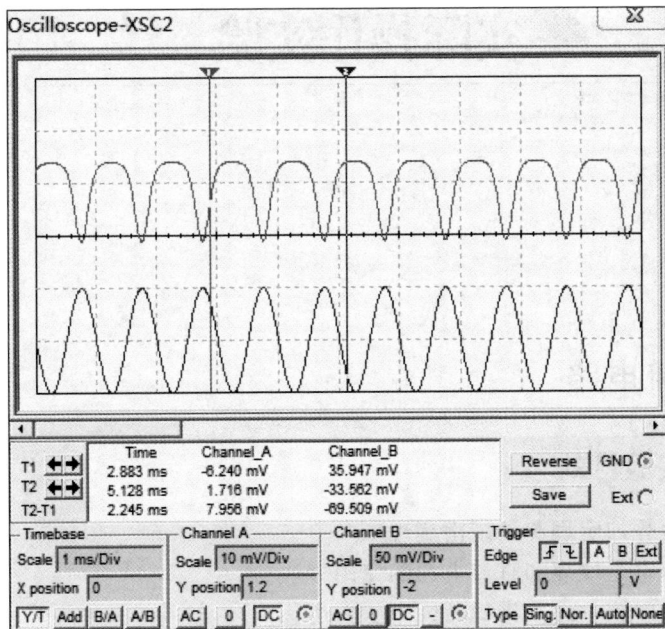

图 2-51 波形失真

4. 最大不失真输出电压 V_{OPP} 的测量

先将静态工作点调至放大器正常工作情况(即输出波形不失真),逐步增大输入信号的幅度,并同时调节 R_5(即改变静态工作点),用示波器观察输出波形,当输出波形同时出现饱和失真和截止失真时,说明静态工作点已调在交流负载线的中点。然后反复调整输入信号,使波形输出幅度最大,且无明显失真,此时,用交流毫伏表测出 V_O(有效值),则动态范围 $V_{OPP}=2\sqrt{2}V_O$,或在示波器上直接读出 V_{OPP}。

5. 放大器频率特性的测量

根据 2.4.2 节介绍的交流分析的手段测量频率特性的方法,还可以使用波特图仪来进行频率特性的测量。

第3章

实际操作实验

3.1 直流电路

3.1.1 实验目的

(1) 加深理解叠加定理和戴维南定理。
(2) 学习基本电工仪表和直流电源的使用方法。
(3) 学习测定有源二端网络等效内阻的方法。
(4) 加深对等效电路概念的理解。

3.1.2 实验原理简述

1. 叠加定理

在有几个独立源共同作用下的线性电路中,通过每一个元件的电流或其两端的电压,可以看作由每一个独立源单独作用时,在该元件上所产生的电流或电压的代数和。

如图 3-1(a)所示为叠加定理实验电路,图中 E_1、E_2 为直流稳压电源,其内阻可近似看作零,R_1、R_2、R_3、R_4、R_5 均为线性电阻。该电路在 E_1、E_2 的共同作用时(K$_1$ 打向左边,K$_2$ 打向右边)所产生的各支路电流 I_1、I_2、I_3 及各电阻上的电压 U_{AB}、U_{CD}、U_{AD}、U_{DE}、U_{FA} 应该分别等于电路中仅有 E_1 作用时(K$_1$、K$_2$ 都打向左边)所产生的各支路电流 I_1'、I_2'、I_3' 及各电阻上的电压 U_{AB}'、U_{CD}'、U_{AD}'、U_{DE}'、U_{FA}' 与仅有 E_2 作用时(K$_1$、K$_2$ 都打向右边)所产生的各支路电流 I_1''、I_2''、I_3'' 及各电阻上的电压 U_{AB}''、U_{CD}''、U_{AD}''、U_{DE}''、U_{FA}'' 的代数和。

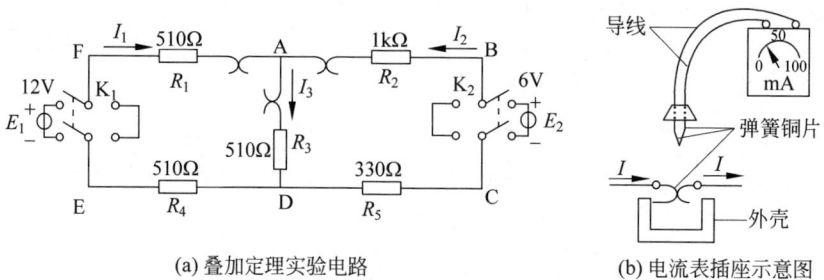

(a) 叠加定理实验电路   (b) 电流表插座示意图

图 3-1 叠加定理实验电路

图 3-1(a)中"╳"为电流表插座,测量电流时,只要把电流表两测量端接上电流插头,然后把插头插入插座内,电流表即自动串入该支路,如图 3-1(b)所示。

2. 戴维南定理

任何一个线性有源网络,如果仅研究其中一条支路的电压和电流,则可将电路的其余部分看作一个线性有源二端网络,如图 3-2(a)所示。

戴维南定理指出:任何一个线性有源二端网络,就外部特性来说,可以用一个电压为 U_{O} 的电压源和阻值为 R_{O} 的电阻的串联组合等效置换。等效电压源的电压 U_{O} 等于原有源二端网络的开路电压 U_{OC},如图 3-2(b)所示。内阻 R_{O} 等于原有源二端网络除去全部独立源后的等效电阻。该串联组合即为戴维南等效电路,如图 3-2(c)所示。

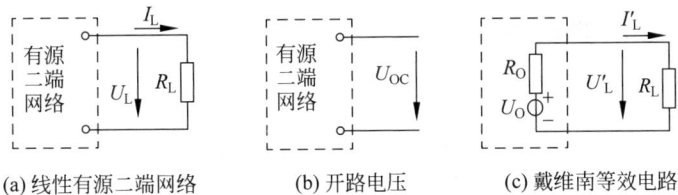

(a) 线性有源二端网络　　　(b) 开路电压　　　(c) 戴维南等效电路

图 3-2　戴维南定理相关电路

用实验的方法直接测出有源二端网络的开路电压 U_{OC},即为该网络等效电压源的电压 U_{O}。内阻 R_{O} 可以通过三种实验方法求出。

(1) 方法一:在网络可以除源的情况下(除去理想电压源后,电路中该两端短路,除去理想电流源后,电路中该两端开路),直接用万用表的电阻挡测量除源后网络两端的电阻。

(2) 方法二:在网络允许短路的情况下,用电流表测出该有源二端网络的短路电流 I_{SC},再测出该有源二端网络的开路电压 U_{OC},则内阻为

$$R_{\mathrm{O}} = \frac{U_{\mathrm{OC}}}{I_{\mathrm{SC}}}$$

此法称为开路电压、短路电流法。

(3) 方法三:若二端网络内阻很低,不允许短路,可分别测出网络的开路电压 U_{OC} 和该网络接上负载 R_{L} 后,负载两端的电压 U_{L},如图 3-2(a)所示。

因为

$$U_{\mathrm{L}} = \frac{R_{\mathrm{L}}}{R_{\mathrm{O}} + R_{\mathrm{L}}} U_{\mathrm{O}}$$

所以可求得内阻 R_{O} 为

$$R_{\mathrm{O}} = \frac{U_{\mathrm{O}} - U_{\mathrm{L}}}{U_{\mathrm{L}}} R_{\mathrm{L}}$$

此方法中,若负载 R_{L} 为可调电阻,当调节负载电阻 R_{L},使得负载电压 U_{L} 为网络开路电压 U_{OC} 的一半时,此时负载电阻 R_{L} 的阻值就等于被测有源二端网络的等效内阻 R_{O}。此法称为半电压法。

由电压源 U_{O} 与内阻 R_{O} 相串联即构成了戴维南等效电路,该等效电路与原有源二端网络的外特性 $U = f(I)$ 完全相同,这个关系将在实验中得到证实。

实验电路如图 3-3(a)所示,它是一个线性有源二端网络。可用以上所述的方法求出它

的戴维南等效电路，如图 3-3(b)所示。

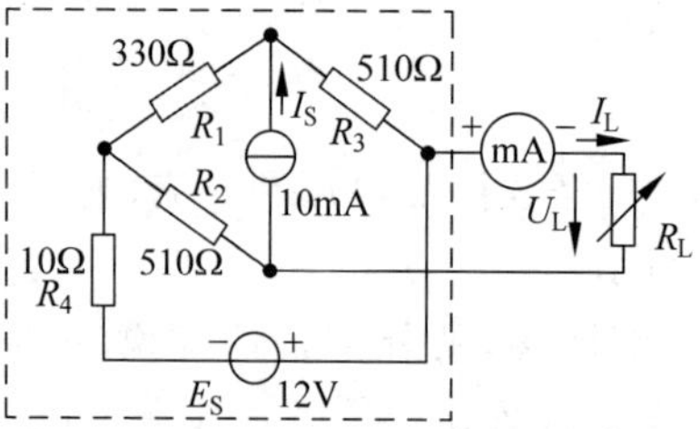

(a) 线性有源二端网络实验电路图 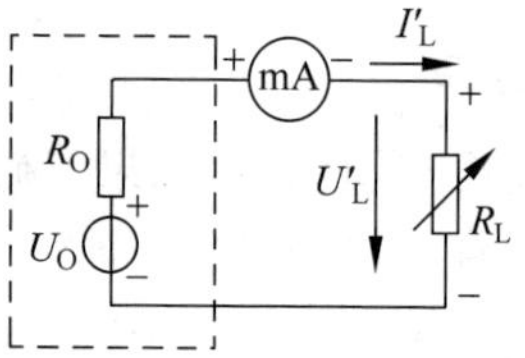   (b) 戴维南等效电路实验电路图

图 3-3   戴维南实验电路图

3.1.3   实验仪器设备

实验仪器设备见表 3-1。

表 3-1   实验仪器设备

序号	名　　称	型 号 规 格	数　　量
1	直流稳压电源	SBL	2
2	直流稳流电源	SBL	1
3	直流电压表	SBL	1
4	直流电流表	SBL	1
5	电阻	$510\Omega/2W\times3$；$330\Omega/2W\times1$ $1k\Omega/2W\times1$；$10\Omega/2W\times1$	6
6	电阻箱	$0\sim99\,999\Omega/2W$	2
7	电源插座		3
8	双刀双掷开关		2
9	9 孔插件方板	$297mm\times300mm$	1
10	导线		若干

3.1.4   预习要求

（1）叠加定理的实验中，电源 E_1 单独作用或电源 E_2 单独作用时，开关 K_1、K_2 应怎样操作？

（2）根据实验电路图 3-1(a)的参数进行仿真（计算），记录表 3-2 所列数据。

表 3-2   各支路电流和电阻电压的仿真（计算）值

仿真（计算）值	E_1	E_2	U_{AB}	U_{CD}	U_{AD}	U_{DE}	U_{FA}	I_1	I_2	I_3
单位	V	V	V	V	V	V	V	mA	mA	mA
E_1 单独作用										
E_2 单独作用										
E_1、E_2 共同作用										

（3）根据实验电路图 3-3(a)进行仿真(计算)，计算二端网络的戴维南等效电路图 3-3(b)中的参数并填入表 3-3 中。

表 3-3　戴维南等效电路参数的仿真(计算)值

仿真(计算)项目	U_{OC}/V	I_{SC}/mA	R_O/Ω(计算)
仿真(计算)值			

（4）写出测量二端网络等效电压源的电压 U_{OC}、短路电流 I_{SC} 的操作步骤。

（5）本实验可用哪几种方法测出二端网络的等效电阻？

3.1.5　实验步骤

1. 验证叠加定理

E_1、E_2 均为可调直流稳压电源，分别调节 E_1、E_2，使 $E_1=+12V$，$E_2=+6V$。根据图 3-1(a)，把电源 E_1、E_2 接至电路中，完成表 3-4 的内容。

表 3-4　各支路电流和电阻电压的测量值

测量项目	E_1	E_2	U_{AB}	U_{CD}	U_{AD}	U_{DE}	U_{FA}	I_1	I_2	I_3
单位	V	V	V	V	V	V	V	mA	mA	mA
E_1 单独作用										
E_2 单独作用										
E_1、E_2 共同作用										

2. 验证戴维南定理

按图 3-3(a)接好线路，用开路电压、短路电流法，测定该有源二端网络的戴维南等效电路参数 U_{OC}、I_{SC}，并计算出 R_O，填入表 3-5。

表 3-5　戴维南等效电路参数的测量值

测量项目	U_{OC}/V	I_{SC}/mA	R_O/Ω(计算)
测量值			

3. 测量二端网络的外特性

按表 3-6 的要求，调节图 3-3(a)中负载电阻 R_L(用电阻箱代替)阻值。测出相应的负载端电压 U_L 与流过负载的电流 I_L，完成表 3-6 中前两行的内容。

4. 测量等效电压源的外特性

取步骤 2 中的 $U_{OC}(U_O=U_{OC})$ 和 R_O，按图 3-3(b)接线，组成二端网络的等效电压源电路，测出相应的负载端电压 U_L' 与流过负载的电流 I_L'，完成表 3-6 中后两行的内容。

叠加定理实验

表 3-6　二端网络与等效电源电路的外特性

测量项目	负载电阻/Ω	0	100	400	500	R_O	550	600	800	1k	2k	5k	∞
二端网络	U_L/V												
	I_L/mA												
等效电源	U'_L/V												
	I'_L/mA												

3.1.6　实验总结

(1) 选取表 3-4 中部分电压和电流的实验数据,验证线性电路的叠加性。

(2) 选取叠加定理实验中部分支路电流与电阻电压的仿真(计算)值与实测值,计算其相对误差。

(3) 对戴维南实验中 U_{OC}、R_O 实测值与仿真(计算)值进行比较,分析其产生误差的原因。

(4) 在同一坐标上(用方格纸)分别绘出图 3-3(a)、图 3-3(b)的外特性 $U_L = f(I_L)$、$U'_L = f(I'_L)$,验证戴维南定理的正确性。

3.1.7　注意事项

(1) 直流稳压源不允许短路,直流恒流源不允许开路。

(2) 接线及测量时,以电路图所标的电流方向为参考方向。

3.2　正弦稳态交流电路相量的研究

3.2.1　实验目的

(1) 掌握正弦交流电路中电压、电流相量之间的关系。

(2) 掌握功率的概念及感性负载电路提高功率因数的方法。

(3) 了解日光灯电路的工作原理,学会连接日光灯电路。

(4) 学会使用功率表。

3.2.2　实验原理简述

1. RC 串联电路

在单相正弦交流电路中,用交流电流表测得各支路的电流值,用交流电压表测得回路各元件两端的电压值,它们之间的关系应满足相量形式的基尔霍夫定律,即

$$\sum \dot{I} = 0, \quad \sum \dot{U} = 0$$

实验电路为 RC 串联电路,如图 3-4(a)所示,图中 R 为两只白炽灯泡并联时的等效电阻,在正弦稳态信号源 $\dot{U}$ 的激励下,有

$$\dot{U} = \dot{U}_R + \dot{U}_C = \dot{I}(R - jX_C)$$

　　从上述相量关系表达式可以得到相应的相量图,如图 3-4(b)所示。$\dot{U}$、$\dot{U}_R$ 与 $\dot{U}_C$ 三个相量构成一个直角三角形。当阻值 R 改变时,$\dot{U}_R$ 与 $\dot{U}_C$ 始终保持着 90° 的相位差,所以 $\dot{U}_R$ 的相量轨迹是一个半圆。从图中可知,改变 C 值或 R 值可改变 $\dot{U}_R$ 与 $\dot{U}$ 之间的夹角 φ 的大小,从而达到移相的目的。

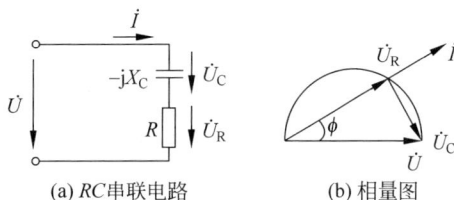

(a) RC串联电路　　　　(b) 相量图

图 3-4　RC 串联电路及相量图

2. 日光灯电路及其功率因数的提高

　　日光灯电路由启辉器、灯管和镇流器三部分组成。

　　启辉器(如图 3-5(a)所示)是一个充有氖气的玻璃泡,其中装有一个不动的静触片和一个用双金属片制成的 U 形可动触片,其作用是使电路自动接通和断开。在两电极间并联一个电容器,用以消除两触片断开时产生的火花对附近无线电设备的干扰。

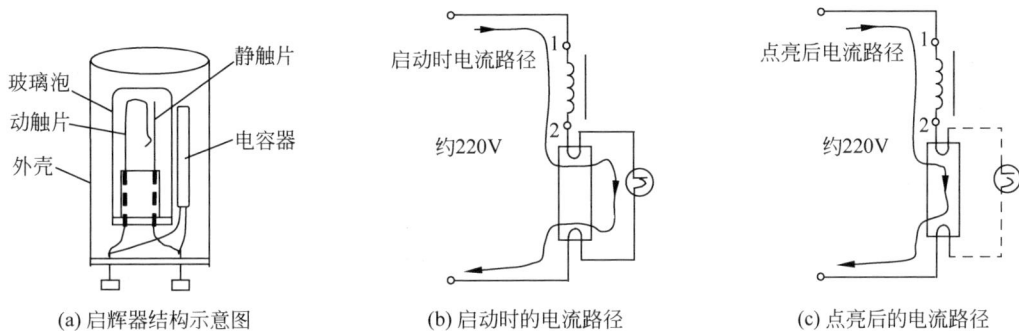

(a) 启辉器结构示意图　　　(b) 启动时的电流路径　　　(c) 点亮后的电流路径

图 3-5　启辉器示意图和日光灯点亮过程

　　灯管是一根普通的真空玻璃管,管内壁涂上荧光粉,管两端各有一根灯丝,用以发射电子。管内抽真空后充氩气和少量水银。在一定电压下,管内产生弧光放电,发射一种波长很短的不可见光,这种光被荧光粉吸收后转换成近似日光的可见光。

　　镇流器是一个带铁芯的电感线圈,起动时产生瞬时高电压,促使灯管放电,点亮日光灯。在点亮后又限制了灯管的电流。

　　日光灯实验电路如图 3-6(a)所示,日光灯的点亮过程如下:当日光灯刚接通电源时,灯管尚未通电,启辉器两极也处于断开位置。这时电路中没有电流,电源电压全部加在启辉器的两电极上,使氖管产生辉光放电而发热,可动触片受热变形,于是两触片闭合,灯管灯丝通过启辉器和镇流器构成回路,如图 3-5(b)所示。灯丝通电加热发射电子,当氖管内两个触片接通后,触片间不存在电压,辉光放电停止,双金属片冷却复原,两触片脱开,回路中的电流瞬间切断。这时镇流器产生相当高的自感电压,它和电源电压串联后加在灯管两端,促使管内氩气首先电离,氩气放电产生的热量又使管内水银蒸发,变成水银蒸气。当水银蒸气电离导电时,激励管壁上的荧光粉而发出近似日光的可见光。

　　灯管点亮后,镇流器和灯管串联接入电源,如图 3-5(c)所示。由于电源电压部分降落在镇流器上,使灯管两端电压(也就是启辉器两触片间的电压)较低,不足以引起启辉器氖管再次产生辉光放电,两触片仍保持断开状态。因此,日光灯正常工作后,启辉器在日光灯电路中不再起作用。

日光灯点亮后的等效电路如图 3-6(b)所示,其中灯管可近似看作电阻负载 R,镇流器可用小电阻 r 和电感 L 串联来等效。

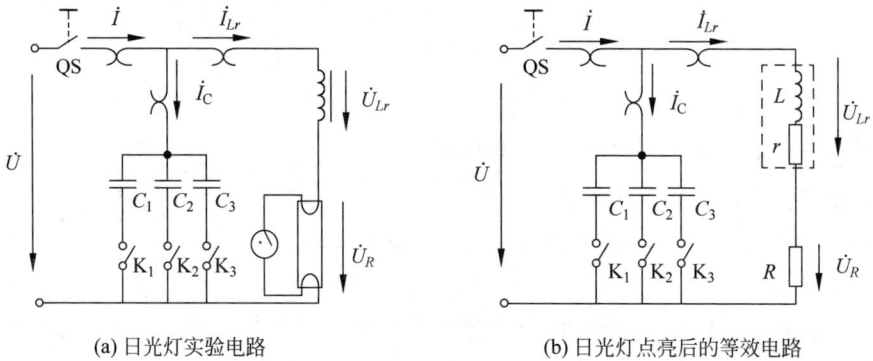

(a) 日光灯实验电路　　　　　　　　　(b) 日光灯点亮后的等效电路

图 3-6　日光灯实验电路及等效电路

若用数字功率表测得镇流器所消耗的功率 P_{Lr},也就是等效电阻 r 所消耗的功率,又用电流表测得通过镇流器的电流 I_{Lr},则可求得镇流器的等效电阻 r。

由于

$$P_{Lr} = I_{Lr}^2 r$$

则

$$r = \frac{P_{Lr}}{I_{Lr}^2}$$

再用数字功率表的交流电压挡测得镇流器的端电压 U_{Lr},根据 $U_{Lr}^2 = I_{Lr}^2 (X_L^2 + r^2)$ 可求得镇流器的感抗 X_L 为

$$X_L = \sqrt{\left(\frac{U_{Lr}}{I_{Lr}}\right)^2 - r^2}$$

则镇流器的等效电感为

$$L = \frac{X_L}{2\pi f}$$

其中,$f = 50\,\mathrm{Hz}$。

日光灯灯管 R 所消耗的功率为 P_R,电路消耗的总功率为 $P = P_R + P_{Lr}$。只要测出电路的总功率 P、总电流 I 和总电压 U,就能求出电路的功率因数 $\cos\varphi = \dfrac{P}{UI}$。

日光灯的功率因数较低(电容 $C = 0$ 时),一般在 0.6 以下,且为感性电路,因此往往采用并联电容器的方法来提高电路的功率因数,由于电容支路的电流 $\dot{I}_C$ 超前于电压 $\dot{U}_C$ 90°,抵消了一部分日光灯支路电流中的无功分量,使电路总电流减少,从而提高了电路的功率因数。当电容增加到一定值时,电容电流等于感性无功电流,总电流下降到最小值,此时,整个电路呈现纯电阻性,$\cos\varphi = 1$。若再继续增加电容量,总电流 I 反而增大了,整个电路呈现电容性,功率因数反而又降低了。

3.2.3 实验仪器设备

实验仪器设备见表 3-7。

表 3-7 实验仪器设备

序号	名 称	型 号 规 格	数量	备 注
1	单相电量仪表板	MC1098	1 只	
2	30W 日光灯镇流器	30W	1 只	
3	电容器	$1\mu F/600V$、$2.2\mu F/600V$、$4.7\mu F/600V$	1 组	
4	启辉器		1 只	
5	导线	全封闭式	若干	

3.2.4 预习要求

(1) 复习 RC 串联电路和功率因数的提高的相关内容。

(2) 了解功率表的原理和使用,参阅有关内容。

(3) 了解日光灯电路的组成和工作原理。

(4) 实验电路的总电压 $\dot{U}$、灯管电压 $\dot{U}_R$ 及镇流器电压 $\dot{U}_{Lr}$ 之间存在着什么关系?

(5) 提高日光灯电路的功率因数为什么只采用并联电容器法,而不用串联法?所并联电容的电容值是否越大越好?

(6) 并联电容后,日光灯支路的电流 $\dot{I}_{Lr}$ 是否改变?电路的总有功功率 P 是否改变?为什么?

(7) 分析表 3-9 中各列数据的变化规律,哪些是不变的?哪些是变化的?应该怎么变化?

3.2.5 实验步骤

1. RC 串联电路电压三角形的测量

(1) 用两只 220V、15W 的白炽灯泡(并联)和 $4.7\mu F/450V$ 电容器串联组成如图 3-4(a)所示的实验电路,将自耦调压器的输出电压调至 220V。测量 U、U_R、U_C 值,记入表 3-8 中。

表 3-8 电压三角形的测量值

白炽灯盏数	测 量 值			计 算 值	
	U/V	U_R/V	U_C/V	U/V	ϕ
2					
1					

(2) 改变电阻 R 的阻值(用一只灯泡),重复(1)的内容,验证 U_R 相量轨迹。

2. 日光灯电路及其功率因数的提高

(1) 先打开电源,将电压调至 220V,关断电源待用。按图 3-6(a)接好实验电路,检查电路无误后打开电源,观察日光灯的点亮过程和启辉器的动作情况。

日光灯电路
实验

（2）分别测量未接入电容和接入不同电容时的各种参数，完成表 3-9。

表 3-9　不同补偿电容时的参数测量值

测试条件	U/V	U_{Lr}/V	U_R/V	I/A	I_{Lr}/A	I_C/A	P/W	P_{Lr}/W	P_R/W	计算 $\cos\varphi$
$C=0$										
$C=1\mu\mathrm{F}$										
$C=2.2\mu\mathrm{F}$										
$C=3.2\mu\mathrm{F}$										
$C=4.7\mu\mathrm{F}$										
$C=7.9\mu\mathrm{F}$										

注：功率表除了可测功率之外，还可以同时测量电压和电流，在测量表 3-9 的数据时，U、I、P 可同时测量，U_{Lr}、I_{Lr}、P_{Lr} 可同时测量，U_R、P_R 可同时测量（此时电流仍为 I_{Lr}），最后单独测量 I_C。

3.2.6　实验总结

（1）根据表 3-9 中的实验数据，在**同一张方格纸**上画出日光灯电路提高功率因数的电压、电流相量图。

（2）根据实验原理中计算参数的方法，结合表 3-9 每一行的实验数据，分别计算日光灯管的等效电阻值 R、镇流器的电感 L 和电阻 r，取这些计算值的平均值作为最后的结果。

（3）讨论改善电路功率因数的意义和方法。

3.2.7　注意事项

（1）在实验操作过程中，应防止触电，注意安全。

（2）为了保护仪表，日光灯起动时不要将仪表接入电路，待日光灯正常工作后进行测量。

（3）如电路接线正确，日光灯仍不能起动时，应检查启辉器及其接触是否良好。

（4）不允许把两根短导线对接后作为一根长导线使用。

3.3　三相交流电路

3.3.1　实验目的

（1）验证三相对称负载星形、三角形连接时，线电压与相电压、线电流与相电流之间的关系。

（2）了解不对称负载星形连接时中线的作用。

（3）学习三相功率的测量方法。

3.3.2　实验原理简述

三相负载根据其额定值和电源电压，可作星形（Y）连接或三角形（△）连接，如图 3-7、图 3-8 所示。对称三相负载作 Y 连接时，$U_1=\sqrt{3}U_P$，$I_1=I_P$。中线电流 $I_O=0$，可以不接中线。对称三相负载作△连接时，$U_1 = U_P$，$I_1 = \sqrt{3}\,I_P$。U_1、U_P 分别为线电压和相电压，I_1、I_P 分别为线电流和相电流。

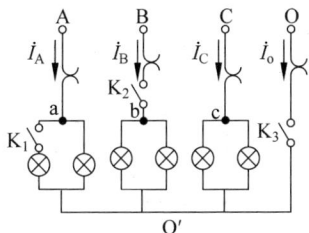

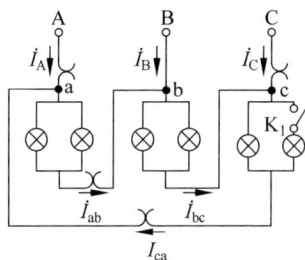

图 3-7　三相负载星形接法　　　　　　图 3-8　三相负载三角形接法

不对称三相负载作 Y 形连接时，中线电流 $I_O \neq 0$，必须有中线。这时仍有 $U_1 = \sqrt{3}\,U_P$，即负载上的相电压仍对称。如果无中线，则 $U_1 \neq \sqrt{3}\,U_P$，负载较小（即负载阻抗较大）的那一相相电压较高，相电压不对称，使负载不能正常工作。因此，照明电路都采用有中线的三相四线制（Y_0）接法。为了防止中线断开，不允许在中线上安装熔断器和开关。

不对称三相负载作△连接时，$I_1 \neq \sqrt{3}\,I_P$。这时只要电源 3 个线电压对称，不对称负载的 3 个相电压仍对称，对电气设备没有影响。

三相负载消耗的总功率等于每相负载消耗的功率之和，所以对于任何三相负载，都可以采用三瓦特表法测定功率。三瓦特表法就是用 3 只瓦特表分别测量每相负载的功率，然后相加；在负载不变的情况下，也可以用一只瓦特表依次测量各相负载功率，然后相加即得三相总功率。

当负载对称时，每相的有功功率相等，所以只要用一个瓦特表测出任意一相的功率再乘以 3，即得三相总功率。这种测量功率的方法叫一瓦特表法，如图 3-9 所示。以上方法在实际应用中很不方便，所以较少采用。对于三相三线制电路，不论负载是否对称，是星形接法还是三角形接法，都可以采用二瓦特表法测量其功率，因此二瓦特表法得到了广泛的应用。下面以星形接法的三相对称负载为例，说明二瓦特表法的原理。

三相电路的瞬时功率的求解过程如下：

因为

$$p = p_A + p_B + p_C = u_A i_A + u_B i_B + u_C i_C$$
$$i_A + i_B + i_C = 0$$

所以

$$
\begin{aligned}
p &= u_A i_A - u_C i_A + u_B i_B - u_C i_B \\
&= u_{AC} i_A + u_{BC} i_B \\
&= p_1 + p_2
\end{aligned}
$$

因此平均功率为

$$P = P_1 + P_2 = U_{AC} I_A \cos\alpha + U_{BC} I_B \cos\beta$$

其中，α 为 $\dot{U}_{AC}$、$\dot{I}_A$ 之间的相位差角；β 为 $\dot{U}_{BC}$、$\dot{I}_B$ 之间的相位差角。

因此用两个瓦特表可以测量三相功率，其接法如图 3-10 所示。第 1 个功率表 W_1 的读数为 $P_1 = U_{AC} I_A \cos\alpha$，第 2 个功率表 W_2 的读数 $P_2 = U_{BC} I_B \cos\beta$。但要注意，两个功率表各自的读数是毫无意义的,因为一个功率表读数并不代表电路中任一部分的功率。

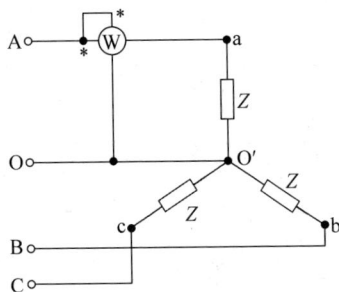

图 3-9 星形负载测功率的一瓦特表法

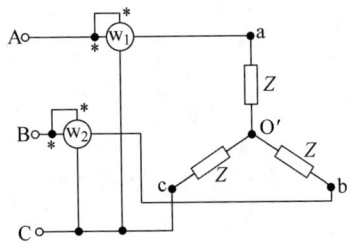

图 3-10 星形负载测功率的二瓦特表法

下面分析不同性质(电阻、感性、容性)的负载对两个瓦特表读数的影响。从图 3-11 可知：$\alpha=30°-\varphi$,$\beta=30°+\varphi$,φ 为相电压与相电流的相位差角。

（1）当 $\varphi=0$ 时(纯电阻负载),$P_1=P_2$,则三相功率：$P=P_1+P_2=2P_2$。

（2）当 $\varphi<60°$ 时,P_1、P_2 均为正值,则三相功率：$P=P_1+P_2$,总功率为两个瓦特表读数之和。

（3）当 $\varphi=60°$ 时,P_1 为正值,$P_2=0$,则三相功率：$P=P_1$。

（4）当 $\varphi>60°$ 时,P_1 为正值,P_2 为负值,则三相总功率：$P=|P_1|-|P_2|$。

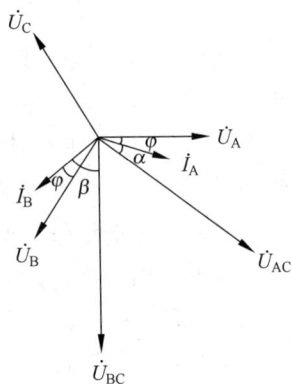

图 3-11 相量图

3.3.3 实验仪器设备

实验仪器设备见表 3-10。

表 3-10 实验仪器设备

序号	名　　称	型 号 规 格	数量	备　　注
1	单相电量仪表板	MC1098	1只	
2	白炽灯	15W	12只	
3	导线	全封闭式	若干	

3.3.4 预习要求

（1）如果电源是 Y 形连接,当负载的额定电压等于电源相电压时,负载应接成_____形。当负载的额定电压等于电源的线电压时,负载应接成_____形。

（2）负载作星形连接,如图 3-7 所示,aO′、bO′、cO′三相灯泡均为 15W,当 K_1、K_2、K_3 全合上时,中线电流 $I_O=$_____；若 K_3 断开,对三组灯泡亮度_____(有/没有)影响。

（3）如图 3-7 所示电路中,K_1、K_2 断开,K_3 合上(三相负载不对称,有中线),负载相电压 $U_{aO'}=$_____,$U_{bO'}=$_____,$U_{cO'}=$_____。三相线电流_____(相等/不等),

中线电流_____(有/无)。当 K_3 也断开(不对称,无中线),负载相电压 $U_{aO'}=$ _____,$U_{bO'}=$ _____,$U_{cO'}=$ _____(估算时可认为灯泡为线性电阻)。所以 a 相灯泡发光_____(亮/暗),c 相灯泡发光_____(亮/暗)。

(4) 如图 3-8 所示,负载作三角形连接,ab、bc、ca 三相灯泡功率均为 15W。当负载对称时线电流 I_A、I_B、I_C _____(相等/不等),相电流 I_{ab}、I_{bc}、I_{ca} _____。当 K_1 断开(即负载不对称)时,I_{ab} _____(变大/变小/不变),I_{bc} _____、I_{ca} _____、I_A _____、I_B _____、I_C _____。灯泡亮度_____(正常/不正常)。

(5) 测量三相对称负载的功率时,采用_____瓦特表法、三相三线制不对称负载采用_____瓦特表法。三相四线制,不对称负载采用_____瓦特表法。

(6) 用二瓦特表法测量功率是否也可表示为 $P=U_{AB}I_A\cos\alpha+U_{CB}I_C\cos\beta$($\alpha$ 为 $\dot{U}_{AB}$ 与 $\dot{I}_A$ 之间的相位差角,β 为 $\dot{U}_{CB}$ 与 $\dot{I}_C$ 之间的相位差角)? 答: _____。

(7) 用三瓦特表法测量三相负载功率,瓦特表的电流线圈应测量三相负载的_____(线/相)电流,电压线圈应测量负载的_____(线/相)电压。用二瓦特别法测量三相负载功率,瓦特表电流线圈应测量三相负载的_____(相/线)电流,电压线圈应测量负载的_____(线/相)电压。

3.3.5　实验步骤

1. 负载作星形连接

先打开电源,将电源电压调至线电压 220V,关断电源待用。按图 3-7 接好实验线路,经检查无误后接通电源,完成表 3-11 中各项测量内容。

注意:负载不对称时 K_1 断开,即 A 相一只灯泡通电;K_2 断开,即 B 相断路。

三相星形负载的实验

表 3-11　星形负载时的参数测量值

测量项目 / 负载情况	电源线电压			负载相电压			电流			中线		三瓦特表法测量功率			
										电压	电流				
	U_{AB}/V	U_{BC}/V	U_{CA}/V	$U_{aO'}$/V	$U_{bO'}$/V	$U_{cO'}$/V	I_A/A	I_B/A	I_C/A	$U_{OO'}$/V	I_O/A	P_A/W	P_B/W	P_C/W	计算 $P_总$/W
对称有中线															
对称无中线															
不对称有中线															
不对称无中线															

注:(1) 在实际的实验接线时,K_1、K_2、K_3 都是装在连接导线上的。

(2) 负载不对称时,断开 K_1、K_2,无中线时断开 K_3 即可。

(3) 在测试时,负载相电压、相电流和每一相的功率可以用功率表同时测得。

(4) 在不对称无中线的实验过程中,由于 C 相负载的电压比较低,所以 C 相的灯泡可能是不亮的。

2. 负载作三角形连接

按图 3-8 接好实验电路,经检查无误后,接通电源(电源**线电压为 220V**),完成表 3-12 中各项测试内容。

表 3-12 三角形负载时的参数测量值

测量项目 / 负载情况	电 压			线 电 流		相 电 流		二瓦特表法测功率		
	U_{AB}/V	U_{BC}/V	U_{CA}/V	I_A/A	I_C/A	I_{ab}/A	I_{ca}/A	P_1/W	P_2/W	计算 $P_总$/W
对称										
不对称										

3.3.6 实验总结

(1) 根据实验数据总结对称负载作星形连接和三角形连接时,线电压与相电压、线电流与相电流之间的关系。

(2) 比较不对称负载作星形连接时,在三相三线制和三相四线制情况下线电压与相电压之间的关系,从而说明中线的作用。

(3) 用二瓦特表法测功率时,若不知道三相电源相序,是否可以进行测量?

3.3.7 注意事项

(1) 在星形接法又无中线时,操作时间不应过长,以免烧坏某相负载。

(2) 注意人身安全,防止触电。

(3) 在实验过程中,要求线电压为 220V,以免损坏负载。

3.4 三相异步电动机及继电接触控制

3.4.1 实验目的

(1) 了解三相鼠笼式异步电动机的结构及铭牌数据的含义。
(2) 了解交流接触器、热继电器、按钮等元件的结构、动作原理及其使用方法。
(3) 学习异步电动机正、反转控制线路的接线和调试。
(4) 学会由时间继电器、行程开关组成时间控制和行程控制电路的接线。
(5) 学会使用绝缘电阻测试仪、转速表、钳形电流表。

3.4.2 实验原理简述

1. 三相异步电动机

三相鼠笼式电动机主要由定子和转子两部分组成。定子绕组是三相对称绕组,有 6 个出线端 V_1、U_1、W_1、V_2、U_2、W_2 分别接在机座线盒上。其中 V_2、V_1 为一相定子绕组的首末端,U_2、U_1 为另一相定子绕组的首末端,W_2、W_1 为第三相定子绕组的首末端,如图 3-12

所示。三相鼠笼式异步电动机的主要额定值都标注在电动机的铭牌上。根据电动机的铭牌数据和三相电源电压确定连接成星形(Y形)还是接成三角形(△形)。具体接法如图 3-13 所示。

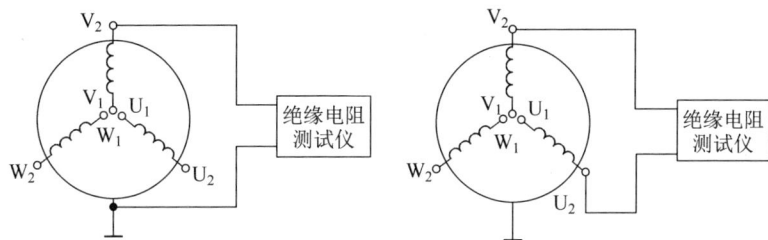

(a) 绕组与机壳间绝缘电阻的测量　　(b) 绕组与绕组间绝缘电阻的测量

图 3-12　电动机绝缘电阻的测量

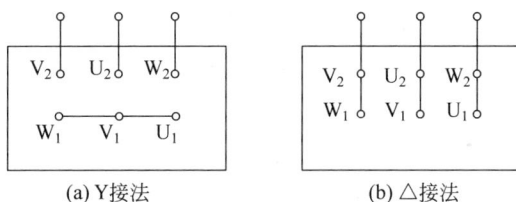

(a) Y接法　　(b) △接法

图 3-13　三相鼠笼式电动机定子绕组的连接方式

为了电动机能安全可靠地运行，除了保证电动机正常工作所需的一切外部条件外，电动机内部绕组间、绕组与机壳间还必须有良好的绝缘。因此，使用电动机之前和使用期间都应对绝缘电阻进行检测。测试电动机绝缘电阻的接线图如图 3-12 所示。通常对额定电压 500V 以下的电动机采用绝缘电阻测试仪(500V)进行测试。三相 380V 电动机的各种绝缘电阻都必须大于 0.5MΩ 方可使用。

2. 低压控制电器

以继电器、接触器为主体的继电接触控制电路是广泛应用的电动机控制电路。异步电动机的正、反转控制电路在不少生产机械中得到了广泛的应用。

交流接触器是一种受电磁作用而动作的电器，其主触点容量大，用于电动机主电路以控制三相电源的通断。其辅助触点分为动合(常开)触点和动断(常闭)触点，辅助触点容量小，一般用于电动机的控制电路，起自锁或互锁作用。交流接触器的主要技术数据为触点额定电流、额定电压和吸引线圈的工作电压。

热继电器是一种依靠双金属片受热变形而动作的电器，用来对负载进行过载保护。一般发热元件串联在主电路中，动断(常闭)触点接于控制电路，与接触器的吸引线圈串联。主要技术数据为发热元件的额定电压和整定电流。

时间继电器的形式有多种，有气囊式、晶体管式等，实验中所用的是晶体管式时间继电器，接入控制电路中以控制电动机起动时刻及运行时间的长短，其主要技术数据为吸引线圈的工作电压和时间整定范围。

行程开关是一种利用推杆通过机械碰撞实现动作的开关电器，接于控制电路中以实现限位或往返的控制。

3. 继电接触控制电路

三相异步电动机正、反转控制线路如图 3-14 所示。

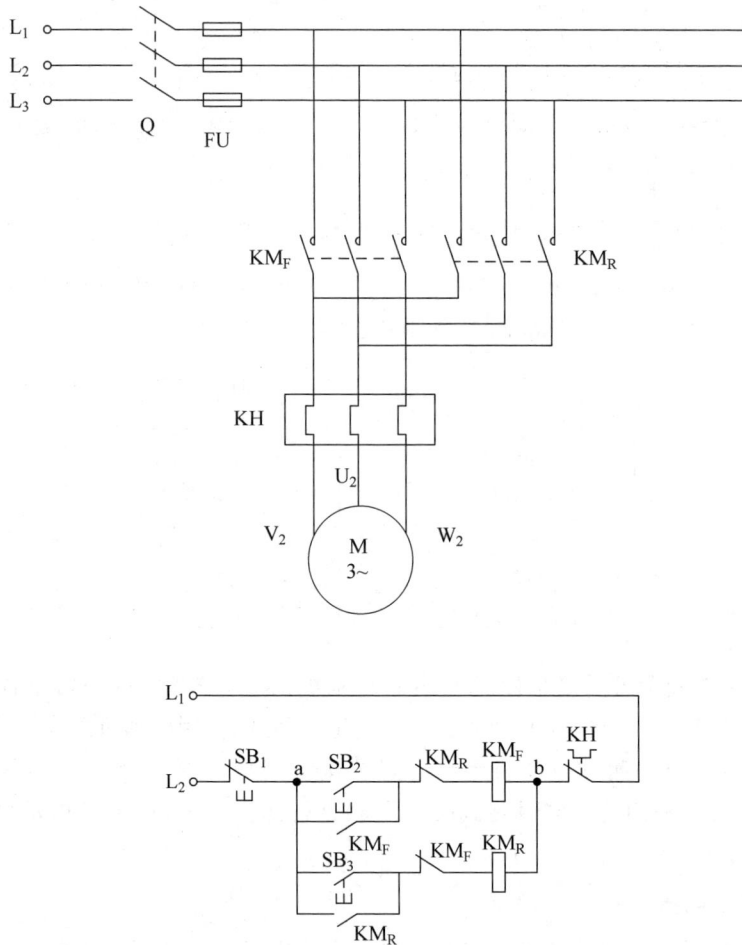

图 3-14　三相异步电动机的正、反转控制线路

由三相异步电动机工作原理可知,要改变电动机的转向,只要改变电动机定子的三相电源的相序即可,也就是调换定子 3 根相线中的任意两根即可。如图 3-14 所示的主电路中,当正转接触器的主触点 KM_F 闭合,定子绕组 3 个首端 V_2、U_2、W_2 分别接入电源的 L_1、L_2、L_3 相,而当反转接触器的主触点 KM_R 闭合,定子绕组 3 个首端 V_2、U_2、W_2 分别接入电源的 L_3、L_2、L_1 相。可见,当正转、反转接触器分别单独闭合时,通入定子绕组的电源相序发生了改变,也就实现了电动机的正反转。(注意:KM_F 和 KM_R 不能同时闭合!)

控制电路中,用起动按钮 SB_2 控制 KM_F 动作,实现电动机的正转;用 SB_3 控制 KM_R 动作,实现电动机的反转。

图 3-14 的控制电路中,KM_F、KM_R 动合(常开)触点为自锁触点,它保证电动机起动后,即使松开起动按钮 SB_2(或 SB_3),电动机仍能继续运转。KM_F、KM_R 动断(常闭)触点为互锁触点,它保证电动机正转时断开反转电路,电动机反转时断开正转电路,以防止 KM_F、KM_R 同时动作,使主电路发生短路故障。

控制电路一般具有失压保护、短路保护和过载保护。

1）失压保护

电动机运行时，由于电源突然停电，使接触器线圈失电，电动机停止运转；一旦电源恢复供电，不按起动按钮，电动机不会自行起动，这就称作失压保护，它能避免因电动机自行起动而造成人身、设备事故。

2）短路保护

短路保护由熔断器 FU 实现，当电路发生短路事故时，熔断器 FU 自动熔断，整个线路断开。

3）过载保护

过载保护由热继电器 KH 实现，其作用是限制电动机绕组的温升，当电动机发生过载时，接在主电路中的热元件弯曲变形，使 KH 的动断（常闭）触点断开，控制电路断电，电动机停转；排除故障后，按下 KH 的复位按钮，为继续工作做好准备。

在实验室中，为了延长电气零件的使用寿命和接线方便，除电动机外的电气设备都已安装在实验台上，相应的线圈、触点的接线头也在板上引出。

有些生产机械要求按时间顺序起动、控制电动机，图 3-15 就是实现电动机 M_1 起动后，

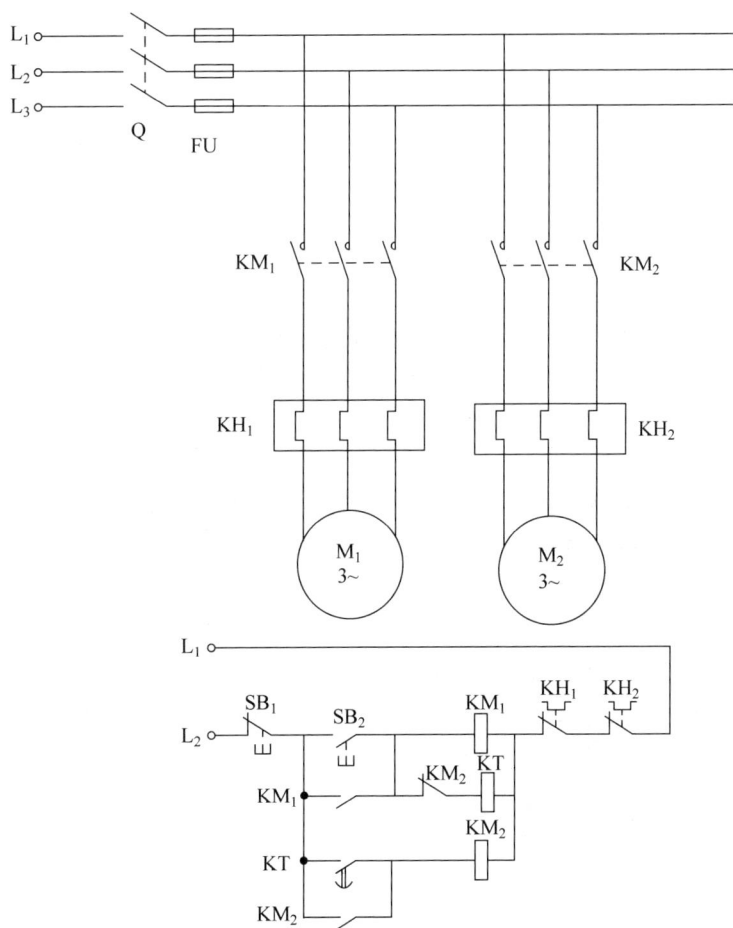

图 3-15 两台异步电动机顺序起动控制电路

经过若干时间,电动机 M_2 自行起动的控制线路。当按下起动按钮 SB_2 时,接触器 KM_1 线圈得电,使电动机 M_1 起动,同时时间继电器 KT 的线圈也通电。由于时间继电器 KT 有一定的整定时间,因此它的延时闭合的动合(常开)触点不会立即闭合,这时 M_2 仍不工作,待时间继电器的整定时间到,其延时闭合的动合(常开)触点 KT 闭合,使接触器 KM_2 线圈得电,于是电动机 M_2 才自行起动起来。

生产实际中,有时要求对电动机的行程进行控制(即行程控制)。行程控制通常利用行程开关来实现。图 3-16 就是利用行程开关自动控制电动机正、反转的控制电路。

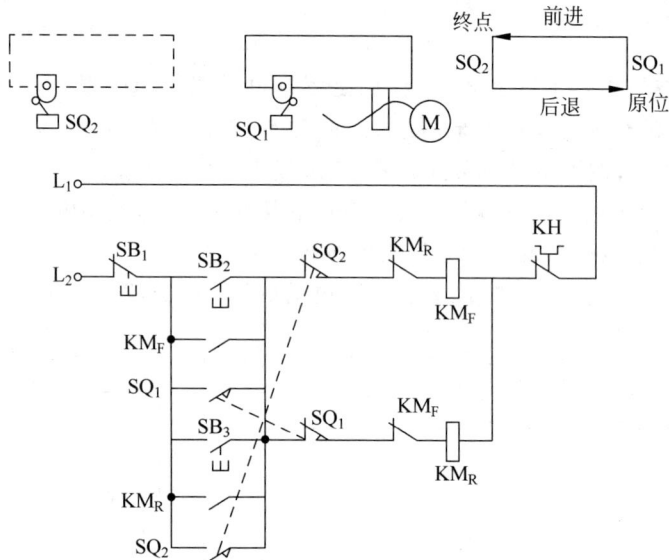

图 3-16　异步电动机自动往返控制电路

图 3-16 中 SQ_1、SQ_2 是两个行程开关,它们分别安装在预先确定的两个位置上(即原位和终点),由装在工作台上的撞块来撞动。当撞块压下行程开关时,其动合(常开)触点闭合,动断(常闭)触点断开。其实这是按一定的行程用撞块撞动开关,代替了人按按钮的动作。

按下正向起动按钮 SB_2,接触器 KM_F 得电动作并自锁,电动机正转,带动工作台前进。当工作台运行到达终点时,撞块撞动终点行程开关 SQ_2,SQ_2 的动断(常闭)触点断开,接触器 KM_F 失电,电动机停止正转。同时 SQ_2 的动合(常开)触点闭合,使接触器 KM_R 得电动作并自锁,电动机反转,带动工作台后退到原位,当撞块撞动 SQ_1 时,SQ_1 的动断(常闭)触点断开,使接触器 KM_R 失电,电动机停止反转。同时 SQ_1 的动合(常开)触点闭合,接触器 KM_F 得电动作并自锁,电动机又正转,使工作台前进,这样可一直循环下去。图中 SB_1 为停止按钮,SB_3 为反向起动按钮。

3.4.3　实验仪器设备

实验仪器设备见表 3-13。

表 3-13 实验仪器设备

序号	名 称	型 号 规 格	数 量	备 注
1	三相异步电动机	AE-5614	1台	或 2 台
2	钳形电流表	DM6019	1只	
3	绝缘电阻测试仪	UT501A	1只	
4	转速表	DM-6236P	1只	
5	数字万用表	UT8804N	1只	
6	时间控制实验板		1块	
7	行程控制实验板		1块	
8	电工学实验台	SBL	1台	

3.4.4 预习要求

（1）阅读本书关于绝缘电阻测试仪、转速表的工作原理和使用方法。

（2）是否可用普通万用表测试电动机的绝缘电阻？为什么？

（3）直接起动电动机时，出现下列故障，你认为其故障的原因何在？

① 合上电源开关，电动机不转动，亦无其他异常现象，其故障的原因可能是_____。

② 合上电源开关后，电动机不转动，但发出嗡嗡的电磁噪声，其故障的原因可能是_____。

③ 合上电源开关后，电动机迅速转动起来，但不久之后电动机温升很高，可闻到焦糊味，其故障的原因是_____。

（4）三相异步电动机的空载转速应_____（大于、略大于、小于、等于）电动机铭牌上标注的转速。

（5）改变电动机的转向只需要换接_____（任何二相/三相）的接线。

（6）在电动机的正、反转控制电路中，如图 3-14 所示，若不接 KM_F 和 KM_R 的动合（常开）触点，则电路将处于_____工作方式；若不接 KM_F 和 KM_R 动断（常闭）触点，则电路可能会出现_____故障。

（7）在接线、拆线或实验过程中检查电路时，首先必须_____三相电源。

3.4.5 实验步骤

1. 三相异步电动机的铭牌数据

请记录于表 3-14 中。

表 3-14 三相异步电动机的铭牌数据

型号		绝缘等级	
编号		频率	
定额	连 续	额定功率	
电压		电流	
转速			

2. 测量电动机的绝缘电阻

（1）用绝缘电阻测试仪测量电动机绕组与机壳之间的绝缘电阻。注意，测量前应将电动机定子绕组出线端上的短接叉拔出。为接线方便，电动机接线端子上黄绿色的插孔与电动机机壳相连。按图 3-12(a)接线，测量数据并记入表 3-15 中。

（2）用绝缘电阻测试仪分别测量两相绕组之间的绝缘电阻。将电动机定子绕组出线端上的短接环拔出，分别取两相绕组的一端，按图 3-12(b)接线，测量绕组间绝缘电阻并记入表 3-15 中。

表 3-15　电动机的绝缘电阻值

绕组间绝缘电阻/MΩ			绕组对机壳间绝缘电阻/MΩ		
$R_{(V2,U2)}$	$R_{(U2,W2)}$	$R_{(W2,V2)}$	$R_{(V2)}$	$R_{(U2)}$	$R_{(W2)}$

3. 电动机正反转控制及空载电流 I_O、转速 n 的测量

先将电动机绕组 V_2、U_2、W_2 的连接线均断开，按图 3-14 接线，经检查无误后，合上三相电源，按 SB_2 按钮，观察电动机的转向，再按 SB_1 使电动机停止，然后按 SB_3 观察电动机反转。

接线时采取先主电路后控制电路，先串联后并连接线的原则。

主电路接线顺序为：

（1）电源 3 根相线 L_1、L_2、L_3→KM_F 和 KM_R 的 3 个主触点（1、3、5 端）。这一部分接线在实验台内部已连接好，不需要外部接线。

（2）KM_F 的 3 个主触点（2、4、6 端）→KH 发热元件→电动机定子绕组的 3 个出线端。

（3）将 KM_R 3 个主触点（2、4、6 端）并联在 KM_F 主触点（2、6、4 端）两端，但要注意交叉接线，即并联的 KM_R 3 个主触点使电动机改变相序。

控制电路接线顺序为：

（1）电源一根相线（L_2）→SB_1 停止按钮→SB_2 正转起动按钮→KM_R 动断（常闭）触点→KM_F 线圈→KH 动断（常闭）触点→电源另一根相线（L_1）。

（2）SB_2 两端并联 KM_F 动合（常开）触点。

（3）接线端 a→SB_3 反转起动按钮→KM_F 动断（常闭）触点→KM_R 线圈→接线端 b。

（4）SB_3 两端并联 KM_R 动合（常开）触点。

接线正确后，起动电动机，用钳形电流表和转速表测出电动机的空载电流 I_O 和空载转速 n_O。测得：$I_O=$＿＿＿＿＿＿＿(A)，$n_O=$＿＿＿＿＿＿＿(r/min)。

4. 电动机顺序起动控制

按图 3-15 接线，经检查无误后，合上 Q 通电。按下起动按钮 SB_2，观察电动机 M_1 是否先起动，经过一定时间后，M_2 再自行起动。按下停止按钮 SB_1，观察 M_1、M_2 是否同时停止转动。调节时间继电器 KT 的延时时间，观察两台电动机先后起动的时间间隔变化情况。

5. 电动机自动往返控制

按图 3-16 接线，经检查无误后，合上 Q 通电。按下起动按钮 SB_2，压动 SQ_1，观察电动机转向。然后压动 SQ_2（模拟撞块往返一次），观察电动机转向是否满足电路设计的要求。

3.4.6 实验总结

根据实验情况,总结完成本实验需注意的问题。

（1）为什么实验中所测得的转速略大于电动机的铭牌上所标注的转速?

（2）在电动机的正、反转控制实验电路图中,为什么不能用熔断器作为过载保护?

（3）在图 3-15 的控制电路中,KT 延时闭合的动合触点的两端为何要并联 KM_2 动合（常开）触点?

3.4.7 注意事项

（1）注意安全用电,接线、拆线或实验过程中检查电路时,必须切断三相电源。

（2）实验中若出现异常现象,应首先切断三相电源,然后分析原因,检查电路并报告指导教师。

3.5 常用电子仪器的使用练习

3.5.1 实验目的

（1）了解示波器、函数信号发生器、交流毫伏表的主要性能和使用方法。

（2）初步掌握用示波器观察信号波形及测量信号参数的方法。

3.5.2 实验原理简述

在电子技术实验中大都使用双踪示波器、函数信号发生器、交流毫伏表、万用表来完成电子电路的静态和动态工作情况的测量。

根据测量参数的不同,如交直流电路的电压、电流,交流电路的频率、相位等,实验中要对各种电子仪器仪表进行综合使用。首先要搞清楚各种电子仪器仪表的主要性能、基本技术指标和正确的使用方法。在使用过程中,要以连线简洁、调节顺手、观察读数方便等为原则,进行合理布局。图 3-17 是各仪器与被测实验电路之间的连接图,为防止外界电磁场和工频干扰,示波器、函数信号发生器、交流毫伏表的引线通常使用屏蔽线或专用电缆线,这种线的外层金属编织线为屏蔽层,与仪器的公共接地端连接在一起。测量时,各仪器的公共接地端（黑夹子）应连在一起,如图 3-17 所示,此种连接方法称共地连接。直流电源的接线用普通导线。

1. 示波器的使用

示波器前面板各调节钮介绍见 1.4 节。

1）输入信号电压、周期、频率的测量

首先将被观测的信号接入通道 1（CH1）或通道 2（CH2）,按下此通道选择按钮 CH1 或 CH2 设置输入通道处于 DC 耦合模式,屏幕的左下方显示"—"符号。调节垂直挡位旋钮（垂直 SCALE）和水平时基旋钮（水平 SCALE）,同时调节触发电平旋钮（LEVEL）,这

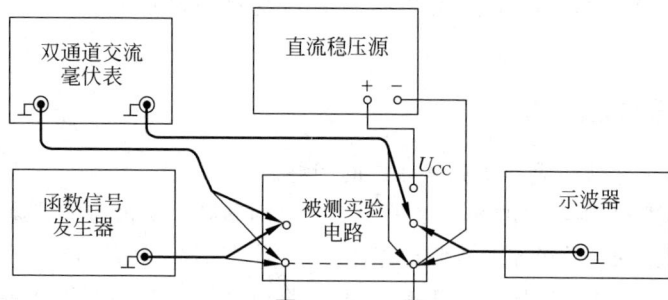

图中细线箭头表示黑色线，粗线箭头表示红色线

图 3-17　实验仪器与被测实验电路的连接图

时在屏幕上可观察到一个周期以上完整的波形，被测信号显示的波形如图 3-18 所示，假设周期 T 占 C 格，电压峰-峰值占 A 格，直流电压成分占 B 格，则被测信号交流分量的峰-峰值为

$$U_{PP} = A \times 垂直挡位$$

被测信号的直流分量为

$$U = B \times 垂直挡位$$

被测信号的周期为

$$T = C \times 时基挡位$$

频率为

$$f = \frac{1}{T}$$

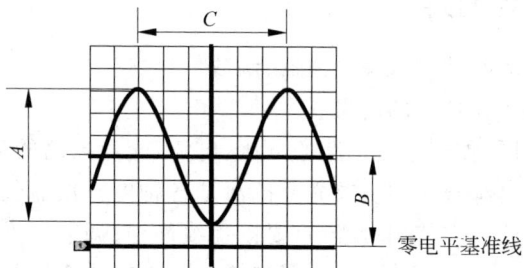

图 3-18　含有直流分量的输入信号波形测量

　　垂直挡位显示在屏幕的左下方（图 1-35 中的⑥）。时基挡位显示在屏幕的左上方（图 1-35 中的②）。

　　示波器通常都具有光标量测功能，通过正确操作 CURSOR 键和多功能旋钮 Multipurpose，可将测量光标移动到相应位置，可以从屏幕左上方的光标测量信息显示框直接读出被测信号的峰-峰值、直流电压值、周期或频率。

　　2）相位的测量

　　两个同频率的被测信号分别送入模拟通道输入端 1（CH1）和模拟通道输入端 2（CH2）。使两输入通道都处于“交流”耦合模式。按动自动设置键（AUTO），使两波形稳定，如图 3-19 所示。从屏幕的方格中读得波形 A 一个周期（360°）为 m 格，则每格电角度为 $360°/m$。从屏幕上同时可以看到波形 B 滞后于 A 的格数为 n。则两个波形的相位差为 $\phi=\dfrac{360°}{m}\times n$。

为了测量中读数方便、精确,一般把波形的一个周期调到 9 大格,这样每大格的电角度为 $40°$。相位差也可用光标直接测出:$n=\nabla T$。由计算可得到 $\phi=360°\times f\times\nabla T$。

2. 函数信号发生器

目前市场上的函数信号发生器均能作为正弦波、方波、三角波、斜波、脉冲波信号源。实验室使用的是 UTG7025B 函数/任意波形发生器,可通过数字键盘和其他功能键设置输出信号的类型、频率及幅值等参数,设置的参数都会在彩色液晶显示屏上显示。

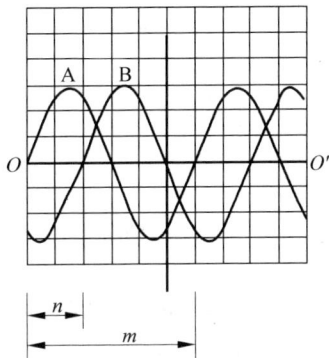

图 3-19 示波器测量相位差

使用函数信号发生器时,应先选好信号波形,再进行频率 f 和峰-峰值 U_{PP}(或有效值)的调节。

3. 交流毫伏表

交流毫伏表主要用于测量正弦交流电压的有效值。

一般交流毫伏表可同时测量两个不同交流信号的有效值,故又称双通道交流毫伏表。它的交流电压测量及使用频率的范围分别为 $50\mu\mathrm{V}\sim300\mathrm{V}$(正弦波平均值)和 $5\mathrm{Hz}\sim5\mathrm{MHz}$。测量时,应先把仪表的测量端与被测对象可靠接触。量程分为 $3.8\mathrm{mV}$、$38\mathrm{mV}$、$380\mathrm{mV}$、$38\mathrm{V}$、$380\mathrm{V}$。

3.5.3 预习要求

(1) 阅读 1.4 节、1.1 节及 1.3 节的相关内容,熟悉仪器面板各调节钮的作用。

(2) 正弦波信号的有效值 U 与峰-峰值 U_{PP} 的关系为:_____。如果正弦波信号电压的有效值 $U=1\mathrm{V}$,则峰-峰值 $U_{\mathrm{PP}}=$ _____ V。

(3) 正弦波信号的有效值用_____表测量,峰-峰值用_____测量。

(4) 改变波形在屏幕上显示的幅度,要调节_____旋钮;改变波形在屏幕上显示的周期个数,要调节_____旋钮。

(5) 函数信号发生器有哪几种基本输出波形? 信号输出端可否短接?

(6) 交流毫伏表是用来测正弦波电压还是非正弦电压? 工作频率范围是多少? 可否测直流电压?

3.5.4 实验仪器设备

实验仪器设备见表 3-16。

表 3-16 实验仪器设备

序号	名　称	型号规格	数　量
1	双踪示波器	UPO8152Z	1 台
2	函数信号发生器	UTG7025B	1 台

续表

序号	名　　称	型号规格	数　　量
3	交流毫伏表	UT8633	1台
4	直流稳压电源		1台

3.5.5　实验步骤

1. 用示波器测试"校正信号"的幅度、频率

将示波器面板上的"$3U_{pp}$、1kHz"方波信号接入 CH1 或 CH2 通道,参考实验原理中所述方法,调节各旋钮,使屏幕上显示 2～3 个周期,幅度为 4～8div(大格)的信号波形。将测量数据记于表 3-17 中。

表 3-17　"校正信号"的幅度与频率值

信号参数	标称值	信号格数	灵敏度	计算值	光标测量值
峰-峰值 U_{pp}	0.5V	div	V/div		
周期 T	1ms	div	ms/div		

2. 测量正弦波的幅值和频率

1) 测频率(周期)

调节函数信号发生器,使其输出频率分别为 500Hz、5kHz、10kHz、100kHz,用交流毫伏表测得有效值均为 1V 的正弦波,用示波器测量上述信号并记入表 3-18 中。

表 3-18　正弦波信号频率与周期的测量值

正弦波信号频率	周期格数 /div	时基灵敏度 /(ms/div)	计　算　值		光标测量值	
			周期	频率	周期	频率
500Hz						
5kHz						
10kHz						
100kHz						

2) 测峰-峰值

调节函数信号发生器,使其输出频率为 1kHz,用交流毫伏表测得有效值分别为 20mV、200mV、1V、2V 的正弦波,用示波器测量上述信号并记入表 3-19 中。

表 3-19　正弦波信号峰-峰值的测量

正弦波信号有效值	峰-峰值格数 /div	垂直灵敏度 /(V/div)	计算峰-峰值 /mV 或 V	光标测量峰-峰值/mV 或 V	计算有效值 /V
20mV					
200mV					
1V					
2V					

3. 测量同频率信号的相位差

被测电路为 RC 移相电路。实验电路如图 3-20 所示,函数信号发生器输出频率为 1kHz、有效值为 2V 的正弦波,经 RC 移相电路可获得频率相同而相位不同的正弦信号,用示波器测出这两个信号的相位差,并记入表 3-20 中。示波器各调节钮的操作参考实验原理。

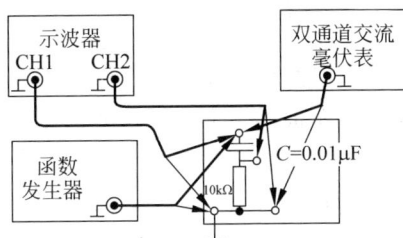

图 3-20 测量相位差电路图

注:图中细线箭头表示黑色线,粗线箭头表示红色线。

表 3-20 相位差的测量值

一个周期格数/div	两波形 X 轴相差格数/div	相位差/(°)	光标测得相位差/(°)
$m=$	$n=$	$\phi=$	$\phi=$

4. 脉冲信号参数的测量

脉冲信号的主要参数如图 3-21 所示。图中 T 为脉冲周期,T_w 为脉冲宽度,U_m 为脉冲幅度,t_r 为上升沿时间,t_f 为下降沿时间。占空比为

$$\delta = (T_w/T) \times 100\%$$

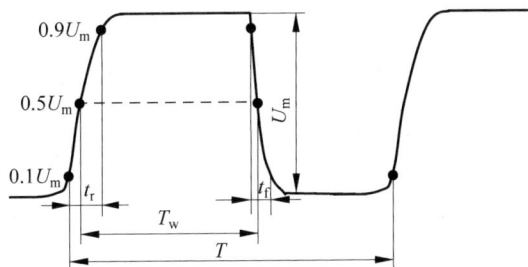

图 3-21 脉冲信号的主要参数

用 UTG7025B 函数/任意波形发生器产生频率为 1kHz,峰-峰值为 5V,占空比为 40%,直流偏移为 1V 的脉冲波信号。

把函数/任意波形发生器输出的波形通过专用电缆接到示波器的输入通道 CH1,用光标法测量脉冲信号的周期 T、脉冲宽度 T_w,记入表 3-21 中,并计算脉冲信号的占空比 δ。

表 3-21 脉冲信号的参数测量

脉冲信号参数	信号发生器的输出设定值	实 测 值
周期 T(ms)		
脉冲宽度 T_w(ms)		
占空比 δ(%)		

3.5.6　实验总结

（1）总结测量信号的有效值、峰-峰值、频率、相位差所用的仪器和方法。

（2）完成预习要求中的第2～6题。

3.5.7　注意事项

（1）函数信号发生器的输出端和直流电压源输出端都不能短路。

（2）在接线时，必须把信号源、示波器和交流毫伏表的黑色接线端接地，不要接错。

3.6　单管电压放大器

3.6.1　实验目的

（1）掌握放大器静态工作点的测试和调整方法。

（2）了解静态工作点对电压放大倍数和输出信号波形的影响。

（3）了解集电极电阻和负载电阻对电压放大倍数的影响。

（4）学习正确使用示波器、信号发生器和双通道交流毫伏表。

3.6.2　实验原理简述

1. 单管交流电压放大器

如图 3-22 所示是分压式偏置的单管交流电压放大器电路，具有较好的稳定性能。图中偏置电路由固定电阻 R_{b1}、R_{b2} 和电位器 R_w 组成。R_w 用来调节偏置电阻 R_b 的大小，从而达到改变静态工作点的目的。

所谓静态工作点，就是当 u_i 等于零时的 I_C、I_B、U_{CE} 值。根据电路，可以列出电压平衡方程式，从而在已知电路参数时确定静态工作点 Q，

$$U_B = \frac{R_{b2}}{R_b + R_{b2}} U_{CC}$$

$$U_{CE} = U_{CC} - I_C R_c - I_E R_e$$

$$\approx U_{CC} - I_C (R_c + R_e)$$

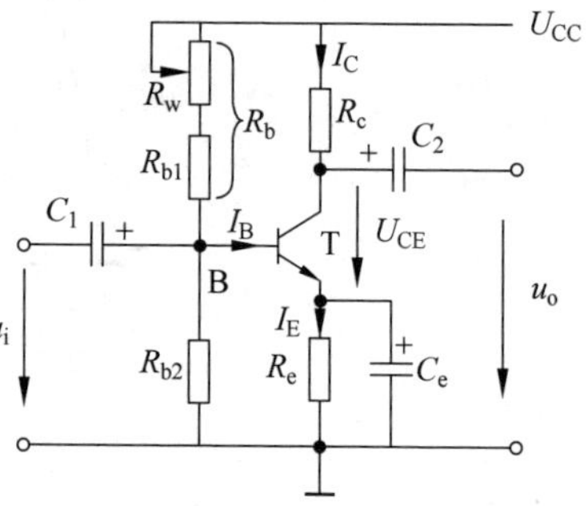

图 3-22　单管交流电压放大器电路

放大器的动态工作情况可用图解法来分析。如图 3-23 所示，当输入正弦信号 u_i 时，电路将处于动态工作状态，根据输入信号 u_i，通过图解可确定输出信号 u_o，从而可得出 u_o 与 u_i 之间的相位关系和动态范围。图解的步骤是先根据输入信号 u_i 在输入特性曲线上画出 i_B 的波形，然后在输出特性曲线上通过 Q 点画出斜率为 $-1/R'_L$ 的交流负载线，再根据 i_B 的变化在输出特性曲线上画出 i_C 和 u_{CE} 的波形。

在保证输出信号不失真的情况下，静态工作点 Q 点一般选得低一些，这样有利于降低直流电源的能量消耗。当然 Q 点不能过低，也不能过高。Q 点过低（如图 3-24 中 Q″点所示），输出信号易产生截止失真；Q 点过高（如图 3-24 中 Q′所示），输出信号易产生饱和失真。若要使放大电路具有最大的动态变化范围，Q 点应选在交流负载线的中

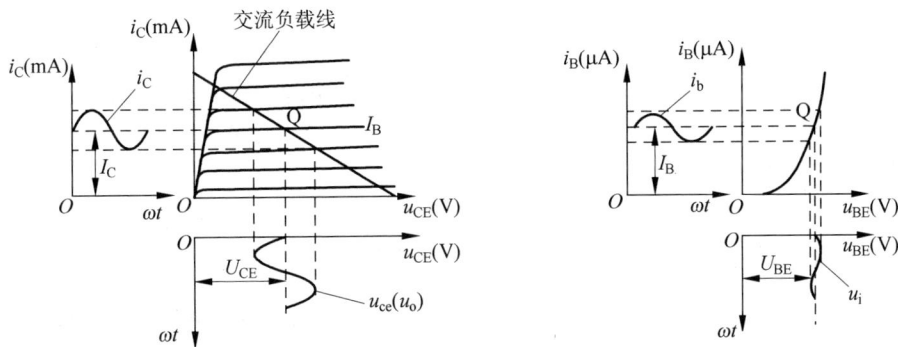

图 3-23　放大电路动态工作情况图解图

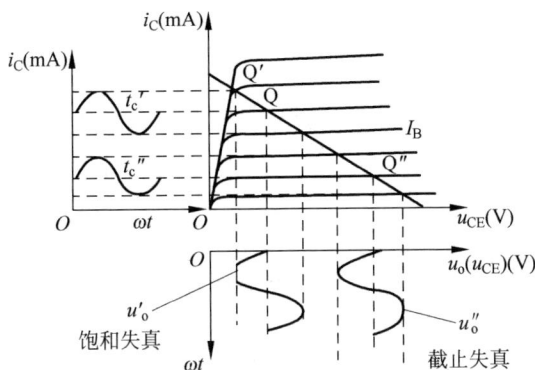

图 3-24　输出电压 u_o 的失真波形图

点,故在设计电路时要合理设置静态工作点。当然,要使输出电压不失真,输入信号也不能过大。

　　单管电压放大电路的交流电压放大倍数一般可通过交流微变等效电路来求得,图 3-22 放大电路的交流微变等效电路如图 3-25 所示,由此可得放大器的交流电压放大倍数为

$$A_u = \frac{u_o}{u_i} = -\beta \frac{R_C /\!/ R_L}{r_{be}}$$

式中

$$r_{be} \approx 300 + (1+\beta) \frac{26(\mathrm{mV})}{I_E(\mathrm{mA})}$$

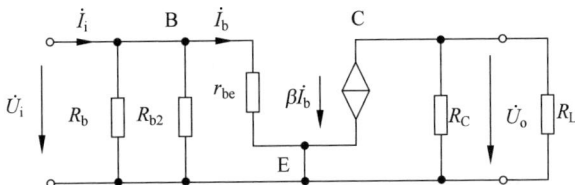

图 3-25　交流微变等效电路

　　所以 I_C 越大时 I_E 越大，r_{be} 越小，A_u 就越大。但 I_C 不能过大，否则会使放大器的静态工作点进入饱和区，形成饱和失真。此外，放大倍数与等效负载电阻 $R_C//R_L$ 成正比，但增加 R_C 并不能使放大倍数 A_u 增加很多，因还存在 R_L 的影响，而且 R_C 过大会使加在其上的直流压降增加，造成 U_{CE} 偏小，放大器极易进入饱和区。减小 R_C 却能使放大倍数明显下降，但不致形成非线性失真。

　　改变 R_L 对放大倍数的影响与改变 R_C 有类似之处，但前者不影响静态工作点，而 R_C 的变化将会使静态工作点位置移动。

　　放大器的输入电阻等于输入电压 $\dot{U}_i$ 与输入电流 $\dot{I}_i$ 之比，输入电阻的大小决定了放大电路从信号源吸收信号的大小，对电压放大电路而言，输入电阻越大，则放大电路的输入信号越大，如图 3-26 所示。

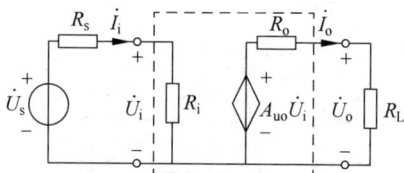

图 3-26　放大电路的输入电阻和输出电阻

　　图 3-22 所示放大电路（对应的微变等效电路如图 3-25 所示）的输入电阻可按下式估算

$$r_i = \frac{\dot{U}_i}{\dot{I}_i} = R_b // R_{b2} // r_{be}$$

　　用实验方法测量输入电阻时，需要在图 3-27 所示电路中测量信号源的电压 U_s 与放大器的输入电压 U_i，则放大器的输入电阻

$$r_i = \frac{U_i}{I_i} = \frac{U_i}{\dfrac{U_s - U_i}{R_s}} = \frac{U_i}{U_s - U_i} R_s$$

　　放大电路的输出电阻决定了它带负载的能力。对于电压放大电路来说，输出电阻越小，当负载变化时，输出电压的变化就越小，表示带负载能力强；反之，输出电阻越大，则带负载能力越弱。

　　图 3-22 所示放大电路（对应的微变等效电路如图 3-25 所示）的输出电阻可按下式估算

$$r_o = R_c$$

　　用实验方法测量输出电阻时，需要在图 3-27 所示电路中测量负载开路时的输出电压 U_{oc} 和带负载时的输出电压 U_o，则放大器的输出电阻

$$r_o = \frac{U_{oc} - U_o}{\dfrac{U_o}{R_L}} = \frac{U_{oc} - U_o}{U_o} R_L$$

　　实验板的实际布置如图 3-27 所示。在测量前应把毫安表接入 R_C 支路，R_C 的阻值可根据要求选择 2kΩ 或 4.3kΩ，若 R_C 取值为 4.3kΩ，则毫安表连线如图中箭头所示，从而构成了完整的实验线路。

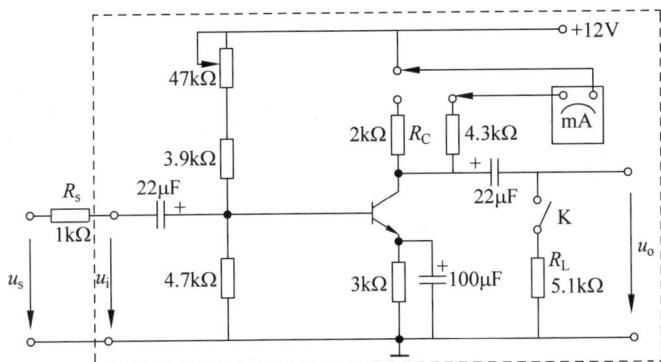

图 3-27　单管电压放大器实验图

2. 晶体管管型和引脚的判别

利用 PN 结的特性,也可判断晶体管的引脚和极性。测量时数字式万用表一般选用"二极管"挡,若红表笔固定接一脚,黑表笔分别接其余两脚,测得的阻值读数都较小且较接近,则该管子是 NPN 型,并且红表笔接的是基极 b;若黑表笔固定接一脚,红表笔分别接其余两脚,测得的阻值读数都较小且较接近,则该管子是 PNP 型,并且黑表笔接的是基极 b;若在测试时不论红黑表笔怎样交换,都找不到上述两种情况,则说明管子已坏。在基极已经判断出来的情况下,再来判断集电极 c 和发射极 e。若测得该管子为 NPN 型,在 c、e 两脚中任选一脚假定为 e 极,将黑表笔接在上面,然后用湿手指捏住 b、c 两极,将红表笔接在 c 极(但不可使 b、c 两脚直接接触),读出阻值,然后将红黑表笔对调,进行第二次测试。若第一次数值小,则说明原先假定是正确的,即红表笔接的是集电极 c。若测得该管子为 PNP 型,在 c、e 两脚中任选一脚假定为 e 极,将红表笔接在上面,然后用湿手指捏住 b、c 两极,将黑表笔接在 c 极(但不可使 b、c 两脚直接接触),读出阻值,然后将红黑表笔对调,进行第二次测试。若第一次数值小,则说明假定是正确的,即红表笔搭的是发射极 e。

3.6.3　实验仪器设备

做实验时请仔细观察各仪器的面板,了解各开关、旋钮的作用,并把所需仪器设备型号规格填入表 3-22 中。

表 3-22　实验仪器设备

序号	名　　称	型 号 规 格	数　　量
1	直流稳压电源		1 台
2	双踪示波器	UPO8152Z	1 台
3	函数信号发生器	UTG7025B	1 台
4	交流毫伏表	UT8633N	1 台
5	数字万用表	UT8804N	1 只
6	直流毫安表		1 只
7	实验板		1 块
8	9 孔插件方板	297mm×300mm	1 块

3.6.4 预习要求

（1）本实验的直流电压为＿＿＿＿＿＿＿ V。实验线路是由＿＿＿＿＿＿＿型晶体管组成的交流电压放大电路,线路的 U_{CC} 端应接到稳压源的＿＿＿＿＿＿＿极上,线路的接地端应接到稳压源的＿＿＿＿＿＿＿极上。

（2）直流毫安表用来测量＿＿＿＿＿＿＿。选择＿＿＿＿＿＿＿量程(2mA/10mA)。毫安表的正端与电源的＿＿＿＿＿＿＿连接,毫安表的负端与＿＿＿＿＿＿＿连接。

（3）测量放大器的静态电压(U_{CE}、U_B、U_{BE})选用＿＿＿＿＿＿＿表的＿＿＿＿＿＿＿挡(交流/直流)。若集电极电阻 $R_C = 4.3 \text{k}\Omega$,调节＿＿＿＿＿＿＿使 I_C 等于 1mA。$U_{CE} = $＿＿＿＿＿＿＿ V, $U_B = $＿＿＿＿＿＿＿ V,$U_{BE} = $＿＿＿＿＿＿＿ V。设 $\beta = 80$,则 $I_B = $＿＿＿＿＿＿＿,此时晶体管处于＿＿＿＿＿＿＿工作状态(放大/饱和/截止),当电位器 R_W 调到最小时,晶体管处于＿＿＿＿＿＿＿工作状态,$I_C \approx $＿＿＿＿＿＿＿ mA,$U_{CE} \approx $＿＿＿＿＿＿＿ V,$U_B = $＿＿＿＿＿＿＿ V,$U_{BE} = $＿＿＿＿＿＿＿ V。当电位器 R_W 调到最大时,晶体管处于＿＿＿＿＿＿＿工作状态,$I_C \approx $＿＿＿＿＿＿＿ mA,$U_{CE} \approx $＿＿＿＿＿＿＿ V,$U_B = $＿＿＿＿＿＿＿ V,$U_{BE} = $＿＿＿＿＿＿＿ V。

（4）测量放大器的输入/输出信号应选用＿＿＿＿＿＿＿表。放大器的空载电压放大倍数比带负载的电压放大倍数＿＿＿＿＿＿＿。

（5）在晶体管处于放大状态时,静态电流 I_C 增大,电压放大倍数将＿＿＿＿＿＿＿。

（6）在测量放大器的电压放大倍数时,应先测出放大器的输出信号,此时示波器观察到的输出信号应该＿＿＿＿＿＿＿(失真/不失真)。若失真,原因可能为①＿＿＿＿＿＿＿；②＿＿＿＿＿＿＿。要消除失真可以①＿＿＿＿＿＿＿；②＿＿＿＿＿＿＿。

（7）预习示波器、函数信号发生器、交流毫伏表、直流稳压电源等仪器的使用。

3.6.5 实验内容

1. 判断晶体管的型号和引脚极性

用数字式万用表判别 3DG6(或 9012 或 9013)晶体管的型号和引脚的极性,其外形与引脚见图 3-28。试说明所测管是＿＿＿＿＿＿＿管型的晶体管。1 脚是＿＿＿＿＿＿＿极,2 脚是＿＿＿＿＿＿＿极,3 脚是＿＿＿＿＿＿＿极。

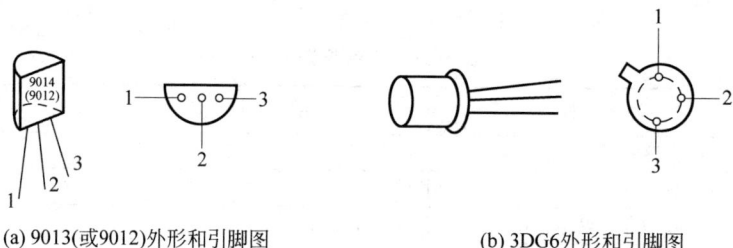

(a) 9013(或9012)外形和引脚图　　　　　(b) 3DG6外形和引脚图

图 3-28　9013(或 9012)、3DG6 外形和引脚图

2. 测量静态工作点

选取集电极电阻 $R_C = 4.3 \text{k}\Omega$,实验电路按图 3-27 接线(不接电阻 R_s),输入端短路($u_i = 0$),测量晶体管 3 个引脚的电压 U_B、U_E、U_C 和集电极电流 I_C,并根据测到的电压值来

计算 U_{BE} 和 U_{CE},并据此判断晶体管的工作状态。完成表 3-23 中的内容。

表 3-23 测量静态工作点的测量

条件 ＼ 参数	U_B /V	U_E /V	U_C /V	I_C /mA	计算		晶体管工作状态 (截止/放大/饱和)
					U_{BE}	U_{CE}	
R_W 最小							
R_W 适中				1mA			
R_W 最大							

3. 研究集电极电阻 R_C、负载电阻 R_L 对电压放大倍数的影响

按图 3-29 接线。注意,示波器、信号发生器、晶体管毫伏表的接地端(黑夹子)应与实验板的地端连接,以免工频干扰。

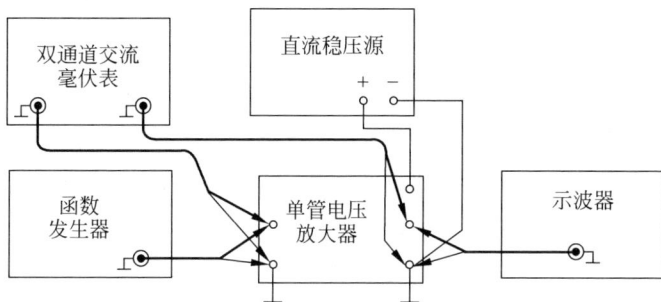

图 3-29 仪器设备相互连接示意图

取 $I_C = 1mA$,输入信号 $f = 5kHz$,$U_i = 5mV$(有效值),完成表 3-24 中的内容。

表 3-24 集电极电阻 R_C、负载电阻 R_L 对电压放大倍数的影响

R_L	R_C	U_s (有效值)	U_i (有效值)	U_o (有效值)	电压放大倍数 $A_u = U_o/U_i$	输入电阻 $r_i = R_s U_i/(U_s - U_i)$	输出电阻 $r_o = R_L(U_{oc} - U_o)/U_o$
不接	2kΩ						
5.1kΩ	2kΩ						
不接	4.3kΩ						
5.1kΩ	4.3kΩ						

4. 研究静态工作点对放大器工作性能的影响

(1) 改变静态工作点,在保证输出信号不失真的前提下,观察放大器的电压放大倍数的变化情况,取输入信号 $f = 5kHz$,$U_i = 5mV$(有效值)不变,R_L 不接,$R_C = 4.3kΩ$,完成表 3-25 中的内容。

表 3-25 静态工作点对放大器工作性能的影响

I_C/mA	0.3	0.5	0.8	1	1.2
U_o/mV(有效值)					
$A_u = U_o/U_i$					

（2）观察改变静态工作点对输出电压波形的影响。取输入信号 $f=5\text{kHz},U_i=30\text{mV}$（有效值），$R_L$ 不接，$R_C=4.3\text{k}\Omega$，用示波器观察 u_o 的变化。改变静态工作点，直到输出电压波形失真。把观察到的波形绘制在表 3-26 中（标注出时间和幅值），并判断失真波形的性质。若截止失真不明显，允许采用逐步增大 U_i 的方法使放大器的输出电压产生明显的截止失真。

表 3-26　静态工作点对输出电压波形的影响

条　　件	R_W 适中，$I_C=1\text{mA}$	R_W 阻值最大	R_W 阻值最小
输出波形	U_o O ωt	U_o O ωt	U_o O ωt
晶体管工作状态（截止/放大/饱和）			

3.6.6　实验总结

（1）总结调整及测量静态工作点的方法。
（2）简述静态工作点对放大倍数和输出波形的影响。
（3）说明 R_C 和 R_L 对放大倍数的影响。

3.7　直流稳压电源

3.7.1　实验目的

（1）学习用数字万用表判断二极管的好坏与极性。
（2）掌握桥式整流电路的工作原理。
（3）观察几种常用滤波器的效果。
（4）掌握集成稳压器的工作原理和使用方法。

3.7.2　实验原理

1. 整流、滤波和稳压的基本原理

半导体二极管具有单向导电特性，可以构成整流电路，将单相交流电整流成单方向脉动的直流电。假设整流二极管与变压器均为理想元件，对于无滤波电路的单相全波整流电路，输出直流电压是：$U_L=0.9U_2$（电路图如表 3-28 中第 1 个电路所示）。在整流电路之后，通过电容、电感或阻容元件组成的滤波电路，能将脉动的直流电变成平滑的直流电。

整流电路的主要性能指标为输出直流电压 U_L 和纹波系数 γ，电容滤波条件下 $U_L\approx1.2U_2$（电路图如表 3-28 中第 2 个电路所示）。纹波系数 γ 用来表征整流电路输出电压的脉动程度，定义为输出电压中交流分量有效值 $\tilde{U}_L$（又称纹波电压）与输出电压平均值 U_L 之

比,即 $\gamma = \widetilde{U}_L / U_L$。显然,$\gamma$ 值越小越好。

从以上分析可知,当交流电源电压或负载电流变化时,整流滤波电路所输出的直流电压不能保持稳定。为了获得稳定的直流输出电压,在整流滤波电路后需加稳压电路。直流稳压电源由电源变压器、整流滤波电路和稳压电路组成。

本实验采用集成稳压器,它与由分立元件组成的稳压电路相比,具有外接线路简单、使用方便、体积小、工作可靠等优点。

如图 3-30 所示为三端式正集成稳压器 CW78××系列的外形和引脚,它有 3 个引出端:1 为输入端;2 为公共端;3 为输出端。型号中"××"给出了稳压值,如 CW7812 表示输出稳压值为 +12V,它的输出电流为 1.5A(加散热器),输出电阻为 0.03Ω,输入电压范围为 15~35V。

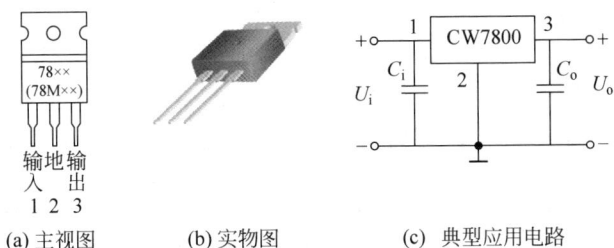

(a) 主视图   (b) 实物图   (c) 典型应用电路

图 3-30　三端式正集成稳压器的外形和引脚

稳压电源的主要性能指标为输出电压调节范围,输出电阻 R 和稳压系数 S。本实验输出直流电压固定在 +12V,不能调节。

输出电阻 R 定义为当输入交流电压 U_2 保持不变,由于负载变化而引起的输出电压变化量 ΔU_L 与输出电流变化量 ΔI_L 之比,即

$$R = \frac{\Delta U_L}{\Delta I_L}$$

稳压系数 S 定义为当负载保持不变,输入交流电压从额定值变化 ±10%,输出电压的相对变化量 ΔU_L 与输入交流电压相对变化量 ΔU_2 之比。即

$$S = \frac{\Delta U_L}{\Delta U_2}$$

显然,R 及 S 越小,输出电压越稳定。

本实验中,负载电阻可改变 3 挡,即 ∞、360Ω、180Ω,输入交流电压的改变可通过调节自耦变压器来实现。实验线路图如图 3-31 所示。

2. 二极管正反向电阻的测试方法

在检修晶体管电路或使用二极管时,经常要判别二极管的好坏和极性。由于一个好的二极管正向电阻小,反向电阻大,所以我们可用数字万用表的欧姆挡或二极管挡来判断二极管的好坏与极性。万用表的红黑表笔分别搭在一个独立的二极管的两端。若此时测得的电阻小,再将红黑表笔对调后测得的电阻较大,说明该管单向导电性好。若测得正、反向电阻都较小,说明 PN 结已击穿损坏;若正反向电阻都很大,说明 PN 结已烧断损坏。在判断出二极管完好的情况下,当测得正向电阻时(阻值较小),二极管接红表笔的一端为阳极,接黑

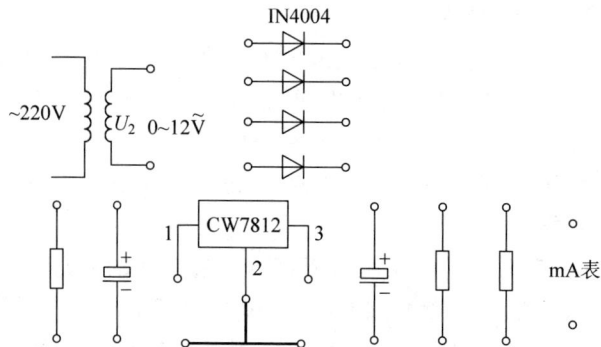

图 3-31　实验线路板

表笔的一端为阴极。

3.7.3　实验仪器设备

做实验时请仔细观察各仪器的面板、开关、旋钮的作用，所需仪器设备型号规格见表 3-27。

表 3-27　实验仪器设备

序号	名　　称	型 号 规 格	数量	备注
1	双踪示波器	UPO8152Z	1台	
2	数字万用表	UT8804N	1台	
3	双通道交流毫伏表	UT8633N	1台	
4	电源变压器实验板		1块	
5	实验板		1块	
6	9孔插件方板	297mm×300mm	1块	

3.7.4　预习要求

(1) 复习教材中有关稳压电源的章节。

(2) 复习数字万用表、双通道示波器、双通道交流毫伏表的使用方法。

(3) 说明 U_2、U_L、$\tilde{U}_L$ 的物理意义，从表 3-27 中选择相应的测量仪表。

(4) 在桥式整流电路中，若某个整流二极管分别发生开路、短路或反接等情况时，电路将分别发生什么问题？

(5) 如果负载短路会发生什么问题？

3.7.5　实验内容

1. 测量二极管的正反向电阻，并判别它的阳极和阴极

二极管的型号为_____，测量正反向电阻时数字万用表的挡位为_____，正向电阻为_____，反向电阻为_____。测正向电阻时，黑表笔搭的一端为二极管的_____极，红表笔搭的一端为二极管的_____极。

2. 单相桥式整流、滤波电路

选择电源变压器 0～12$\tilde{V}$ 挡,按表 3-28 所给出的各电路的连接方式,调节实验台左外侧自耦变压器的调节手柄,使电源变压器副边 B_2 的电压 $U_2 = 13.5V$,负载电阻 $R_L = 360\Omega$,完成表 3-28 中各项的测量、计算,并绘出波形图。

表 3-28 ($R_L = 360\Omega, U_2 = 13.5V$)桥式整流、滤波电路

电 路 图	测 量 结 果			计 算 值
	U_L/V	$\widetilde{U}_L/V$	u_L 波形(标出周期、幅值和零线位置)	γ

注意:

(1) 每次改接线路时,必须切断电源。

(2) 整个实验过程中,在观察负载电压 U_L 波形时,示波器的 Y 轴衰减开关和微调旋钮在第 1 次调整好后不要再变动,以便对各波形进行比较。

3. 直流稳压电源

(1) 保持电源变压器 B_2 的副边电压 $U_2 = 13.5V$ 不变,按图 3-32 连接电路,改变 R_L,完成表 3-29 中各项的测量。

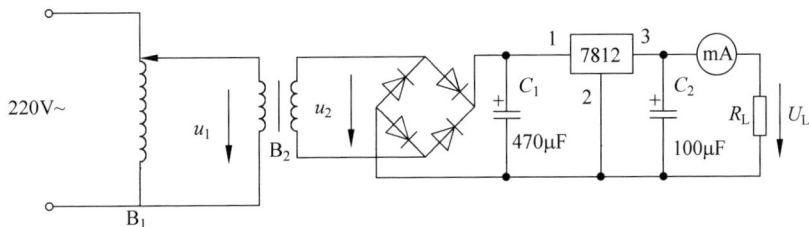

图 3-32 直流稳压电源原理图

表 3-29　（$U_2 = 13.5V$）直流稳压电源

负　载	测 量 结 果			输 出 电 阻
R/Ω	U_L/V	$\widetilde{U}_L/mV$	I_L/mA	$R = \dfrac{\Delta U_L}{\Delta I_L}$
∞				
360				
180				

（2）取负载电阻 $R_L = 180\Omega$ 不变。改变 U_2（调节自耦变压器），完成表 3-30 中各项的测量。

表 3-30　（$R_L = 180\Omega$）直流稳压电源

电源电压 U_2/V	测 量 结 果		稳 压 系 数
	U_L/V	$\widetilde{U}_L/mV$	$S = \dfrac{\Delta U_L}{\Delta U_2}$
12			
13.5			
14.5			

3.7.6　实验总结

（1）根据表 3-28 的结果，讨论单相桥式整流电路输出电压平均值 U_L 和输入交流电压有效值 U_2 之间的数量关系。

（2）根据表 3-28 的结果，总结不同滤波电路的滤波效果。

（3）根据表 3-29 和表 3-30 的结果，分析集成稳压器的稳压性能。

3.7.7　注意事项

（1）实验前，自耦变压器的旋柄应调在电压最小位置，切勿把电源变压器 B_2 的原边和副边接反。

（2）实验过程中应防止电源变压器输出端（u_2 处）短路，以免损坏自耦变压器和电源变压器。

（3）注意不要使负载短路，以免损坏整流元件和三端集成稳压器。

3.8　集成运算放大器

3.8.1　实验目的

（1）了解集成运算放大器的引脚排列及其功能。

（2）掌握运算放大器的线性应用——几种基本运算电路。

（3）了解运算放大器的非线性应用。

3.8.2　实验原理简述

集成运算放大器是一种高增益、高输入电阻的直流放大器，由于内部线路的输入级一般都为复合差动放大器，故输入端有同相输入端和反相输入端之分。运算放大器的图形符号如图 3-33 所示。在使用时首先应根据其型号查阅参数,了解它的性能和各引脚的配置情况,然后设计电路。本实验采用 μA741 型集成运放,其引脚配置如图 3-34 所示。

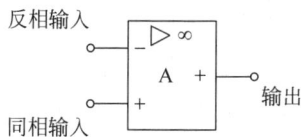

图 3-33　运算放大器图形符号

图 3-34　μA741 引脚图

集成运算放大器内部是直接耦合的,能放大直流信号。但由于内部元器件数量多,元器件及线路之间的间距小,在信号频率较高时,受分布电容和结电容的影响,放大倍数会有所下降。当放大倍数下降为正常值的 0.707 时所对应的频率称为放大电路的上限频率,用 f_H 表示。

由于集成运算放大器具有高增益、高输入电阻的特点,它组成运算电路时,必须工作在深度负反馈状态,此时输出电压与输入电压的关系取决于反馈电路的结构与参数。因此,我们可以把它与不同的外部电路连接,实现比例、加法、减法、积分、微分等数学运算。

1. 反相比例运算

如图 3-35 所示为反相比例运算电路,输入电压 u_i 通过电阻 R_1 加在反相输入端,输出电压 u_o 与 u_i 反相。同时 u_o 通过反馈电阻 R_F 送到反相输入端,组成电压并联负反馈电路。该电路的输出电压 u_o 与输入电压 u_i 的关系由 $u_o/u_i = -R_F/R_1$,得 $u_o = -u_i R_F/R_1$,即 u_o 等于 u_i 乘以比例系数 $-R_F/R_1$,改变 R_F 与 R_1 的大小便可改变比例系数。

在电路的设计过程中,为了提高运算放大器的运算精度,要求运算放大器的两个输入端的直流电阻保持平衡。因此,同相输入端应接入平衡电阻 R_2,其数值等于反相端的输入电阻与反馈电阻的并联值,即 $R_2 = R_F // R_1$。

2. 同相比例运算

同相比例运算电路如图 3-36 所示,根据运算放大器的特点,可得 $u_N = u_P = u_i$,且 $u_N = \dfrac{R_1}{R_1 + R_F} u_o$,故该电路的输出电压 u_o 与输入电压 u_i 的关系为

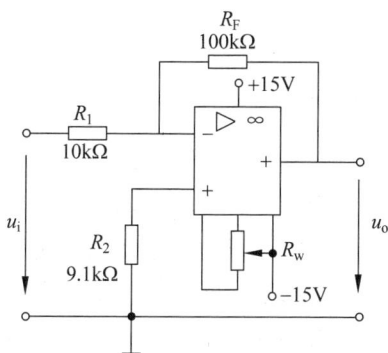

集成运算放大器实验

图 3-35　反相比例运算电路图

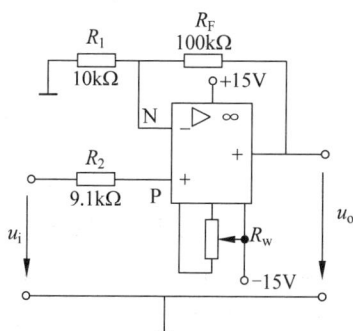

图 3-36　同相比例运算电路图

$$u_o = \frac{R_1 + R_F}{R_1} u_i = \left(1 + \frac{R_F}{R_1}\right) u_i$$

电阻 R_2 的取值为 $R_2 = R_1 // R_F$。

3. 反相加法运算

在反相比例运算电路中加上数个输入信号，就构成了反相加法运算电路，电路如图 3-37 所示。同样根据运算放大器的特点，可得该电路的输出电压 u_o 与输入电压 u_i 的关系为

$$u_o = -\left(\frac{R_F}{R_1} u_{i1} + \frac{R_F}{R_2} u_{i2}\right)$$

平衡电阻 R_3 的值应为 $R_3 = R_1 // R_2 // R_F$。

4. 减法运算

如果把输入信号 u_{i1} 通过电阻 R_1 加在反相输入端，u_{i2} 通过 R_2、R_3 分压加在同相输入端，反馈电路接法与反相比例运算电路相同，就构成了减法运算电路，如图 3-38 所示。该电路的输出电压 u_o 与输入电压 u_i 的关系为

$$u_o = \left(1 + \frac{R_F}{R_1}\right)\left(\frac{R_3}{R_2 + R_3}\right) u_{i2} - \frac{R_F}{R_1} u_{i1}$$

即 u_{i1}、u_{i2} 各乘以比例系数后相减，比例系数的大小同样由外部电路参数决定。电阻的取值要求满足：$R_1 // R_F = R_2 // R_3$。

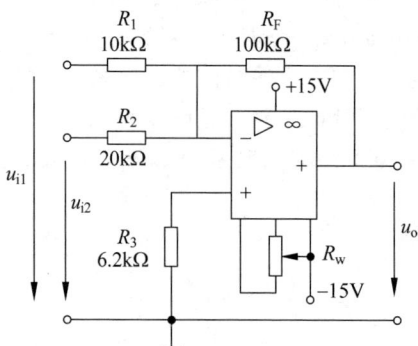

图 3-37 反相加法运算电路图

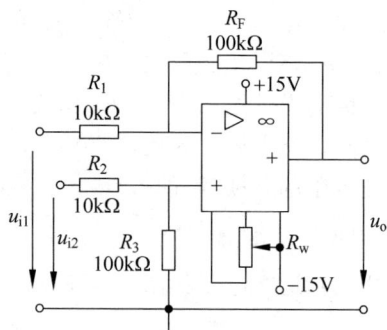

图 3-38 减法运算电路图

5. 积分运算

将反相比例运算电路的反馈电阻换成电容就构成了积分运算电路，如图 3-39 所示，该电路的输出电压 u_o 与输入电压 u_i 的关系为

$$u_o = -\frac{1}{RC}\int u_i \mathrm{d}t$$

当输入电压 u_i 为固定值时，输出电压 u_o 为

$$u_o = -\frac{1}{RC} u_i t$$

即输出电压按一定的比例随时间作线性变化，实现积分运算。可以推算，当 u_i 为矩形波时，u_o 便为三角波，它是矩形波电压经积分的结果，如图 3-40 所示。

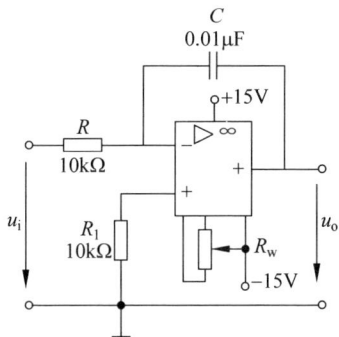

图 3-39 积分运算电路图

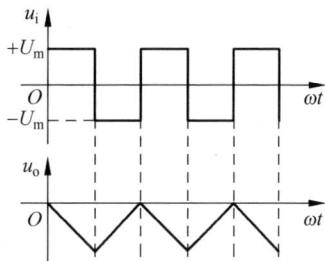

图 3-40 积分电路的输入与输出电压波形

实际上由于运算放大器内部参数不可能做到完全对称,以至于在进行以上各种运算时,当输入信号为零时,输出信号可能并不为零。为此,接好运算电路后(闭环电路),首先要调零,即当输入信号为零时(接地),调节调零电位器 R_w,使输出信号为零,再加入信号进行运算。

另外,运算放大器的最大输出电压是有一定限制的,如 $\mu A741$ 的最大输出电压为 $\pm 12 \sim \pm 14V$。所以在进行比例、加法、减法运算时,输入电压 u_i 的取值大小并非是任意的,而是应该把取好后的信号电压 u_i 的数值代入以上运算公式进行计算,运算后的结果 u_o 不得大于运算放大器的最大输出电压,否则该运算是毫无意义的。

6. 电压比较器

运算放大器如果不接负反馈,即开环应用,就构成了电压比较器,当 $u_+ - u_- > 0$ 时,输出电压 u_o 为正饱和值,当 $u_+ - u_- < 0$ 时,输出电压 u_o 为负饱和值。

如图 3-41 所示,在同相端通过 R_2 加恒定的参考电压 U_R,在反相端通过 R_1 加正弦信号电压 u_i,当 u_i 变化到稍大于或小于 U_R 时,输出电压 u_o 即达到负的或正的饱和值。如图 3-42 所示,u_o 为与 u_i 同频率的矩形波。改变 U_R 的大小就可以改变矩形波正负半周的宽度。

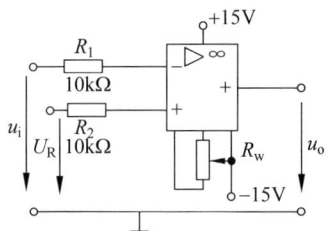

图 3-41 电压比较器电路图

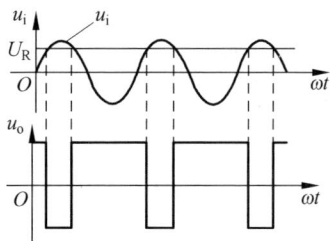

图 3-42 电压比较器输入、输出电压波形

图 3-43 为运算放大器实验电路板线路及各元件的位置示意图。图中的运算放大器及电阻、电容均已安装在实验板上。"○"表示香蕉插孔,可以按照实验内容的要求连接线路。

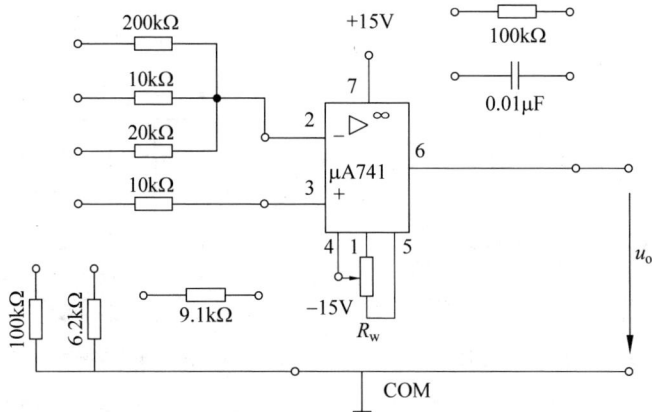

图 3-43　运放实验电路板位置示意图

3.8.3　实验仪器设备

实验仪器设备见表 3-31。

表 3-31　实验仪器设备

序号	名　　称	型号规格	数量	备注
1	双踪示波器	UPO8152Z	1台	
2	函数信号发生器	UTG7025B	1台	
3	数字万用表	UT8804N	1只	
4	实验板		1块	

3.8.4　预习要求

（1）查阅资料，了解集成电路 μA741 的主要技术参数。

（2）集成运算放大器实际上是一个增益极大，输入电阻极高的_____。它组成运算电路时必须工作在_____状态，此时输出电压与输入电压的关系取决于_____。

（3）反相比例运算电路输出电压与输入电压的关系为_____。若电路各元件的参数如图 3-35 所示，比例系数为_____。如图 3-37 所示的反相加法运算电路 $u_o=$_____。减法运算电路如图 3-38 所示，$u_o=$_____。

（4）由于运算放大器的内部参数不可能完全对称，以至于当输入信号为零时，输出信号_____。为此设置了_____。电路调零时应将线路接成_____（开环/闭环），输入端接_____。调节_____使输出电压为零。

（5）进行如图 3-37 所示的反相加法运算实验，你将怎样在实验板上接线？试在图 3-41 中画出。反相比例、减法运算的电路又将怎样实现？

（6）试写出进行反相加法运算实验的步骤。

（7）将反相比例运算电路的反馈电阻 R_F 换成电容器，则组成_____，该电路的输出电压 $u_o=$_____。当 u_i 为矩形波时，u_o 为_____波形。

（8）若运算放大器不接负反馈,可构成_____电路。同相输入端接零,反相输入端接正弦信号,输出电压为_____波形。

（9）在进行"上限频率的测量"的实验时,能不能用万用表来测量输入/输出信号的有效值? 为什么?

3.8.5 实验内容

1. 上限频率的测量

按反相比例运算电路图 3-35 在实验板中接线,确认接线无误后接通±15V 电源。首先调零,将电路的输入端 u_i 接地,用万用表直流电压挡(200mV 挡)测量输出电压 u_o,同时调节调零电阻 R_w 直至输出电压 $u_o \leqslant 10$mV(尽可能接近零)。

调节函数信号发生器,输出一个频率为 1kHz、有效值为 300mV 的正弦信号,作为放大电路的输入信号 u_i,用示波器同时观察输入信号 u_i 和输出信号 u_o 的波形,在输出信号不失真的情况下,用交流毫伏表分别测量输入信号 u_i 和输出信号 u_o 的有效值 U_i 和 U_o。在保证输入信号有效值 $U_i = 300$mV 不变的前提下,逐步提高输入信号 u_i 的频率,当输出信号的有效值下降为原来(频率为 1kHz 时输出电压的有效值)的 0.707 时,这个频率就是放大电路的上限频率 f_H。

把上述数据记录在表 3-32 中。

表 3-32　上限频率的测量

f/Hz	U_i/mV	U_o/V	$0.707U_o$/V	f_H/kHz
1000	300			

2. 反相比例运算

按图 3-35 在实验板中接线,接通电源,在输入端加入直流信号 u_i(DC SIGN),用万用表的直流电压挡测量输入信号 u_i 和输出信号 u_o,完成表 3-33 中的各项内容。

表 3-33　反相比例运算

u_i/V	−1.0	−0.5	0.25	0.5	1.0
u_o/V					
$A_u = u_o/u_i$					

3. 同相比例运算

按同相比例运算电路图 3-36 在实验板中接线,接通电源,调零后完成表 3-34 中的各项内容。

表 3-34　同相比例运算

u_i/V	−1.0	−0.5	0.25	0.5	1.0
u_o/V					
$A_u = u_o/u_i$					

4. 反相加法运算

按图 3-37 接线，接通电源，调零后完成表 3-35 中的各项内容。

表 3-35　反相加法运算

u_{i1}/V	-0.6	-0.4	-0.25	0	0.5
u_{i2}/V	-1.0	-0.5	0	0.5	1.0
u_o/V					

5. 减法运算

按图 3-38 接线，接通电源，调零后完成表 3-36 中的各项内容。

表 3-36　减法运算

u_{i1}/V	-0.6	-0.4	-0.25	0	0.5
u_{i2}/V	-1.0	-0.5	0	0.5	1.0
u_o/V					

6. 积分运算

按图 3-39 接线，输入端接入 $f=500\text{Hz}$、$U_{PP}=1V$ 的方波信号，用示波器分别观察输入信号 u_i 和输出信号 u_o 的波形，并绘制在图 3-44 中。

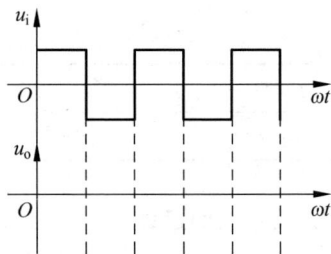

7. 电压比较器的工作情况

按图 3-41 接线，比较器的两个输入端分别接入直流电压 U_R（U_R 值见表 3-37）和正弦信号 u_i（$f=150\text{Hz}$，有效值 1V）。用示波器观察 u_o 的波形，并记入表 3-37 中。

图 3-44　积分运算电路输入信号 u_i 和输出信号 u_o 的波形

表 3-37　电压比较器输入/输出波形

U_R/V	-0.5	0	$+0.5$
u_i 的波形（标出周期和幅值）			
u_i 接反相端时 u_o 的波形（标出周期和幅值）			
u_i 接同相端时 u_o 的波形（标出周期和幅值）			

3.8.6 实验总结

（1）根据各项运算的实验数据，与理论值作比较，进行误差分析。

（2）简述调零的必要性和方法。

（3）试分析表 3-37 所得到的波形。当 U_R 变化时，输出波形如何变化？当 U_R 分别接在同相输入端和反相输入端时，输出波形有什么不同？

（4）测试集成运放上限频率的意义和方法。

3.8.7 注意事项

（1）两组电源极性不能接错。

（2）本实验中，必须按各图中标示的参考方向测量电压值。

3.9 *RC* 正弦波振荡器的研究

3.9.1 实验目的

（1）熟悉桥式 *RC* 正弦波振荡器的组成和工作原理。

（2）验证振荡的幅值条件。

（3）了解 *RC* 选频电路的选频特性。

3.9.2 实验原理简述

正弦波振荡电路是一种将直流电能转换成交流电能的电路，它能产生一定频率和幅值的交流信号，一般由放大、正反馈、选频和稳幅 4 个基本部分组成。根据选频电路的不同，常见的有 *RC* 正弦波振荡电路和 *LC* 正弦波振荡电路。一般在 200kHz 以下多采用 *RC* 振荡电路，本实验的原理图如图 3-45 所示。

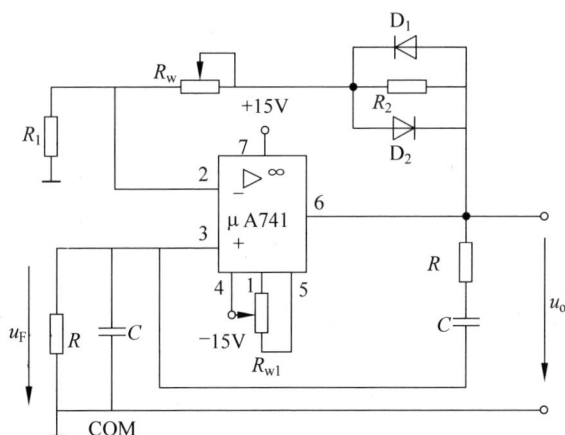

图 3-45 *RC* 桥式振荡电路原理图

1. *RC* 串并联正反馈网络的选频特性

RC 串并联正反馈网络的电路结构如图 3-46(a)所示。根据分压关系可得正反馈网络

的反馈系数 F_u 的表达式

$$F_u = \frac{\dot{U}_F}{\dot{U}_i} = \frac{Z_2}{Z_1 + Z_2} = \frac{R // \dfrac{1}{j\omega C}}{R + \dfrac{1}{j\omega C} + R // \dfrac{1}{j\omega C}} = \frac{1}{3 + j\left(\dfrac{\omega}{\omega_0} - \dfrac{\omega_0}{\omega}\right)} \quad (令 \omega_0 = 1/RC)$$

由上式可得 RC 串并联正反馈网络幅频特性和相频特性的表达式为

$$|F_u| = \frac{1}{\sqrt{3^2 + \left(\dfrac{\omega}{\omega_0} - \dfrac{\omega_0}{\omega}\right)^2}}$$

$$\varphi = -\arctan\frac{\dfrac{\omega}{\omega_0} - \dfrac{\omega_0}{\omega}}{3}$$

它们对应的曲线图如图 3-46(b)、图 3-46(c)所示。由曲线图可知，当 $\omega = \omega_0$ 时，正反馈系数 F_u 最大为 1/3，且反馈信号 $\dot{U}_F$ 与输入信号 $\dot{U}_i$ 同相位，即 $\varphi = 0$。如图 3-45 知 RC 选频网络的输入电压 $\dot{U}_i$ 也就是 RC 桥式振荡电路的输出电压 $\dot{U}_o$，故反馈信号 $\dot{U}_F$ 与输出信号 $\dot{U}_o$ 同相，满足振荡条件中的相位平衡条件。此时电路产生谐振，$\omega = \omega_0 = 1/RC$，即谐振频率 f_0 为

$$f_0 = \frac{1}{2\pi RC}$$

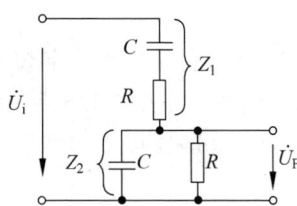

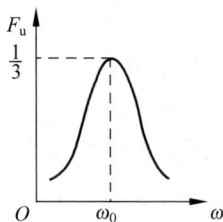

(a) RC选频网络   (b) 幅频特性曲线   (c) 相频特性曲线

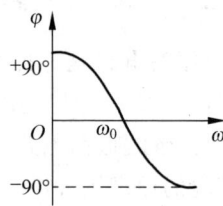

图 3-46 RC 串并联选频电路

2. 带稳幅环节的负反馈支路

要使电路维持稳幅振荡，除上述分析的满足相位平衡条件外，还必须满足幅值平衡条件 $|A_u F_u| = 1$，由上述可知 $|F_u| \leqslant 1/3$，稳定振荡时 $|F_u| = 1/3$，故 $A_u = 3$。为起振方便，一般 A_u 应略大于 3。图 3-45 所示电路中，同相比例运算放大器的放大倍数为 $A_u = 1 + \dfrac{R_F}{R_1} \geqslant 3$，故 $\dfrac{R_F}{R_1} \geqslant 2$。其中 $R_F = R_w + R_2$，因此电路中必须引入负反馈来降低电压放大倍数，从而改善输出信号波形的失真情况。电路中由电位器 R_w 和 R_1、R_2 组成电压串联负反馈支路，调节 R_w 的大小即可改变负反馈的强弱。如负反馈太强，放大器的电压放大倍数小于 3 倍，不能维持振荡；负反馈太弱，放大器的电压放大倍数过大，会引起波形失真。为了使输出波形不失真且容易起振，在负反馈支路中接入非线性元件来自动调节负反馈量，在电阻 R_2 的两端并联了二极

管 D_1、D_2,以实现自动稳幅作用,其稳幅原理可以从分析二极管的伏安特性曲线得到解答。

3.9.3 实验仪器设备

做实验时,根据表 3-38 仔细观察各仪器的面板,了解各开关、旋钮的作用。

表 3-38 实验仪器设备

序号	名 称	型 号 规 格	数量	备注
1	双踪示波器	UPO8152Z	1 台	
2	双通道交流毫伏表	UT8633T	1 台	
3	实验板		1 块	
4	数字万用表	UT8804N	1 只	

3.9.4 预习要求

(1)RC 振荡电路由_____、_____、_____、_____ 4 部分组成。

(2)图 3-47 为本实验的实验电路板的元件布置图。若选取选频网络的元件参数为 $R=15\text{k}\Omega$,$C=0.02\mu\text{F}$。把选频电路与放大器连接起来,试在图中画出连线。

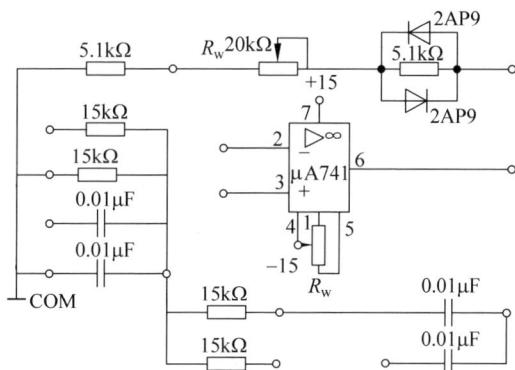

图 3-47 RC 正弦波振荡器实验电路图

(3)选频电路的输入电压是_____,输出电压是_____,要满足自激振荡的相位条件,反馈电压 u_F 的相位和放大电路输入电压 u_i 的相位_____,以形成 _____反馈。

(4)选频电路的输出电压的大小是输入电压的_____。需满足自激振荡的幅值条件,必须使放大电路的电压放大倍数 $A_\text{u}\geqslant$ _____。

(5)在振荡电路完好,接线正确的情况下,用示波器观察振荡电路的输出波形。若输出波形出现失真情况,这是因为_____,应调节 _____使输出波形正常。若振荡电路无输出,这是因为_____,应调节_____使振荡电路自激振荡。

(6)计算表 3-38 中的振荡频率,并填入表中。

3.9.5 实验步骤

(1)按表 3-39 中的 RC 取值,接好实验电路,用示波器观察波形,调节 R_w,使输出端得到良好的正弦波(不失真)，并尽可能使幅度小一些。分别测出振荡频率以及放大器的输入电压(即反馈电压)u_F、输出电压u_o的有效值，并计算放大器的放大倍数，完成表 3-39 中的内容。

表 3-39　不同参数时振荡电路的振荡频率、输入电压、输出电压和放大倍数

$R/\text{k}\Omega$	$C/\mu\text{F}$	计算 f_o/Hz	实测 f_o/Hz	u_i/V	u_o/V	A_u
15	0.01					
7.5	0.01					
15	0.02					

(2) 观察负反馈对振荡电路性能的影响。选取 $R=15\text{k}\Omega$，$C=0.01\mu\text{F}$，调节 R_w，用示波器观察振荡电路的输出波形，并绘于表 3-40 中。

表 3-40　不同负反馈时振荡电路的输出波形

R_{F1}	适中位置	最大位置	最小位置
负反馈程度			
输出波形图 (标注周期和幅值)			

(3) 选频网络选频特性的测量。

用函数信号发生器输出有效值为 3V 的正弦波信号，作为输入信号 u_i 加到图 3-46(a)所示的 RC 串并联选频网络。选取 $R=15\text{k}\Omega$，$C=0.01\mu\text{F}$。

调节输入信号的频率(保持输入信号 u_i 的有效值 3V 不变)，用交流毫伏表分别测量反馈信号 u_F 和输入信号 u_i 的有效值，使反馈电压达到最大值，记录此时的频率 f_0 和反馈信号 U_{F0}。

增大(或减小)输入信号 u_i 的频率，用交流毫伏表分别测量不同频率时反馈信号 u_F 和输入信号 u_i 的有效值，并计算反馈系数 $|F_u|=U_F/U_i$，完成表 3-41 中的内容。画出幅频特性曲线。

同时用示波器观察反馈信号 u_F 和输入信号 u_i，并测量这两个信号的相位差 φ_F，注意，u_F 超前 u_i 时，φ_F 为正。完成表 3-41 中的内容，画出相频特性曲线。

表 3-41　幅频特性与相频特性数据

输入信号频率 f/Hz	输入信号 U_i/V	反馈信号 U_F/V	反馈系数 $|F_u|$(实测值)	反馈系数 $|F_u|$(计算值)	相位差 φ_F(实测值)	相位差 φ_F(计算值)
		0.50				
		0.707				
		0.8				
		0.9				
		0.95				
		1				

续表

输入信号频率 f/Hz	输入信号 U_i/V	反馈信号 U_F/V	反馈系数 $|F_\text{u}|$(实测值)	反馈系数 $|F_\text{u}|$(计算值)	相位差 φ_F(实测值)	相位差 φ_F(计算值)
		0.95				
		0.9				
		0.8				
		0.707				
		0.5				

3.9.6 实验总结

(1) 将实验测得的振荡频率、反馈系数和相位差与计算值比较,分析产生误差的原因。

(2) 分析在改变负反馈电阻 R_W 时输出波形发生变化的原因。

(3) 根据表 3-41 的数据,在对数坐标中画出 RC 串并联网络的幅频特性曲线和相频特性曲线。

3.9.7 注意事项

(1) 集成运放的电源极性不要接反。

(2) 输入/输出信号的有效值要用交流毫伏表测量,相位差用示波器测量。

(3) 在接线和改接线路时,应首先切断电源。

3.10 TTL 与非门和触发器

3.10.1 实验目的

(1) 熟悉 TTL 集成与非门的逻辑功能。

(2) 学习用集成与非门组合成其他门电路和逻辑电路的方法。

(3) 掌握 JK、D 触发器的逻辑功能及测试方法。

3.10.2 实验原理简述

1. TTL 与非门

门电路是组成逻辑电路的最基本单元,而 TTL 集成与非门是工业上常用的数字集成器件。本实验中采用型号为 74LS00 和 74LS10 两种集成与非门元件,元件的引脚排列如图 3-48 所示,74LS00 集成元件内含有 4 组独立的二输入端与非门,74LS10 内含有 3 组独立的三输入端与非门,其公用电源端都为 7 脚和 14 脚,7 脚接地,14 脚接电源 +5V 电压。

描述与非门输入、输出关系的逻辑表达式是 $F=\overline{A \cdot B}$、$F=\overline{A \cdot B \cdot C}$。在正逻辑的前提下(以后实验都采用正逻辑,不再说明),输入端中只要有一个为低电平,输出就为高电平。在实际使用时,事先要对与非门进行简易测试。将集成元件接上 +5V 直流电源,按其真值表分别在其输入端加高、低电平,用万用表分别测出输出端的电平值,根据测量数据判断与非门的好坏。也可将逻辑电平加入输入端,用发光二极管显示输出端的状态来判断。

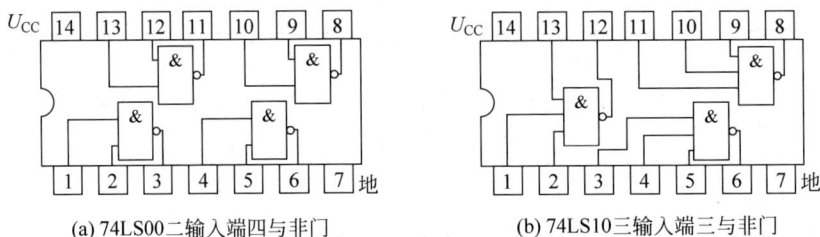

(a) 74LS00二输入端四与非门　　　　　　　(b) 74LS10三输入端三与非门

图 3-48　与非门引脚图

利用与非门可以组成其他逻辑门电路，用与非门组成与门、或门的逻辑电路如图 3-49 所示(各图的逻辑关系由读者自行证明)。

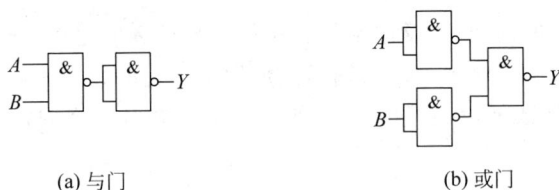

(a) 与门　　　　　　　　　　　　(b) 或门

图 3-49　用与非门构成的逻辑电路

利用与非门还可以构成具有其他逻辑功能的逻辑电路。

异或门的逻辑关系表达式为

$$F = A \cdot \bar{B} + \bar{A} \cdot B$$

为了利用与非门实现，上述表达式可改写为

$$F = A \cdot \bar{B} + \bar{A} \cdot B$$

$$= \overline{\overline{A\bar{B}} \cdot \overline{\bar{A}B}} \quad (\text{需要 5 个与非门})$$

$$= \overline{A \cdot \overline{AB}} \cdot \overline{\overline{AB} \cdot B} \quad (\text{只需要 4 个与非门}) \tag{3-1}$$

3 输入表决电路的逻辑关系表达式为

$$F = AB + BC + CA$$

用"与非"形式可表示为

$$F = \overline{\overline{AB} \cdot \overline{BC} \cdot \overline{CA}} \tag{3-2}$$

根据上述表达式可以画出用与非门实现的异或门和表决电路的逻辑电路图。

2. 触发器

在数字系统中经常需要存储各种数字信息，触发器是具有记忆功能的二进制信息存储器件，它具有两个逻辑互补输出端 Q 和 $\bar{Q}$，当 $Q=1,\bar{Q}=0$ 时，称触发器为置位状态(1 态)；当 $Q=0,\bar{Q}=1$ 时，称触发器为复位状态(0 态)；在无输入信号作用时，能保持其输出不变。只有在一定的输入信号作用下，才可能翻转到另一稳态，并保持这一稳态，直到下一个触发信号使它翻转为止。因此，触发器是一种具有记忆功能的电路。

目前作为产品的时钟控制触发器主要有 JK 触发器、D 触发器，利用它们也可以转换成其他功能的触发器。本实验采用 74LS112 双 JK 触发器和 74LS74 双 D 触发器。

图 3-50 是 JK 触发器的逻辑符号及 74LS112 双 JK 触发器引脚图。JK 触发器的 J、K

二输入端必须在 CP 端时钟脉冲的下降沿作用下,才能把触发器置 1 或置 0。而 $\overline{R}_D$、$\overline{S}_D$ 二端可以不受时钟状态的限制,预置触发器的状态。$\overline{R}_D$ 称为直接置 0 端,即在 $\overline{R}_D$ 端加入一个负脉冲,触发器即可复位($Q=0$)。$\overline{S}_D$ 称为直接置 1 端,即在 $\overline{S}_D$ 端加入一个负脉冲,触发器即可置位($Q=1$)。当触发器不需要强制置 0 和置 1 时,$\overline{R}_D$、$\overline{S}_D$ 端都应接高电平。JK 触发器的逻辑功能如表 3-42 所示。

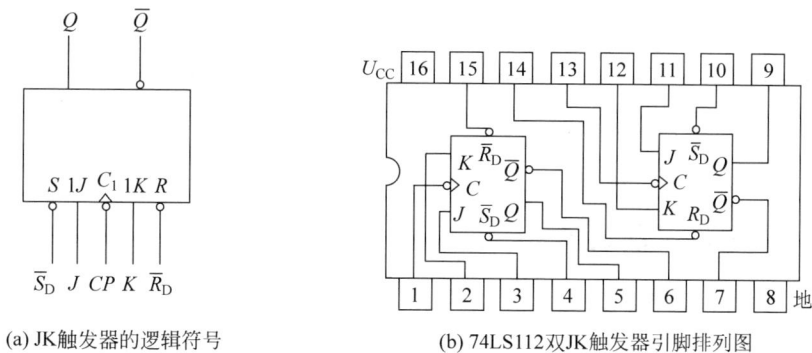

(a) JK触发器的逻辑符号   (b) 74LS112双JK触发器引脚排列图

图 3-50   JK 触发器的逻辑符号及引脚图

表 3-42   JK 触发器逻辑功能表

输　　入					输　　出
$\overline{R}_D$	$\overline{S}_D$	CP	J	K	Q_{n+1}
0	1	×	×	×	0
1	0	×	×	×	1
0	0	×	×	×	不定
1	1	↓	0	0	Q_n
1	1	↓	0	1	0
1	1	↓	1	0	1
1	1	↓	1	1	$\overline{Q}_n$
1	1	↑	×	×	Q_n

图 3-51 是 D 触发器的逻辑符号和 74LS74 双 D 触发器的引脚图,由于其内部电路采用维持阻塞型结构,74LS74 双 D 触发器在时钟脉冲 CP 上升沿触发翻转,表 3-43 为 D 触发器的逻辑功能表。

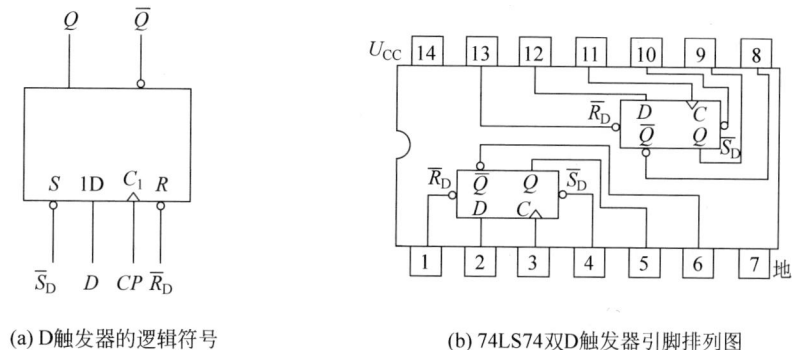

(a) D触发器的逻辑符号   (b) 74LS74双D触发器引脚排列图

图 3-51   D 触发器的逻辑符号及引脚图

表 3-43   D 触发器逻辑功能表

输 入				输 出
$\overline{R}_D$	$\overline{S}_D$	CP	D	Q_{n+1}
0	1	×	×	0
1	0	×	×	1
0	0	×	×	不定
1	1	↑	0	0
1	1	↑	1	1
1	1	↓	×	Q_n

若把 $\overline{Q}$ 和 D 端连接起来，就转换为 T′触发器，CP 端每次接收到一个时钟脉冲，触发器就翻转一次，即 $Q_{n+1}=\overline{Q}_n$，具有计数功能。

3.10.3   实验仪器设备

实验仪器设备见表 3-44。

表 3-44   实验仪器设备

序号	名 称	型 号	数量	备注
1	数字万用表	UT8804N	1 只	
2	实验板		若干	
3	集成与非门	74LS00×2 74LS10×1	共 3 块	
4	集成触发器	74LS74×1 74LS112×1	各 1 块	
6	导线		若干	

3.10.4   预习要求

（1）了解 74LS00、74LS10 集成与非门和 74LS112、74LS74 集成触发器的引脚排列及其逻辑功能。

（2）完成下列填空。

① 若与非门有多余不用的输入端，可以_____或_____。（悬空/接高电平/接低电平）。

② 在正逻辑中，二进制的 1 代表_____（高/低）电平，0 代表_____（高/低）电平。

③ 74LS00 型集成电路是具有_____输入端的与非门，脚 7 是_____端，脚 14是_____端，脚 14 与脚 7 之间的工作电压是_____伏。

④ 74LS112 双 JK 触发器的状态变化是发生在 CP 时钟脉冲的_____（上升沿/下降沿），当 $J=1$，$K=0$ 时，CP 时钟脉冲作用以后，Q 端处于_____（0/1）状态。当 $J=K=1$ 时，CP 时钟脉冲作用后，Q 端处于 $Q_{n+1}=$_____状态。

⑤ 74LS74 型 D 触发器的状态变化是发生在 CP 时钟脉冲的_____（上升沿/下降沿）。当 $D=0$ 时，CP 时钟脉冲到达时，Q 端处于_____状态；当 $D=1$ 时，CP 时钟脉冲到达时，Q 端处于_____状态。

（3）在图 3-49 中标出各与非门输入/输出端的引脚号。

（4）画出用与非门实现异或门、表决电路的逻辑电路图，并标出引脚号。

3.10.5　实验步骤

1. 测试与非门的逻辑功能

与非门的输入端接电平开关(拨动开关),与非门的输出端接状态显示发光二极管,同时用万用表测量输出电平,接通与非门的电源,完成表 3-45 中的内容。

2. 用与非门分别组成与门、或门、异或门,表决电路并测试其逻辑功能

按图 3-49(a)接线,完成表 3-46 内容。

按图 3-49(b)接线,完成表 3-47 内容。

根据式(3-1),画出用与非门实现"异或"的逻辑电路图,按图接线,完成表 3-48 中的内容。

根据式(3-2),画出用与非门实现"表决电路"的逻辑电路图,按图接线,完成表 3-49 中的内容。

表 3-45　与非门逻辑功能

输入端逻辑状态		输出端 Y	
A	B	逻辑状态	电平/V
0	0		
0	1		
1	0		
1	1		

表 3-46　与门逻辑功能

输入端逻辑状态		输出端
A	B	Y
0	0	
0	1	
1	0	
1	1	

表 3-47　或门逻辑功能

输入端逻辑状态		输出端
A	B	Y
0	0	
0	1	
1	0	
1	1	

表 3-48　异或门逻辑功能

输入端逻辑状态		输出端
A	B	Y
0	0	
0	1	
1	0	
1	1	

表 3-49　表决电路逻辑功能

输入端逻辑状态			输出端
A	B	C	Y
0	0	0	
0	0	1	
0	1	0	
0	1	1	
1	0	0	
1	0	1	
1	1	0	
1	1	1	

3. 测试 JK 触发器的逻辑功能

任选 74LS112 型双 JK 触发器中的一只触发器,将 $\overline{R}_D$、$\overline{S}_D$、J、K 端接电平开关(拨动开关),脉冲输入端 CP 接单次脉冲(SINGLE PULSE ⌐),输出端 Q 接发光二极管显示输出端的状态,接通 5V 电源。按表 3-50 的要求,分别输入 0 或 1,按单次脉冲(按下为脉冲的上升沿"↑",松开为脉冲的下降沿"↓","×"为任意),观察输出端 Q 的状态,同时记于表 3-50 中。

表 3-50 JK 触发器逻辑功能

输　　入					输　　出	
$\overline{S}_D$	$\overline{R}_D$	CP	J	K	Q_n	Q_{n+1}
0	1	×	×	×	×	
1	0	×	×	×	×	
1	1	↓	0	0	0	
1	1	↓			1	
1	1	↓	1	0	0	
1	1	↓			1	
1	1	↓	0	1	0	
1	1	↓			1	
1	1	↓	1	1	0	
1	1	↓			1	

4. 测试 D 触发器的逻辑功能

选 74LS74 型双 D 触发器中任一只触发器,步骤同上,测试 D 触发器的逻辑功能。完成表 3-51。

表 3-51 D 触发器逻辑功能

输　　入				输　　出	
$\overline{S}_D$	$\overline{R}_D$	CP	D	Q_n	Q_{n+1}
0	1	×	×	×	
1	0	×	×	×	
1	1	↑	0	0	
1	1	↑		1	
1	1	↑	1	0	
1	1	↑		1	

3.10.6 实验总结

(1) 根据实验结果,分别写出与非门、与门和或门的逻辑功能。

(2) 根据实验结果,说明表决电路的功能,即多数输入端为 0 态,则输出端为_____态;多数输入端为 1 态,则输出端为_____态。

(3) 比较 JK 触发器、D 触发器的触发方式(是电平触发,还是脉冲触发;上升沿触发,还是下降沿触发)。

（4）若用 D 触发器构成 T′触发器，分析 T′触发器 Q 输出端波形的频率与 CP 端脉冲频率的关系，若 CP 端脉冲频率是 1kHz，则 Q 端波形频率是多少？

3.10.7　注意事项

（1）直流电压 U_{CC} 不得超过 5V。

（2）电源电压极性不能接反。

（3）在接线和改接线路时，应首先切断电源。

3.11　计数、译码和显示

3.11.1　实验目的

（1）了解计数器的工作原理。

（2）学习中规模集成计数器逻辑功能的测试及其使用方法。

（3）了解译码器的基本功能和七段数码显示器的工作原理。

（4）学习用复位法实现计数器不同进制的转换。

3.11.2　实验原理简述

1. 计数器

计数器是数字电路系统中一种基本的部件，它能对脉冲进行计数，以实现数字存储、运算和控制。常用的有二进制计数器、十六进制计数器等，计数器根据计数脉冲引入的方式不同，分为同步计数器和异步计数器。按计数过程中计数器数字增减来分，计数器又可分为加法计数器、减法计数器和可逆计数器等。

本实验采用 74LS193 型同步十六进制可逆计数器，它的引脚排列图如图 3-52 所示。

74LS193 型计数器集成块各脚的功能及操作说明如下。

1）置 0（复位或清 0，$Q_D \sim Q_A = 0000$）

R_D 端为置 0 输入端（第 14 脚）。当 R_D 端为高电平 1 时，无论计数器的其他输入端是什么状态，计数器中的所有触发器均 0（$Q_D \sim Q_A = 0000$）。通常在需要置 0 时，通过在 R_D 端加一个正脉冲来实现。

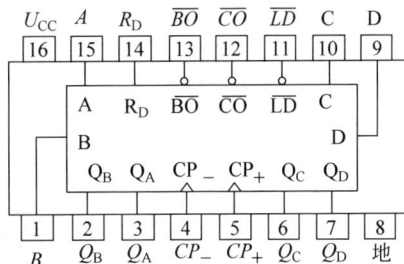

图 3-52　74LS193 型计数器引脚排列图

2）预置数码

$\overline{LD}$ 端为预置数输入控制端（第 11 脚）。A、B、C、D 端为预置数输入端（分别为 A—15 脚、B—1 脚、C—10 脚、D—9 脚）。

当置 0 端 $R_D = 0$（无效），预置数输入控制端 $\overline{LD} = 0$ 时，不管 CP_+ 端和 CP_- 端为何种状态，预置数输入端 A、B、C、D 的信号被置入计数器的 4 个触发器（$Q_A = a$、$Q_B = b$、$Q_C = c$、$Q_D = d$），$\overline{LD}$ 返回高电平 1 时，置入的数码保存在计数器中。同样，在需要预置数码时，在 $\overline{LD}$ 端加一个负脉冲即可。

3）加法计数

CP_+端为加法计数脉冲输入端（第5脚）。当$R_D=0,\overline{LD}=1$都无效，$CP_-=1$为高电平时，计数脉冲从CP_+端输入，当计数脉冲CP_+上升沿到达时，计数器状态按十六进制加1计数，其状态转换图如图3-53所示（图中状态表示$Q_DQ_CQ_BQ_A$）。

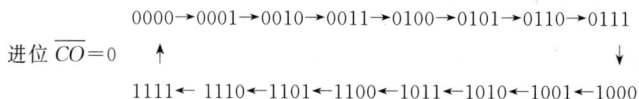

$$0000\rightarrow0001\rightarrow0010\rightarrow0011\rightarrow0100\rightarrow0101\rightarrow0110\rightarrow0111$$

进位$\overline{CO}=0$　↑　　　　　　　　　　　　　　　　　↓

$$1111\leftarrow1110\leftarrow1101\leftarrow1100\leftarrow1011\leftarrow1010\leftarrow1001\leftarrow1000$$

图3-53　74LS193加法计数器状态转换图

计数器状态为15时（即$Q_D\sim Q_A=1111$），进位输出$\overline{CO}=0$，下一个CP_+脉冲上升沿到达时计数器返回0，同时进位输出$\overline{CO}=1$恢复为高电平。波形图如图3-54所示。

4）减法计数

CP_-端为减法计数脉冲输入端（第4脚）。当$R_D=0,\overline{LD}=1$均无效，且$CP_+=1$为高电平时，计数脉冲从CP_-端输入，当计数脉冲CP_-上升沿到达时，计数器状态按十六进制减1计数，计数器状态转换按图3-53作逆方向循环。借位负脉冲在状态由$0000\rightarrow1111$时形成，即借位输出端$\overline{BO}$输出一个负脉冲，波形如图3-55所示。

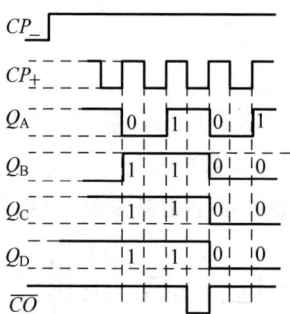

图3-54　加法计数

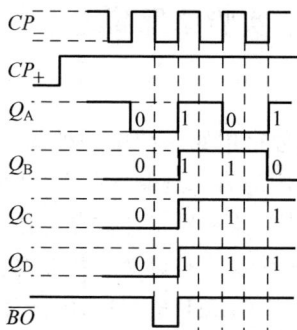

图3-55　减法计数

74LS193型同步十六进制计数器的逻辑功能如表3-52所示。

表3-52　74LS193功能表

复位 R_D	允许预置 $\overline{LD}$	加法时钟 CP_+	减法时钟 CP_-	预置数 D	预置数 C	预置数 B	预置数 A	功能
1	×	×	×	×	×	×	×	清0
0	0	×	×	d	c	b	a	置数
0	1	↑	1	×	×	×	×	加法计数
0	1	↓	1	×	×	×	×	保持
0	1	1	↑	×	×	×	×	减法计数
0	1	1	↓	×	×	×	×	保持
0	1	1	1	×	×	×	×	保持

在实际使用中会需要某一种进制的计数器，如在数字钟电路中，秒计时、分计时用六十进制计数器，时计时采用二十四进制或十二进制计数器。例如在六十进制计数器中，个位数

和十位数分别实现计数。当个位和十位计数器同时计数到 5、9 时,再来一个脉冲输出端应同时复位为 0,并向高位计数器发出进位脉冲。由于常用的集成计数器是采用 4 位二进制码或 BCD 码进行工作,故必须加接外部电路,使集成计数器按照所要求的进制工作。本实验采用复位法转换计数器进制,利用计数器中的复位功能实现 N 进制。如图 3-56 所示为六进制计数器的接法。

2. 译码、显示

计数器将时钟脉冲个数按 4 位二进制数输出,必须通过译码器把这个二进制数码译成适用于七段数码管显示的代码。

本实验采用 74LS48 型 BCD—七段译码器,其引脚排列如图 3-57 所示。其中 A、B、C、D 端为数码输入端。a、b、c、d、e、f、g 端为输出端,以控制数码管的数码显示。

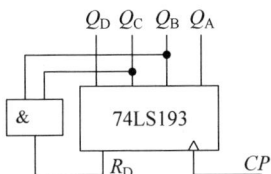

图 3-56　74LS193 构成六进制计数器　　　图 3-57　74LS48 七段译码器/驱动器

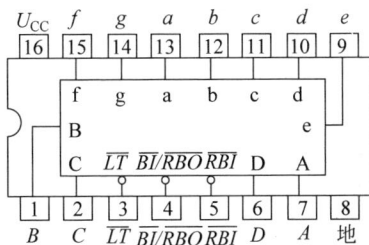

$\overline{BI}/\overline{RBO}$ 是双重功能的端子,既可以作为输入信号端又可作为输出信号端。当它作为输入端时,为灭灯输入端 $\overline{BI}$ 或消隐端,当 $\overline{BI}=0$ 时,无论其他输入端为什么状态,输出端 a、b、c、d、e、f、g 都为低电平,数码管各段都熄灭,字消隐。当它作为输出端时,是灭零输出信号 $\overline{RBO}$。利用这一输出信号可以控制多位显示器灭零。

$\overline{RBI}$ 为灭零输入端。当 $\overline{LT}=1$,$ABCD=0000$ 输入时,$\overline{RBI}=0$,输出端 a、b、c、d、e、f、g 都为低电平,数码管各段都熄灭,即显示器不显示数码"0"。在此同时,灭零输出端 $\overline{RBO}$ 处于响应状态,输出低电平 $\overline{RBO}=0$。

$\overline{LT}$ 为灯测试输入端。当 $\overline{BI}=1$,$\overline{LT}=0$ 时,无论其他输入端为什么状态,输出端 a、b、c、d、e、f、g 都为高电平,数码管各段都被接通,显示器显示数字"8",利用 $\overline{LT}$ 端可以检查显示器是否有故障。

74LS48 译码器的功能表如表 3-53 所示,输出为 1 即为输出高电平,对应段亮;输出为 0 即为输出低电平,对应段灭。

表 3-53　74LS48 功能表

十进数或功能	输入						$\overline{BI}/\overline{RBO}$	输出							显示字符
	$\overline{LT}$	$\overline{RBI}$	D	C	B	A		a	b	c	d	e	f	g	
0	1	1	0	0	0	0	1	1	1	1	1	1	1	0	0
1	1	×	0	0	0	1	1	0	1	1	0	0	0	0	1
2	1	×	0	0	1	0	1	1	1	0	1	1	0	1	2
3	1	×	0	0	1	1	1	1	1	1	1	0	0	1	3
4	1	×	0	1	0	0	1	0	1	1	0	0	1	1	4

续表

十进数或功能	输入						$\overline{BI}/\overline{RBO}$	输出							显示字符
	$\overline{LT}$	$\overline{RBI}$	D	C	B	A		a	b	c	d	e	f	g	
5	1	×	0	1	0	1	1	1	0	1	1	0	1	1	5
6	1	×	0	1	1	0	1	1	0	1	1	1	1	1	6
7	1	×	0	1	1	1	1	1	1	1	0	0	0	0	7
8	1	×	1	0	0	0	1	1	1	1	1	1	1	1	8
9	1	×	1	0	0	1	1	1	1	1	0	1	1	1	9
10	1	×	1	0	1	0	1	0	0	0	1	1	0	1	⊐
11	1	×	1	0	1	1	1	0	0	1	1	0	0	1	⊐
12	1	×	1	1	0	0	1	0	1	0	0	0	1	1	⊔
13	1	×	1	1	0	1	1	1	0	0	1	0	1	1	⊑
14	1	×	1	1	1	0	1	0	0	0	1	1	1	1	⊒
15	1	×	1	1	1	1	1	0	0	0	0	0	0	0	全暗
$\overline{BI}$	×	×	×	×	×	×	0	0	0	0	0	0	0	0	全暗
$\overline{RBI}$	1	0	0	0	0	0	0	0	0	0	0	0	0	0	全暗
$\overline{LT}$	0	×	×	×	×	×	1	1	1	1	1	1	1	1	全亮

常用的显示器有发光二极管（Light Emitting Diode，LED）和液晶显示器（Liquid Crystal Display，LCD）。LED 具有体积小、寿命长、工作电压低、可靠性高等优点，并且可以和集成电路配合使用。同一规格的数码管有共阴极和共阳极两种，本实验采用共阴极七段 LED 数码管，外引线及内部电路结构如图 3-58 所示。

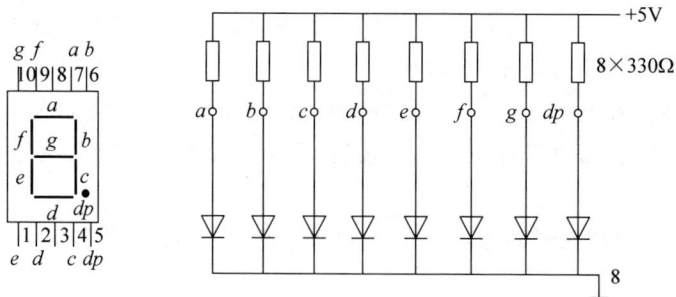

图 3-58　共阴极 LED 数码管

发光二极管的导通电压比一般的二极管高，导通后其两端电阻迅速下降，故使用时要串入限流电阻，以免损坏数码管。

3.11.3　实验仪器设备

实验仪器设备见表 3-54。

表 3-54 实验仪器设备

序号	名　　　称	型　号	数量	备注
1	数字万用表	UT8804N	1只	
2	实验模块	SBL	若干	
3	集成计数器	74LS193	1块	
4	十进制译码器	74LS48	1块	
5	集成与非门	74LS00	1块	

3.11.4 预习要求

（1）复习有关计数器、译码器、显示器的工作原理，以及 74LS193 型计数器、74LS48 型译码器的逻辑功能及各集成块外引线的排列和操作。

（2）完成以下自测题。

① 当 74LS193 计数器进行加计数时，R_D 端应接_____（0/1），$\overline{LD}$ 端应接_____（0/1），CP_- 端应接_____（0/1），计数脉冲从_____端输入。

② 当 74LS193 计数器进行减计数时，R_D 端应接_____（0/1），$\overline{LD}$ 端应接_____（0/1），CP_+ 端应接_____（0/1），计数脉冲从_____端输入。

③ 当 74LS48 译码器处于译码状态时，$\overline{BI}$ 端应接_____（0/1），$\overline{LT}$ 端应接_____（0/1），$\overline{RBI}$ 端应接_____（0/1），数码从_____端输入。

（3）在实验室提供与非门的情况下，画出 3.11.5 实验步骤（3）中所要求的六进制计数器的电路图。

（4）在实验室提供与非门的情况下，画出 3.11.5 实验步骤（4）中所要求的十进制计数器的电路图，并参照表 3-57 画出十进制计数器的计数功能表。

（5）分别用两块 74LS193 计数器设计出六十进制、二十四进制计数器（考虑如何实现向高位进位。实验室另提供两块 74LS00 二输入端四与非门），并画出实际接线图。

3.11.5 实验步骤

（1）检查 74LS48 译码器、数码管的功能。

将拨码开关的输出（1、2、4、8）分别接入译码器 74LS48 的输入端（A、B、C、D）。译码器 74LS48 的输出（a、b、c、d、e、f、g）接数码管，接通 +5V 电源，拨动拨码开关，观察数码管显示的字符是否与输入数码相同。

（2）测试 74LS193 计数器的逻辑功能。

① 测试置"0"功能和预置数功能。

将 74LS193 预置数输入端 D、C、B、A 分别接逻辑开关，使 $DCBA=1001$，输出端 Q_A、Q_B、Q_C、Q_D 接状态显示发光二极管，按表 3-55 的要求，分别在置 0 端（R_D 端）和预置数控制端（$\overline{LD}$ 端）加入高、低电平，记录输出端 Q_A、Q_B、Q_C、Q_D 的状态，完成表 3-55 的内容。发光二极管亮，表示输出高电平；发光二极管灭，表示输出低电平。

表 3-55　计数器的置 0 功能和预置数功能

R_D	$\overline{LD}$	Q_D	Q_C	Q_B	Q_A
0	0				
	1				
1	0				
	1				

② 测试计数功能。

将 74LS193 的输出端 Q_A、Q_B、Q_C、Q_D 接状态显示发光二极管，置 0 端 $R_D=0$，预置数控制端 $\overline{LD}=1$，$CP_-=1$，清零后，在 CP_+ 端加入手动单次脉冲，将结果记录在表 3-56 中。

表 3-56　计数器的计数功能

CP	Q_D	Q_C	Q_B	Q_A
0	0	0	0	0
1				
2				
3				
4				
5				
6				
7				
8				
9				
10				
11				
12				
13				
14				
15				
16				

（3）用复位法将 74LS193 计数器接成六进制计数器，并与译码器 74LS48 相连，译码器 74LS48 的输出接数码管，清零后，在 CP_+ 端输入单次脉冲，观察输出情况（电路请读者自行设计）。将结果记录在表 3-57 中。

六进制计数器的设计与测试

表 3-57　六进制计数器的计数功能

CP	显　示　值	CP	显　示　值
0	0	4	
1		5	
2		6	
3		7	

（4）用复位法将 74LS193 计数器接成十进制计数器并与译码器 74LS48 相连，译码器 74LS48 的输出接数码管，清零后，在 CP_+ 端输入单次脉冲，观察计数情况（电路和表格请读者自行设计）。

3.11.6 实验总结

（1）总结74LS193同步计数器的特点。
（2）总结计数器不同进制的转换方法，找出规律。
（3）整理实验数据。

3.11.7 注意事项

（1）各集成块的电源 U_{CC} 不得超过5V，极性不能接反。
（2）在接线和改接线路时，应切断电源后进行。
（3）不得擅自拔出集成块。

3.12 序列信号发生电路的设计

3.12.1 实验目的

（1）了解序列信号发生电路的设计方法。
（2）了解同步二进制加法计数器的工作原理。
（3）理解用复位法、清零法实现计数器不同进制的转换。
（4）巩固组合逻辑电路的设计方法。

3.12.2 实验原理简述

1. 序列信号发生电路

按一定规律排列的周期性串行数字信号称为序列信号。产生序列信号的电路称为序列信号发生电路。序列信号通常可以利用计数器和组合逻辑电路、计数器和数据选择器、移位寄存器等产生。本实验主要利用计数器和组合逻辑电路来生成序列信号。

2. 74LS161同步计数器

74LS161是4位同步二进制加法计数器，具有同步置数、异步清零和保持等功能。其引脚配置如图3-59所示，逻辑符号如图3-60所示。

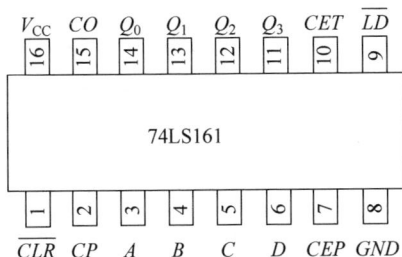

图3-59 74LS161引脚图

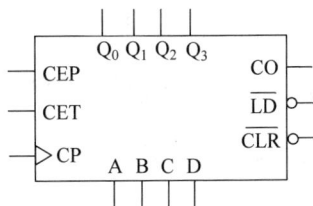

图3-60 74LS161逻辑符号

图3-59中 CP 为时钟信号，上升沿有效；$\overline{CLR}$ 为异步清零端；CO 为进位输出；$\overline{LD}$ 为同步置数端；CEP、CET 为使能端；D、C、B、A（D 为高位）为数据并行输入端；$Q_3 \sim Q_0$

（Q_3 为高位）为数据并行输出端。

74LS161 的主要逻辑功能简介如下。

1）同步置数

当 $\overline{LD}=0$ 时，在 CP 脉冲的上升沿，预置数输入端 A、B、C、D 的信号被置入计数器的 4 个触发器，即 $Q_3Q_2Q_1Q_0=DCBA$（Q_3、D 为高位），实现置数操作。由于这个置数操作是在时钟信号 CP 的上升沿完成的，与时钟信号 CP 有关，因此称为同步置数。又由于 4 位数据是同时置入的，因此称为并行置数。

2）异步清零

当 $\overline{CLR}=0$ 时（$\overline{CLR}$ 引脚有时也标为 $\overline{R_D}$ 或 $\overline{CR}$），无论其他控制端的状态如何，计数器的输出端 $Q_3Q_2Q_1Q_0$ 都会被立刻清零。这个清零操作与时钟信号 CP 无关，因此称为异步清零。

3）保持

在 $\overline{CLR}=\overline{LD}=1$ 时，如果 $CEP \cdot CET=0$，在时钟信号 CP 作用时，计数器的输出状态保持不变，计数器工作在保持状态。

4）同步计数

在 $\overline{CLR}=\overline{LD}=1$ 且 $CEP=CET=1$ 时，在时钟信号 CP 的上升沿到来时，计数器加 1。计数器工作在计数状态。

74LS161 的逻辑功能如表 3-58 所示。

表 3-58　74LS161 逻辑功能表

$\overline{CLR}$	$\overline{LD}$	CET	CEP	CP	D	C	B	A	Q_3	Q_2	Q_1	Q_0
0	×	×	×	×	×	×	×	×	0	0	0	0
1	0	×	×	↑	d_3	d_2	d_1	d_0	d_3	d_2	d_1	d_0
1	1	1	1	↑	×	×	×	×	计数			
1	1	0	×	×	×	×	×	×	保持			
1	1	×	0	×	×	×	×	×	保持			

利用同步置数和异步清零的功能，74LS161 可构成小于或等于十六进制的任意进制计数器。详见教材的相关内容。

3. 基本集成门电路

TTL 与非门是最常用的一种集成门电路，74LS00 是二输入端四与非门，74LS20 是四输入端二与非门。用与非门还可以组成其他逻辑电路。详见 3.10 节的实验原理简述。

3.12.3　实验仪器设备

实验仪器设备见表 3-59。

表 3-59　实验仪器设备

序号	名　称	型　号	数量	备　注
1	数字万用表	UT8804N	1 台	
2	函数信号发生器	UTG7025B	1 台	

序号	名　称	型　号	数量	备　注
3	双踪示波器	UPO8152Z	1台	
4	实验板	SBL	若干	
5	集成计数器	74LS161	1块	
6	集成与非门	74LS00,74LS20	各1块	

3.12.4 预习要求

(1) 复习有关计数器、组合逻辑电路的工作原理,以及74LS161型计数器、74LS00、74LS20集成门电路的逻辑功能及各集成块引脚排列和功能。

(2) 74LS161工作在计数状态时,$CET = CEP =$ _____ (0/1),$\overline{CLR} = \overline{LD} =$ _____ (0/1)。

(3) 画出基于74LS161计数器和相应门电路构成的,利用同步置数功能实现的十二进制计数器的原理图。

(4) 画出基于74LS161计数器和相应门电路构成的,利用异步清零功能实现的十二进制计数器的原理图。

3.12.5 实验步骤

本实验要求在只使用1片74LS161、1片74LS00和1片74LS20的前提下,设计能产生3路序列信号的序列信号发生器,原理框图如图3-61所示。

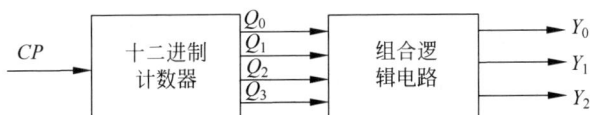

图 3-61　实验原理框图

组合逻辑电路的输出 Y_0、Y_1、Y_2 与输入 $Q_3Q_2Q_1Q_0$ 之间的关系满足

$$Y_0 = Q_3 Q_1 Q_0$$

$$Y_1 = \overline{Q_3}$$

$$Y_2 = Q_3 \overline{Q_1} Q_0$$

(1) 用74LS161设计十二进制计数器。

利用74LS161同步置数或异步清零的功能,设计一个十二进制计数器。计数器的原理框图如图3-62所示,画出实验连线图。

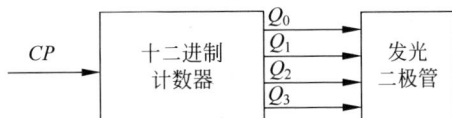

图 3-62　计数器的原理框图

将 74LS161 的 $\overline{CLR}$、$\overline{LD}$、CET、CEP 端接电平开关（拨动开关），脉冲输入端 CP 接单次脉冲（SINGLE PULSE），输出端 $Q_3Q_2Q_1Q_0$ 接发光二极管，用来指示输出端的状态，接通 5V 电源。按单次脉冲（按下为脉冲的上升沿"↑"，松开为脉冲的下降沿"↓"。"×"为任意），观察输出端 $Q_3Q_2Q_1Q_0$ 的状态，记于表 3-60 中。

表 3-60　十二进制计数器的逻辑功能

输　入			输　出			
$\overline{CLR}$、$\overline{LD}$	CET、CEP	CP	Q_3	Q_2	Q_1	Q_0
$\overline{CLR}=0$，$\overline{LD}=X$	$CET=X$，$CEP=X$	0	0	0	0	0
$\overline{CLR}=1$ $\overline{LD}=1$	$CET=1$ $CEP=1$	1				
		2				
		3				
		4				
		5				
		6				
		7				
		8				
		9				
		10				
		11				
		12				
		13				
		14				

（2）设计一组合逻辑电路，使得输出 Y_0、Y_1、Y_2 与输入 $Q_3Q_2Q_1Q_0$ 之间的关系满足

$$Y_0 = Q_3Q_1Q_0, \quad Y_1 = \overline{Q_3}, \quad Y_2 = Q_3\overline{Q_1}Q_0$$

拆除步骤（1）中的发光二极管，把计数器的输出端接到组合逻辑电路的输入端。设置函数信号发生器的参数，使其输出频率为 1kHz、幅值为 5V、直流偏置为 2.5V 的方波信号，作为 74LS161 的时钟信号。拆除步骤（1）中 CP 端与电平开关的连线，把函数信号发生器的输出接到 CP 端和地，如图 3-61 所示。用示波器观察 CP 与 Y_0、Y_0 与 Y_1、Y_1 与 Y_2 的波形。把观察到的波形记录在图 3-63 中（可先拍照记录，再画图）。

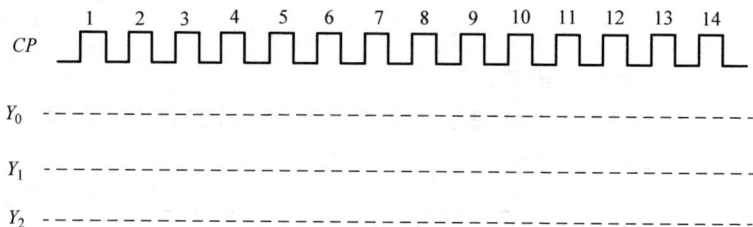

图 3-63　组合电路的输出波形

3.12.6　实验总结

（1）总结 74LS161 同步计数器的特点。

（2）利用 74LS161 同步置数或异步清零的功能实现十二进制计数在接线上有什么区别？

（3）如果要使 Y_0 高电平的脉冲宽度刚好为 0.5s，则 CP 脉冲的频率应为多少？

（4）用示波器可以有哪些方法测量信号的周期？

（5）整理实验数据。

3.12.7　注意事项

（1）各集成块的电源 U_{CC} 不得超过 5V，极性不能接反。

（2）在接线和改接线路时，应切断电源后进行。

（3）不得擅自拔出集成块。

3.13　移位寄存器的应用

3.13.1　实验目的

（1）了解移位寄存器的工作原理。

（2）了解数据选择器的工作原理。

（3）了解 74LS194 移位寄存器和 74LS153 数据选择器的功能。

（4）了解用移位寄存器和数据选择器设计序列信号发生电路的方法。

3.13.2　实验原理简述

1. 74LS194 移位寄存器

74LS194 是双向移位寄存器，在时钟信号的作用下，它能实现数据的左移或右移。同时它还具有清零、保持和置数等功能。图 3-64 是双向移位寄存器 74LS194 的引脚排列图和逻辑功能示意图。

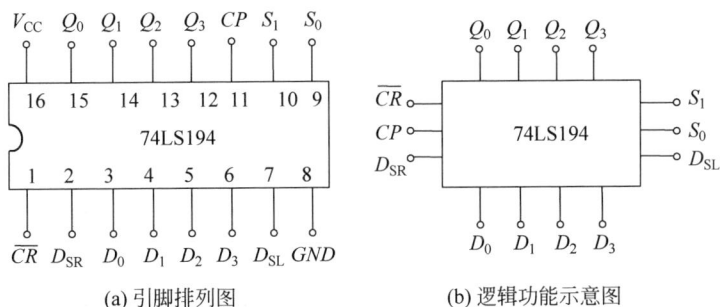

(a) 引脚排列图　　(b) 逻辑功能示意图

图 3-64　74LS194 的引脚排列图和逻辑功能示意图

在图 3-64 中，CP 为时钟信号，上升沿有效；$\overline{CR}$ 为异步清零端，当 $\overline{CR}=0$ 时，输出端的数据被立即清零，与时钟信号 CP 无关；D_{SL} 为数据左移串行输入端；D_{SR} 为数据右移串行输入端；S_1、S_0 为移位寄存器工作状态控制端；$D_3 \sim D_0$ 为数据并行输入端；$Q_3 \sim Q_0$ 为数据并行输出端。

74LS194 双向移位寄存器在 S_1、S_0 以及 $\overline{CR}$ 的控制下，分别实现不同的功能。表 3-61

是 74LS194 的功能表。

表 3-61　74LS194 功能表

输　　入										输　　出				功能
$\overline{CR}$	S_1	S_0	CP	D_{RS}	D_{SL}	D_3	D_2	D_1	D_0	Q_3	Q_2	Q_1	Q_0	
0	×	×	×	×	×	×	×	×	×	0	0	0	0	清零
1	0	0	×	×	×	×	×	×	×	Q_3	Q_2	Q_1	Q_0	保持
1	0	1	↑	A	×	×	×	×	×	Q_2	Q_1	Q_0	A	右移
1	1	0	↑	×	B	×	×	×	×	B	Q_3	Q_2	Q_1	左移
1	1	1	↑	×	×	d_3	d_2	d_1	d_0	d_3	d_2	d_1	d_0	置数

注：左移方向为 $Q_3 \to Q_0$，右移方向为 $Q_0 \to Q_3$。

2. 74LS153 数据选择器

74LS153 是双 4 选 1 数据选择器。它具有两个 4 选 1 数据选择器。引脚排列如图 3-65 所示，功能如表 3-62 所示。

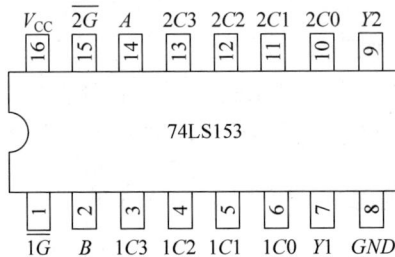

图 3-65　74LS153 引脚排列图

表 3-62　74LS153 功能表

选通输入	选择输入		输　　出
$\overline{G}$	B	A	Y
1	×	×	0
0	0	0	$Y=C0$
0	0	1	$Y=C1$
0	1	0	$Y=C2$
0	1	1	$Y=C3$

74LS153 各引脚的功能简介如下。

$\overline{1G}$、$\overline{2G}$ 为两个独立的使能端；A、B 为公用的地址输入端；$1C0 \sim 1C3$ 和 $2C0 \sim 2C3$ 分别为两个 4 选 1 数据选择器的数据输入端；$Y1$、$Y2$ 为两个输出端。

① 当使能端 $\overline{1G}(\overline{2G})=1$ 时，多路开关被禁止，输出为零，$Y=0$。

② 当使能端 $\overline{1G}(\overline{2G})=0$ 时，多路开关正常工作，根据地址码 B、A 的状态，将相应的数据 $C0 \sim C3$ 送到输出端 Y。

例如，$BA=00$ 则选择 $C0$ 数据到输出端，即 $Y=C0$。$BA=01$ 则选择 $C1$ 数据到输出端，即 $Y=C1$，其余类推。

注意：集成芯片控制端接低电平时可以直接接地，接高电平时需要通过电阻再接到电源。

3. 基于移位寄存器的序列信号发生器

基于移位寄存器和组合反馈网络可构成反馈移位型序列信号发生器,在移位寄存器的某一输出端可以输出周期性的序列信号。其结构框图如图 3-66 所示。

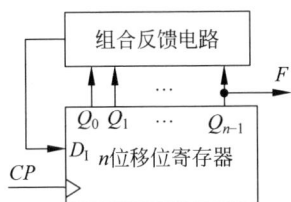

以产生序列信号 01011 为例,设计基于移位寄存器序列信号发生电路的步骤如下。

(1) 确定位数和状态。

将给定的序列码按照移位规律划分为 n 位一组的 M 个状态,若这 M 个状态中有重复的状态,则应增加移位寄存器的位数,用 $(n+1)$ 位一组划分 M 个状态,重复上述过程,直到划分为 M 个不重复的状态为止。

图 3-66 反馈移位型序列信号发生电路结构框图

如将序列码 01011 按 3 位一组划分为 5 个状态:010、101、011、110、101。其中有两个状态重复,因此,应增加移位寄存器的位数,按 4 位一组重新划分为 5 个状态:0101、1011、0110、1101、1010。状态转换图如图 3-67 所示。

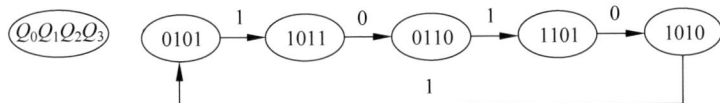

图 3-67 状态转换图

(2) 根据确定的状态,列出移位寄存器的状态表。

根据上述 5 个状态列出移位寄存器的状态表,如表 3-63 所示。表中列出了 5 个有效状态,其余可认为是无关项。

表 3-63 状态表

Q_0	Q_1	Q_2	Q_3	F
0	1	0	1	1
1	0	1	1	0
0	1	1	0	1
1	1	0	1	0
1	0	1	0	1

(3) 写出反馈函数并化简。

根据状态表,可以写出反馈函数的逻辑表达式,化简得到

$$F = \overline{Q_0 Q_3}$$

(4) 画逻辑电路图,如图 3-68 所示。

根据逻辑电路图,可以画出完整的状态转换图(请读者自行画出),根据状态图可以分析出该电路能自起动。

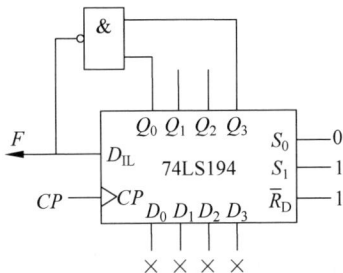

图 3-68 逻辑电路图

3.13.3　实验仪器设备

实验仪器设备见表 3-64。

表 3-64　实验仪器设备

序号	名　　称	型　　号	数量	备　　注
1	函数信号发生器	UTG7025B	1 台	
2	双踪示波器	UPO8152Z	1 台	
3	实验板	SBL	若干	
4	数据选择器	74LS153	1 块	
5	移位寄存器	74LS194	1 块	
6	集成与非门	74LS00	1 块	

3.13.4　预习要求

（1）复习有关移位寄存器、数据选择器电路的工作原理。

（2）了解 74LS153 型数据选择器、74LS194 双向移位寄存器的逻辑功能及各集成芯片的引脚排列和功能。

（3）画出 00011101 序列信号发生器的状态转换图。

（4）画出基于 74LS153、74LS194 以及 74LS00 的 00011101 序列信号发生电路原理图。

3.13.5　实验步骤

本实验要求使用 74LS153、74LS194 和 74LS00，设计能输出 00011101 的序列信号发生器。

（1）根据给定序列信号确定移位寄存器的位数 n。

（2）确定移位寄存器的 M 个独立状态。画出状态转换图。

（3）根据 M 个不同状态列出移位寄存器的状态表，写出状态方程。

（4）采用 74LS194、74LS153、74LS00 画出序列信号发生器的逻辑图，标明引脚号。

（5）连接电路，CP 端从信号发生器输入频率为 1kHz、幅值为 5V、直流偏置为 2.5V 的方波信号，用示波器同时观测 CP 时钟和输出 F 的信号，将波形图绘制在图 3-69 上，并标明信号的时间和幅值。

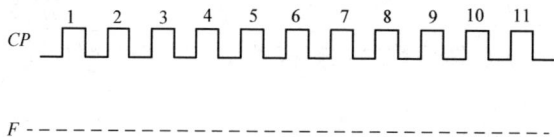

图 3-69　序列信号发生器的输出波形

3.13.6　实验总结

（1）总结 74LS153 数据选择器、74LS194 双向移位寄存器的特点。

（2）总结根据序列信号确定循环长度 M 和移位寄存器位数 n 的方法。

(3) 在这个实验中,如果不用数据选择器,是否可以用其他方法实现同样的功能。

3.13.7 注意事项

(1) 各集成块的电源 U_{CC} 不得超过 5V,极性不能接反。

(2) 在接线和改接线路时,应切断电源后进行。

(3) 不得擅自拔出集成块。

3.14 可控硅调光电路

3.14.1 实验目的

(1) 了解晶闸管和单结晶体管的特性并学会简易测试方法。

(2) 了解单结晶体管触发电路与调试方法。

(3) 了解由晶闸管构成的调光电路的结构和工作原理。加深理解晶闸管、单结晶体管的应用。

3.14.2 实验原理简述

1. 晶闸管的导通和阻断

晶闸管(可控硅)是一种可控的单向导电元件,是一种具有 3 个 PN 结的 4 层结构的半导体器件,其结构示意图和符号如图 3-70 所示,3 个电极分别为阳极 A、阴极 K 和控制极 G。

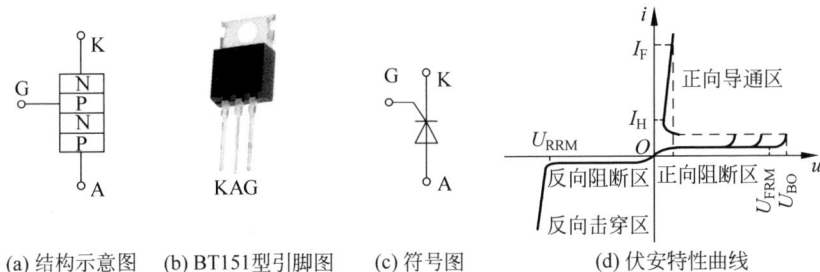

(a) 结构示意图 (b) BT151型引脚图 (c) 符号图 (d) 伏安特性曲线

图 3-70 晶闸管

图 3-70(a)~图 3-70(c)为晶闸管的结构图、引脚排列及电路符号。

晶闸管从阻断状态转为导通状态必须具备两个条件:阳极 A 与阴极 K 之间加正向电压;控制极 G 与阴极 K 之间加正向电压。晶闸管导通后,控制极就失去作用,这时去掉或重复供给控制电压都不会影响晶闸管的继续导通。所以当阳极与阴极之间加正向电压时,只要在控制极上加一个短时存在的正向脉冲电压,就可触发晶闸管导通。晶闸管的伏安特性曲线如图 3-70(d)所示。

晶闸管从导通转为阻断的条件是:流过晶闸管的正向电流小于晶闸管的维持电流 I_H。

2. 可控整流电路

可控整流电路是将交流电变换为电压大小可以调节的直流电的电路,通常由主电路和触发电路两部分组成。图 3-71 是单相半波可控整流电路的主电路，它与普通的不可控半波整流电路的差别在于用一个晶闸管代替了原来的二极管。触发电压 u_g 由单结晶体管触发电路供给。改变触发电压 u_g 的相位，即改变控制角 α 的大小，就可以改变晶闸管的导通时刻，从而改变了输出直流电压 U_L 的值。图 3-72 是在纯电阻性负载时各部分的电压及负载电流的波形。在单相半波可控整流的情况下，U_L 可由下式计算：

$$U_L = 0.45U_2 \frac{1+\cos\alpha}{2}$$

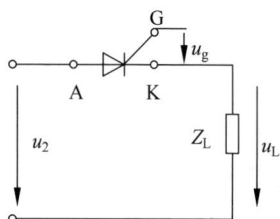

图 3-71　单相半波可控整流电路

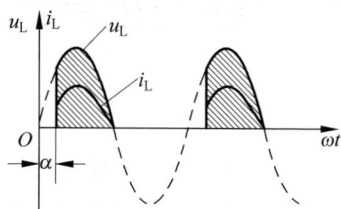

图 3-72　纯电阻性负载时负载电压和电流的波形图

3. 单结晶体管

单结晶体管又称为双基极二极管，它有两个基极（第一基极 B_1、第二基极 B_2）和一个发射极 E。如图 3-73 所示是单结晶体管的外形、符号、等效电路和伏安特性曲线图。

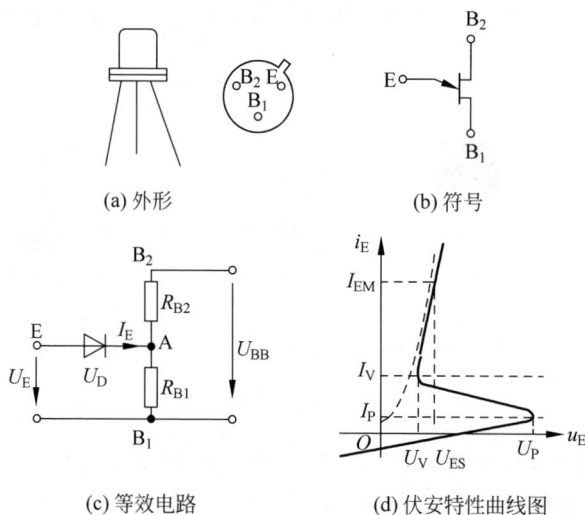

(a) 外形

(b) 符号

(c) 等效电路

(d) 伏安特性曲线图

图 3-73　单结晶体管

单结晶体管的伏安特性曲线是指在基极 B_2、B_1 间加一个恒定电压 U_{BB} 时（B_2 接正，B_1 接负），发射极电流 i_E 与电压 u_E 的关系曲线，如图 3-73(d)所示，U_P 为峰点电压，只有当电压 u_E 到达峰点电压时，单结晶体管才能导通；导通后，当电压 u_E 下降到小于谷点电压 U_V 后，单结晶体管又恢复截止。

在 B_2、B_1 间加一个恒定电压 U_{BB}，由于两基极电阻的分压，使 R_{B1} 上有一个固定电压，

其值为

$$U_A = \frac{R_{B1}}{R_{B1} + R_{B2}} U_{BB} = U_{BB} \cdot \eta$$

式中，$\eta = \dfrac{R_{B1}}{R_{B1} + R_{B2}}$，称为分压比，其值与管子的结构有关，一般为 $0.5 \sim 0.9$。对一定的管子来说，η 是一个常数。

发射极电压 $U_E = U_A + U_D = U_{BB} \cdot \eta + U_D$，只有当 $U_E = U_P$ 时，单结晶体管才能导通，这时 E 极与 B_1 极间是低电阻状态，硅片电阻 R_{B1} 急剧减小，致使分压比 η 减小。这时，I_E 增加，R_{B1} 变得更小，A 点电位更低，PN 结要求维持导通的电压 $U_E = U_{BB} \cdot \eta + U_D$ 也随之下降。这种随着电流 I_E 增加，电压 U_E 反而下降的特性叫负阻特性。当 $U_E < U_V$（U_V 为谷点电压）时，单结晶体管才会截止。

单结管的 E 极与 B_1 极，E 极与 B_2 极间都相当于一个二极管。而 B_1 和 B_2 极间相当于一个固定电阻（阻值为 $2 \sim 15\text{k}\Omega$）。由于 E 极与 B_2 极间距离较近，所以它们之间的正向电阻小于 E 和 B_1 极间电阻。这样，可以用万用表电阻挡（$R \times 100$、$R \times 1\text{k}$）来识别单结管的 3 个引脚。

4. 单结晶体管触发电路

在图 3-74 中，电压 u_2 经整流和削波电路后的梯形电压 u_Z 经电阻 R_W 向电容 C 充电。当电容电压 u_C 升至单结晶体管的峰点电压时，单结晶体管导通，电容 C 经发射极 E 和第一基极 B_1 向电阻 R_3 放电。当电容电压 u_C 降到单结晶体管的谷点电压时，单结晶体管截止，从而在 R_3 上形成一个正向脉冲电压 u_g，此时梯形波电压再次经 R_W 向 C 充电，重复上述过程。改变 R_W 的值即可改变充电的速度，也就是改变每个半周中出现第 1 个脉冲的时刻，从而改变晶闸管开始导通的时间。R_W 的值越小，充电越快，出现第 1 个脉冲的时刻越早，即控制角 α 越小。

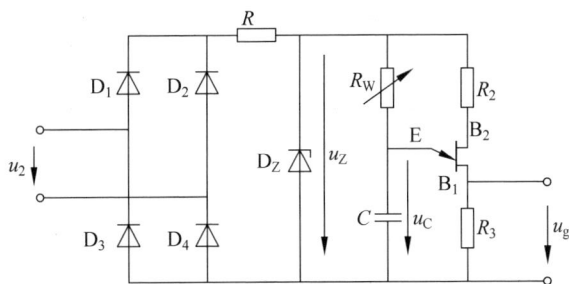

图 3-74　单结晶体管触发电路

实验电路如图 3-75 所示，220V 的交流电经变压器，在副边绕组得到 $U_2 = 12\text{V}$ 电压作为桥式整流电路的输入电压，主电路与触发电路由同一个整流电源 u_0 供电。白炽灯作为电阻性负载串接在晶闸管主电路。晶闸管导通所需的触发脉冲由单结晶体管触发电路供给，全波整流电压 u_0 经稳压管削波后，得到一个梯形波 u_Z，作为单结晶体管电路的同步电源。当交流电源电压过零时，u_Z 也过零，使电容端电压 u_C 每次都从电源电压过零时，从零开始充电，从而保证了触发电路与主电路之间的同步关系。

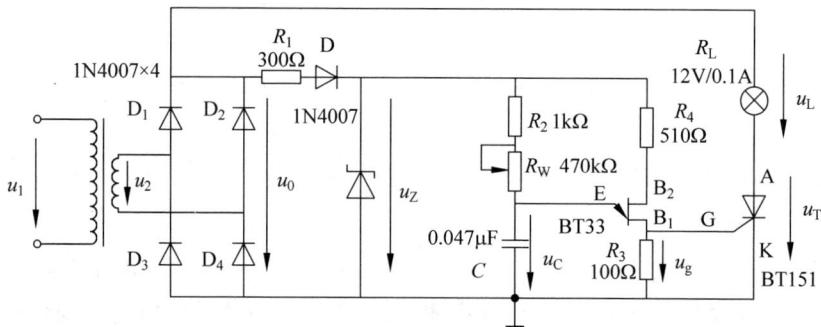

图 3-75　可控调光电路图

3.14.3　实验仪器设备

实验所需的仪器设备如表 3-65 所示。做实验时请仔细观察各仪器的面板，了解各开关、旋钮的作用。

表 3-65　实验仪器设备

序号	名　称	型 号 规 格	数量	备注
1	双踪示波器	UPO8152Z	1	
2	数字万用表	UT8804N	1	
3	电源变压器	0～25V 可调	1	
4	二极管	1N4007	5	
5	稳压二极管	9.1V	1	
6	电容	0.047μF	1	
7	电阻	100Ω/2W,300Ω/1W,510Ω/2W,1kΩ/1W	4	
8	电位器	470kΩ	1	
9	可控硅	BT151	1	
10	单结晶体管	BT33	1	
11	白炽灯	12V/0.1A	1	
12	9 孔插件方板	297mm×300mm	1	
13	导线、短接桥	P8-1 和 50148	若干	

3.14.4　预习要求

要求复习晶闸管及单相半波可控整流的工作原理。

（1）晶闸管从阻断转为导通的条件是阳极与阴极间加_____电压，控制极与阴极间加_____电压。晶闸管导通后，_____极就失去了作用。

（2）要使晶闸管阻断，必须把正向阳极电流降低到晶闸管的_____以下。

（3）晶闸管与晶体二极管都具_____性能，但晶闸管的导通受其_____极控制，它_____（具有/不具有）阳极电流随控制极电流成正比例增大的特性。

（4）当加在单结晶体管发射极的电压 $U_E=$_____时，单结晶体管才导通。像单结晶体管这样随着电流 I_E 增加、电压 U_E 反而下降的特性称为_____特性。

（5）如图 3-75 所示实验电路中，主电路和触发电路由同一电源供电，所以每当电路的交流电源电压过零值时，电压 u_Z 也过零值，两者_____。

（6）如图 3-75 所示实验电路中，当 R_W 减小时，电容器 C 充电变_____（快/慢），α 角变_____（大/小），使晶闸管的导通角变_____（大/小），输出直流电压也变_____（大/小）。

3.14.5　实验步骤

（1）用万用表测试单结晶体管和晶闸管，并判别其是否完好。

用万用表的二极管挡，测量单结晶体管发射结 E 与两个基极之间的正反向电阻，记入表 3-66 中。

表 3-66　单结晶体管发射结 E 与两个基极之间的正反向电阻

R_{EB1}/Ω	R_{EB2}/Ω	R_{B1E}/Ω	$R_{B2E}/k\Omega$	结论

用万用表的二极管挡，测量晶闸管 A-K、A-G 之间的正反向电阻以及 G-K 之间的正反向电阻，记入表 3-67 中。

表 3-67　晶闸管 A-K、A-G 之间的正反向电阻以及 G-K 之间的正反向电阻

$R_{AK}/k\Omega$	$R_{KA}/k\Omega$	$R_{AG}/k\Omega$	$R_{GA}/k\Omega$	$R_{GK}/k\Omega$	$R_{KG}/k\Omega$	结论

（2）根据图 3-75 连接电路，经检查无误后接通电源，观察触发电路各点的波形。

① 触发电路接入交流电压 u_2，把电位器 R_W 调到最小处（白炽灯最亮），用示波器观察 u_o、u_Z、u_C、u_g 的波形并绘在图 3-76 中（标注时间和幅值）。

② 调节 R_W，观察 u_C、u_g 波形的变化，并与上述波形作比较。

（3）观察主电路带电阻性负载各部分的电压波形。

① 主电路负载用白炽灯泡，接入交流电压 u_2 后测量 U_2 值，晶闸管控制极 G 接上触发脉冲 u_g 后，把电位器 R_W 调到最小，用示波器观察交流输入电压 u_2、晶闸管压降 u_T、输出电压 u_L 的波形，并绘在图 3-77 中（标注时间和幅值）。

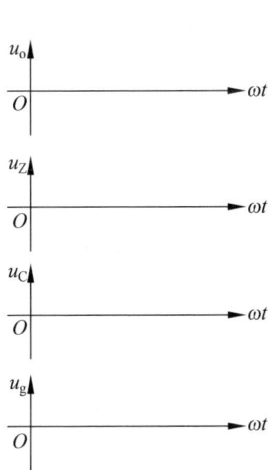

图 3-76　触发电路各点波形

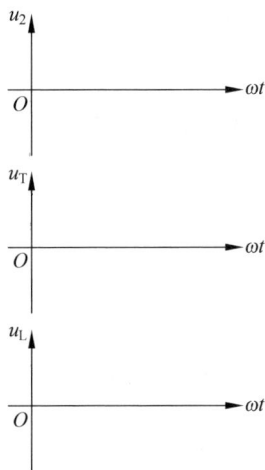

图 3-77　主电路各部分电压波形

② 调节 R_W，观察白炽灯亮度的变化以及 u_T 和 u_L 波形的变化，同时用万用表测量负载电压 U_L，并计算相应的控制角 α，记入表 3-68 中。

表 3-68　负载电压 U_L 及控制角 α

测试条件 ＼ 测试项目		灯 泡 亮 度	U_L/V	$\alpha/(°)$
$U_2 =$ /V	R_W 最小			
	R_W 适中			
	R_W 最大			

3.14.6　实验总结

(1) 根据所测的波形，说明如何改变晶闸管的控制角 α。

(2) 在单结晶体管触发电路中，直接用直流稳压电源代替桥式整流给稳压管限幅供电行不行？为什么？

3.14.7　注意事项

(1) 在实验操作过程中，注意安全。

(2) 在接线和改接线路时，应先切断电源。

3.15　自动开启延时照明电路

3.15.1　实验目的

(1) 熟悉常用电子元器件、集成定时器并学会合理选用。

(2) 提高电路布局、布线以及检查和排除故障的能力。

(3) 培养正确选择与运用测试仪器对系统进行正确测试的能力。

(4) 学习电子电路的分析和设计方法。

3.15.2　实验原理简述

1. 集成定时器

集成定时器是一种模拟电路和数字电路相结合的中规模集成电路，只要外接适当的电阻、电容等元件，可方便地构成单稳态触发器、多谐振荡器、施密特触发器等脉冲产生电路或波形变换电路。定时器有双极型和 CMOS 两大类，其结构和工作原理基本相似。通常双极性定时器具有较大的驱动能力，而 CMOS 定时器具有功耗低、输入阻抗高等优点。国产定时器 5G1555 与国外的 555 定时器类同，可互换使用。图 3-78(a) 和图 3-78(b) 为集成定时器内部逻辑图及引脚图。如表 3-69 所示为各引脚名称及功能。

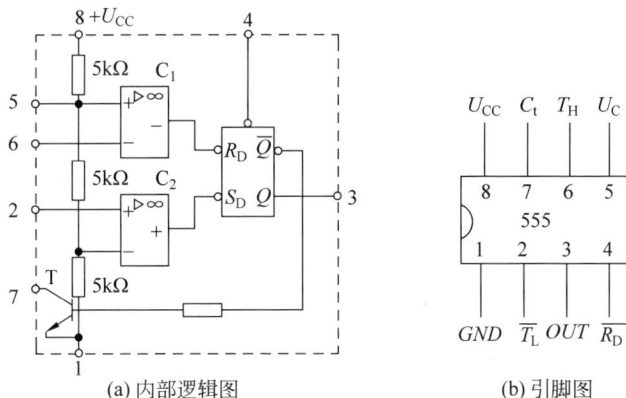

(a) 内部逻辑图　　　　　(b) 引脚图

图 3-78　集成定时器内部逻辑图及引脚图

表 3-69　集成定时器各引脚名称及功能

编号	1	2	3	4	5	6	7	8
符号	GND	$\overline{T}_L$	OUT	$\overline{R}_D$	U_C	T_H	C_t	U_{CC}
名称	接地端	低电平触发端	输出端	复位端	电压控制端	高电平触发端	放电端	电源端

2. 单稳态触发器

单稳态触发器只有一个稳定状态,在外来触发脉冲的作用下,能够输出一定幅度和宽度的脉冲,输出脉冲的宽度就是暂稳状态的持续时间 t_p。t_p 的大小取决于单稳态触发器本身的电路参数。当单稳态触发器电路参数一定时,t_p 就为一定值,而与外加的触发脉冲无关,可以用图 3-79 表示。

单稳态触发器通常用于整形、定时和延时。因为任何外来波形送入单稳态触发器,只要使单稳态触发器触发翻转,都能输出一个宽度和幅度一定的矩形脉冲,起到整形和定时的作用。

单稳态触发器可用分立元件构成,也可用集成与非门或集成电压比较器构成,但更多情况下是由集成定时器构成。图 3-80 是由 555 定时器组成的单稳态触发器电路及波形图。R、C 是外接元件,触发脉冲由 2 端输入。

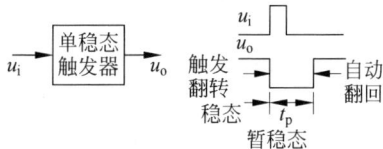

图 3-79　单稳态触发器功能示意图

当触发脉冲尚未输入时,u_i 为 1,单稳态触发器的输出 u_o 为 0。

在 t_1 时刻,输入触发负脉冲,其幅度低于 $U_{CC}/3$,故比较器 IC_2 输出为 0。将触发器置 1,u_o 由 0 变为 1,电路进入暂稳状态。这时因 $\overline{Q}=0$ 晶体管截止,电源对电容 C 充电。虽然在 t_2 时刻触发脉冲已消失,IC_2 的输出变为 1,但充电继续进行,直到 u_c 上升至略高于 $\frac{2}{3}U_{CC}$ 时(在 t_3 时刻),IC_1 的输出为 0,从而使触发器自动翻转到 $Q=0$,$\overline{Q}=1$ 的稳定状态。同时电容 C 通过放电晶体管 T 迅速放电。

如图 3-80(b)所示,单稳态触发器的输出是矩形脉冲,脉冲宽度 t_p(即暂稳态持续时间)

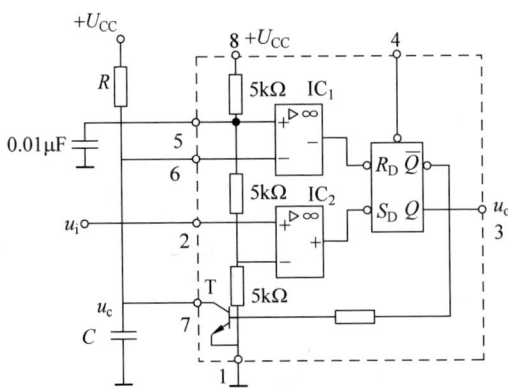
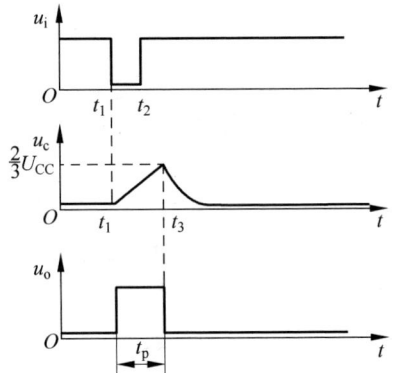

(a) 电路图　　　　　　　　　　　　　(b) 波形图

图 3-80　555 定时器组成的单稳态触发器及波形图

决定于外接元件 R、C 的大小,通过改变 RC 的值可以改变脉冲宽度 t_p,从而实现定时控制和对输入波形的整形。根据上述单稳态触发器的工作原理,由数学推导得出暂稳态持续时间 $t_p = RC \ln3 = 1.1RC$。

3. 自动开启延时照明电路

当天黑时,希望在人上楼或下楼时能自动点亮楼道照明灯,经数秒后,楼道灯自动熄灭。这样既方便了行人夜间上楼或下楼的照明,也避免了楼道灯长时间点亮而浪费电能。这种电路目前应用较为广泛,它的组成形式可多种多样,采用的元器件也各不相同。但一般的设计原则应该是电路要简单可靠,元器件少,成本低。

图 3-81 是自动开启延时照明电路框图,它由直流电压源、感应信号产生电路、延时电路、开关、电灯组成。其中延时电路是主要电路,采用单稳态触发器。直流电压源是单稳态触发器、感应信号产生电路的工作电源,由于 555 集成定时器的直流电源为 5～18V,所以直流电压源的输出电压设计值为 10V 左右。开关一般可采用继电器或双向可控硅,实验用的双向晶闸管的引脚排列如图 3-82 所示。

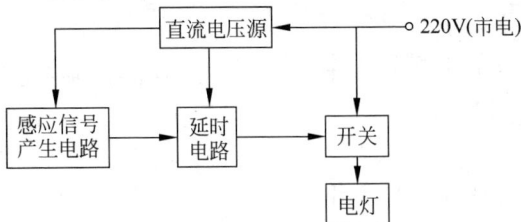

图 3-81　自动开启延时照明电路框图

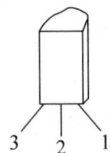

图 3-82　双向晶闸管引脚图
1—阳极 A_2；2—控制极 G；3—阴极 A_1

实验电路如图 3-83(a)所示,220V 市电经电容 C_4 和稳压管支路降压,经二极管对电容 C_3 充电,输出 10V 左右直流电压。红外发射接收对管所在的支路模拟感应信号,当红外接收管导通时,电阻 R_2 两端为高电位,单稳态触发器输入高电平 1,输出低电平 0,双向可控硅不导通,电灯灭。当有物体挡住发射二极管时,接收二极管截止,电阻 R_2 两端为低电位,单稳态触发器输入低电平 0,输出高电平 1,双向可控硅导通,电灯亮。经延时时间 t_p 后,电灯自动熄灭。

另外,555 定时器的复位端接光敏三极管支路。当太阳光照射光敏三极管窗口(基极)时,该管导通,复位端接入低电平,单稳态触发器输出低电平,即白天电灯不亮。当光敏三极管窗口(基极)无光照时,该管截止,复位端接入高电平,单稳态触发器正常工作。

用继电器控制电灯的控制线路如图 3-83(b)所示,其工作原理与图 3-83(a)相同。

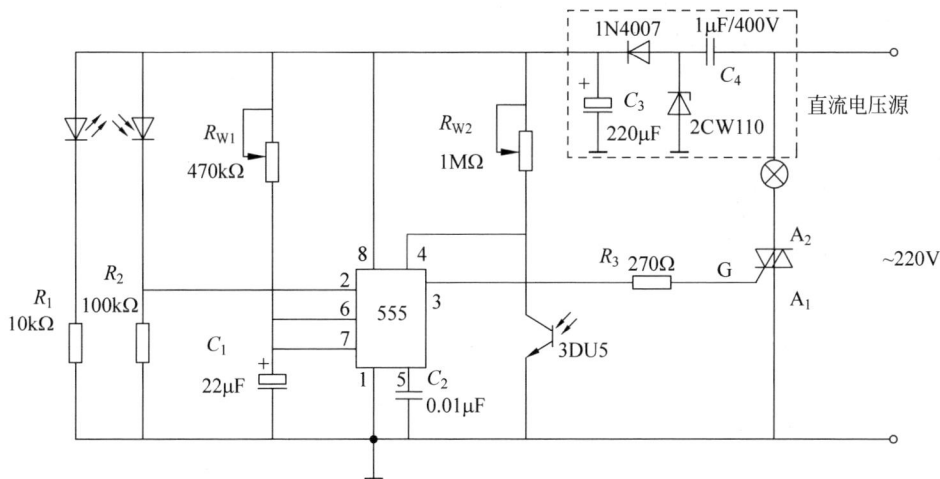

(a) 用可控硅控制电灯的控制线路

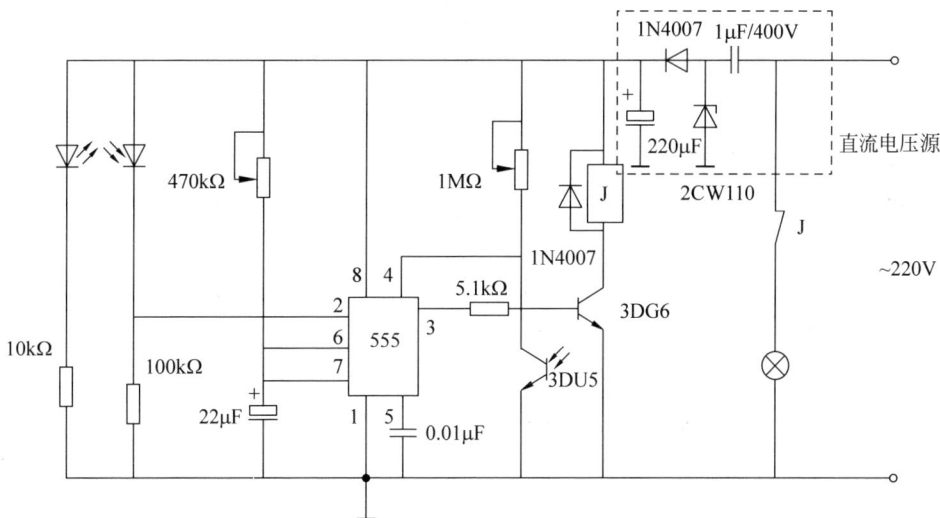

(b) 用继电器控制电灯的控制线路

图 3-83　自动开启延时照明实验电路

3.15.3　实验仪器设备

实验仪器设备见表 3-70。

表 3-70 实验仪器设备

序号	名　　称	型　号　规　格	数量
1	双踪示波器	UPO8152Z	1
2	数字万用表	UT8804N	1
3	555 定时器		1
4	整流二极管	1N4007	1
5	稳压二极管	2CW110	1
6	红外发射接收二极对管		2
7	电容	$0.47\mu F/400V, 220\mu F/50V, 0.01\mu F, 22\mu F/50V$	各1
8	电阻	$10k\Omega/0.25W, 100k\Omega/0.25W, 270\Omega/0.25W$	各1
9	电位器	$470k\Omega/0.25W, 1M\Omega/0.25W$	各1
10	双向可控硅	97A6	1
11	光敏三极管	3DU5	1
12	白炽灯	220V/15W	1
13	9 孔插件方板	297mm×300mm	1
14	导线、短接桥	P8-1 和 50148	若干

3.15.4　预习要求

（1）了解 555 集成定时器引脚排列。

（2）熟悉用 555 集成定时器组成单稳态电路。

（3）复习数字万用表和双通道示波器的使用方法。

（4）完成下列填空：

① 在 555 集成定时器中，脚 8 应接_____，脚 1 应接_____。

② 在 555 集成定时器中，若脚 4 置"0"，则输出端为_____（高电平/低电平）。

③ 在 555 集成定时器中，脚 5 为电压控制端，不用时，经_____接地，防止_____引入。

④ 实验中的单稳态触发器，若外接的 $R=10k\Omega, C=0.1\mu F$，其输出的方波波形脉冲宽度 $t_p=$_____，若把延时时间 t_p 调到 3s，$C=22\mu F$，则 $R=$_____。

（5）实验电路中，直流电源由哪几个元件组成？其中二极管 1N4007 的作用是什么？如果此二极管接反会产生什么现象？

3.15.5　实验步骤

（1）用万用表测试电阻、电容、二极管、稳压管、双向可控硅并判别其是否完好，记下电解电容、二极管、稳压管、双向可控硅的极性及电阻阻值。

（2）按图 3-83(a)接好直流电源部分，检查无误后接通电源，分别用万用表的交流电压挡和直流电压挡测量其输入电压和输出电压（C_3 两端），并记下电压值：输入电压=_____，输出电压 $U_{CC}=$_____。测量完毕后注意关断总电源。

（3）按实验电路图 3-83(a)接好单稳态触发器，输入端（"2"端）连接 1kHz 的方波信号，555 集成定时器的 4 脚接高电平，接通直流电源 U_{CC}，用双踪示波器的通道 1(CH1)测量

1kHz 的方波信号,通道 2(CH2)测量 555 集成定时器的输出端信号 u_o,调节 R_{W1},使 $t_p =$ 2ms,并在图 3-84 中记录观察到的波形,标注幅值和时间。

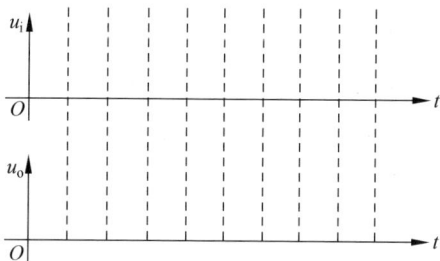

图 3-84 输入端信号 u_i 与输出端信号 u_o 的波形图

(4) 按实验电路图 3-83(a)接好单稳态触发器和红外发射接收对管,并与直流电源部分接通(注意:暂时不接电灯支路)。检查无误后合上电源,用万用表分别测量当红外接收管导通和截止时,555 定时器各引脚对地的电压,并记在表 3-71 中。

表 3-71 555 定时器各引脚对地的电压

引脚编号	2	3	4	5	6	7	8
名称	低电平触发端	输出端	复位端	电压控制端	高电平触发端	放电端	电源端
导通时电压值/V							
截止时电压值/V							

(5) 在关断总电源的情况下,完成电灯支路接线,检查无误后接通电源。调节 R_{W1},使延时时间达 3s,遮挡红外发射管,观察电灯开启、关断情况。

(6) 用手机的手电筒照射光敏晶体管,再遮挡红外发射管,观察电灯能否开启。

3.15.6 实验总结

(1) 完成预习要求中的第(4)、(5)题。

(2) 通过实验有哪些提高和收获?

3.15.7 注意事项

(1) 电解电容 C_1、C_3 的极性不得接反,电源电压的极性不得接反。

(2) 改接线路或做完实验后,应先切断电源。

3.16 彩灯循环显示电路的设计

3.16.1 实验目的

(1) 了解双向移位寄存器的功能及其应用。

(2) 了解 D 触发器的功能及其应用。

（3）了解74LS194双向移位寄存器和74LS74双D触发器的引脚排列和功能。

（4）理解彩灯循环显示电路的组成和工作原理。

3.16.2　实验原理简述

本实验要求利用1片双向移位寄存器74LS194和3片双D触发器74LS74设计一个4路彩灯循环显示的控制电路。要求实现的功能是4个彩灯按下述模式循环显示：前4秒，4个彩灯按每秒1次的频率从左到右依次点亮；随后4秒，4个彩灯按每秒1次的频率从右到左依次熄灭；最后4秒，4个彩灯按亮1秒、灭1秒的规律一起闪烁。可以利用信号源提供1Hz的方波信号。

1. 74LS194的应用

74LS194是一块4位双向移位寄存器芯片，芯片的引脚排列以及功能介绍详见3.13节。它具有置数、左移、右移和保持的功能。

结合彩灯循环显示控制电路的设计要求，可以考虑把74LS194的4个数据输出端$Q_0 \sim Q_3$作为输出来驱动4个彩灯。因为彩灯的变化周期都是1秒，因此只要用1Hz的信号作为74LS194的时钟信号CP即可。在前4秒，4个彩灯按每秒1次的频率从左到右依次点亮，只要使其工作在右移状态即可；随后4秒，4个彩灯按每秒1次的频率从右到左依次熄灭，只要使其工作在左移状态即可；最后4秒，4个彩灯按亮1秒、灭1秒的规律一起闪烁，可以采用置数的方式来实现。

根据上述分析，请读者自行确定74LS194的时钟频率、置数端的状态变化、控制端S_1、S_0以及串行数据输入端D_{SL}、D_{SR}的状态。

2. 74LS74的应用

74LS74是一块双D触发器，芯片的引脚排列以及功能介绍详见3.10节。

利用D触发器，可以构成2分频、4分频电路，在信号源提供1Hz情况下，通过分频电路，容易得到2Hz、4Hz的信号。

同时利用D触发器，也容易构成循环移位寄存器，实现74LS194芯片S1、S0的控制。

3. 仿真软件

EDA(Electronic Design Automation)技术目前已广泛应用在电子设计领域。在电子产品的设计过程中，从概念的确立，到包括电路原理、PCB版图、单片机程序、机内结构、外观界面、热稳定分析、电磁兼容分析在内的物理级设计，再到PCB钻孔图、自动贴片、焊膏漏印、元器件清单、总装配图等生产所需资料全部在计算机上完成。EDA技术借助计算机存储量大、运行速度快的特点，可对设计方案进行人工难以完成的模拟评估、设计检验、设计优化和数据处理等工作。EDA已经成为集成电路、印制电路板、电子整机系统设计的主要技术手段。

Multisim软件是一个很好的EDA仿真软件，它为用户提供了丰富的元件库和功能齐全的各类虚拟仪器，可以使用Multisim交互式地搭建电路原理图，并对电路进行仿真。通过电路原理图的图形输入或电路硬件描述语言输入方式，可对各类直流电路、交流电路、模拟电路和数字电路进行仿真，具有丰富的仿真分析能力。

Multisim 12的具体功能和使用方法详见第2章。

3.16.3 实验仪器设备

实验仪器设备见表 3-72。

表 3-72 实验仪器设备

序号	名 称	型 号	数量	备 注
1	函数信号发生器	UTG7025B	1 台	
2	双踪示波器	UPO8152Z	1 台	
3	实验板	SBL	若干	
4	D 触发器	74LS74	3 块	
5	移位寄存器	74LS194	1 块	

3.16.4 预习要求

（1）复习有关移位寄存器、D 触发器的工作原理。

（2）查阅相关资料，了解 74LS74 双 D 触发器、74LS194 双向移位寄存器的逻辑功能及各集成芯片的引脚排列，并画出 74LS74 和 74LS194 的引脚排列图和逻辑功能示意图。

（3）根据设计要求画出 4 路彩灯循环显示的控制电路。

3.16.5 实验步骤

（1）设计基于 74LS74 型双 D 触发器、74LS194 双向移位寄存器的 4 路彩灯循环显示控制电路。

（2）对所设计电路进行仿真，验证电路的功能，确定实验所需元器件参数。

（3）搭建实验电路，对电路进行调试，实现所需的功能。

3.16.6 实验总结

（1）分析实验原理和实验方案。

（2）给出仿真电路图和仿真波形，通过仿真实验，对所学知识有什么帮助，总结仿真过程中发现的问题和对仿真实验的体会。

（3）给出实验电路的实物图（拍照），说明在连接实验线路时遇到什么问题，如何解决，总结实验接线的体会。

（4）总结实验的收获和体会。

3.16.7 注意事项

（1）各集成块的电源 U_{CC} 不得超过 5V，极性不能接反。

（2）在接线和改接线路时，应切断电源后进行。

（3）不得擅自拔出集成块。

3.17   集成运算放大器的综合应用

3.17.1   实验目的

（1）了解 μA741 集成运算放大器的功能及引脚排列。

（2）巩固集成运算放大器的线性应用。

（3）熟悉桥式 RC 正弦波振荡器的组成和工作原理。

（4）理解 RC 正弦波振荡器的起振条件。

（5）了解 RC 选频电路的选频特性。

3.17.2   实验原理简述

本实验要求输出一个最大值为 2V、最小值为 0V、频率为 1kHz 的正弦波信号，如图 3-86 所示。

本实验采用集成运放芯片 μA741。μA741 是一块内部包含一个集成运算放大器的芯片，芯片的引脚排列见 3.8 节中的图 3-34。利用集成运算放大器可以实现比例、加法、减法、积分、微分等数学运算，还可以构成 RC 正弦波振荡电路。详见 3.8 节和 3.9 节中的实验原理简述。

3.17.3   实验仪器设备

实验仪器设备见表 3-73。

表 3-73   实验仪器设备

序号	名　　　称	型　　　号	数量	备　　注
1	双踪示波器	UPO8152Z	1 台	
2	实验板	SBL	若干	
3	集成运算放大器	μA741	2 块	
4	电阻		若干	
5	电容		若干	
6	二极管		若干	

3.17.4   预习要求

（1）复习有关 RC 正弦波振荡电路的工作原理，了解 RC 正弦波振荡电路的起振条件和振荡频率的计算方法。

（2）复习基于集成运算放大器的运算电路的工作原理，理解加法、减法运算的工作原理及电路构成。

（3）查阅 μA741 集成运算放大器芯片的引脚排列和功能。

（4）根据 3.9 节中的图 3-45，选择合适的参数，使正弦波振荡电路的振荡频率接近 1kHz。

（5）为了能输出图 3-86 所示的波形，在 RC 桥式正弦波振荡电路的基础上，还需要设计一个怎么样的运算电路?

3.17.5　实验步骤

(1) 设计一 RC 桥式正弦波振荡电路,合理选择参数,使得输出的正弦波的幅值为 1V,频率为 1kHz。波形如图 3-85 所示。

(2) 再设计一电路,使得正弦波振荡电路所产生的波形向上平移,得到输出波形如图 3-86 所示。

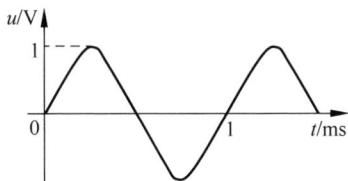

图 3-85　正弦波振荡电路产生的波形　　　　　图 3-86　输出波形

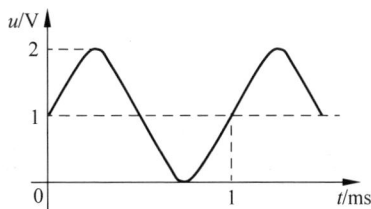

(3) 对所设计电路进行仿真,确定实验所需元器件参数。用虚拟示波器观察输出波形并记录。

(4) 根据实验室现有器件,搭建实验电路,对电路进行调试,得到所需的波形。用示波器观察电路的输出波形并记录,标注时间和幅值。

3.17.6　实验总结

(1) 分析实验原理和实验方案。

(2) 给出仿真电路图和仿真波形,通过仿真实验,对所学知识有什么帮助,总结仿真过程中发现的问题和对仿真实验的体会。

(3) 给出实验电路的实物图(拍照),说明在实验过程中遇到什么问题,如何解决。

(4) 给出实验波形及测量得到的数据,分析实际得到的波形(数据)与实验要求(仿真波形)有什么不同之处,分析其原因。

(5) 总结实验的收获和体会。

3.17.7　注意事项

(1) 各集成块的电源 U_{CC} 不得超过 15V,极性不能接反。

(2) 在接线和改接线路时,应切断电源后进行。

(3) 不得擅自拔出集成块。

第4章

虚拟仿真实验

4.1 叠加定理的仿真研究

4.1.1 实验目的

(1) 熟悉 Multisim 的使用方法,掌握电阻元件、单刀双掷开关、虚拟电压表和电流表的使用方法。

(2) 利用仿真软件验证线性电路的叠加性。

(3) 加深对叠加定理的理解。

4.1.2 实验原理简述

叠加定理:在有几个独立源共同作用下的线性电路中,通过每一个元件的电流或其两端的电压,可以看成由每一个独立源单独作用时,在该元件上所产生的电流或电压的代数和。

叠加定理说明了线性电路中各个电源作用的独立性,即在线性电路中,任何一个独立电源所产生的响应,不会因为其他电源的存在而受到影响。

4.1.3 实验内容

1. 文件设置

起动 Multisim,选择菜单栏中的 Options 命令,在弹出的对话框中单击 Global Preferences,选择 Components 选项卡,在 Symbol standard 选项内选择"DIN(欧洲标准)",然后单击 OK 按钮。

再次选择菜单栏中的 Options 命令,在弹出的对话框中单击 Sheet Properties,选择 Sheet visibility 选项卡,在 Net Names 选项内选择 Show All,然后单击 OK 按钮。这样就能显示电路全部连接点的编号。

单击标准工具栏中的保存按钮,在对话框中输入文件名"叠加定理",并选择存储路径,单击"保存"按钮。

2. 建立文件

在"基本元件库(Place Basic)"中选择"电阻(RESISTOR)"(如图 4-1 所示),放置 510Ω

的电阻 R_1。重复上述过程,分别放置 $R_2 \sim R_5$(注意电阻的不同阻值：$R_2 = 1.0\text{k}\Omega$ 与 $R_5 = 330\Omega$)。右击电阻图标,在弹出的对话框中单击"Rotate 90° Clockwise",可使电阻顺时针旋转 90°(单击"Rotate 90° CounterCW"可使电阻逆时针旋转 90°)。

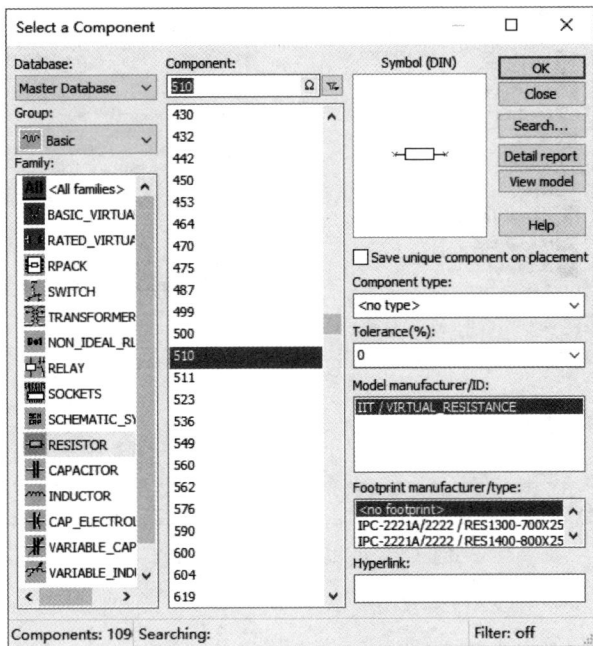

图 4-1 电阻元件的选取

在"基本元件库(Place Basic)"中选择"开关(SWITCH)",放置 SPDT 型开关 S_1 和 S_2。双击开关 S_1 图标,弹出其属性对话框。选择 Value 选项卡,在 Key for toggle 栏中选择 A,单击"确定"按钮。这表示用字母 A 键来控制开关 S_1 的切换,每按一次字母 A 键,开关 S_1 会左右切换一次(键盘必须在英文输入状态)。同样设置开关 S_2,用字母 B 来控制开关 S_2 的切换。也可以自己选择其他键来控制开关。

在"电源库(Place Sources)"中选择"电源(POWER_SOURCES)",放置 DC_POWER 直流电压源 V_1 和 V_2。双击电源 V_1 图标,弹出其属性对话框。选择 Value 选项卡,设置电源电压值"Voltage(V)=12V",单击"确定"按钮。同样设置直流电压源 V_2 的电压为 6V。

在"电源库(Place Sources)"中选择"电源(POWER_SOURCES)",放置接地端 GROUND。

在"指示元件库(Place Indicators)"中选择"电压表(VOLTMETER)",放置 VOLTMETER_H。双击电压表 U1 图标,弹出其属性对话框。选择 Label 选项卡,设置元器件标号 RefDes 为 UFA,单击"确定"按钮,表示这个电压表用来测量电压 U_{FA}。同样放置其他电压表和电流表(电流表是 AMMETER),并修改其标号。注意,在"指示元件库(Place Indicators)"中分别有 4 种电压表(如图 4-2 所示)和 4 种电流表,要根据接线位置和测量电压(或电流)的极性加以正确选择。

按要求连接各元器件,在电路窗口中建立如图 4-3 所示电路。注意,图中导线连接次序不同,连接点的编号也不一样,这不影响实验结果。

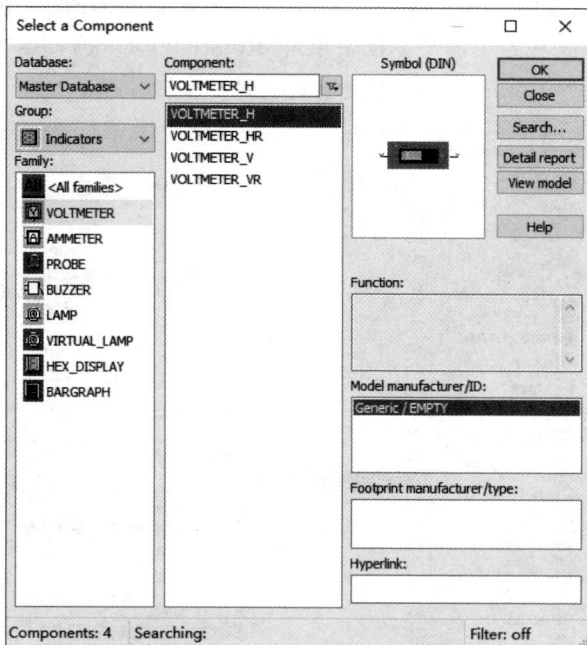

图 4-2　电压表、电流表的选择

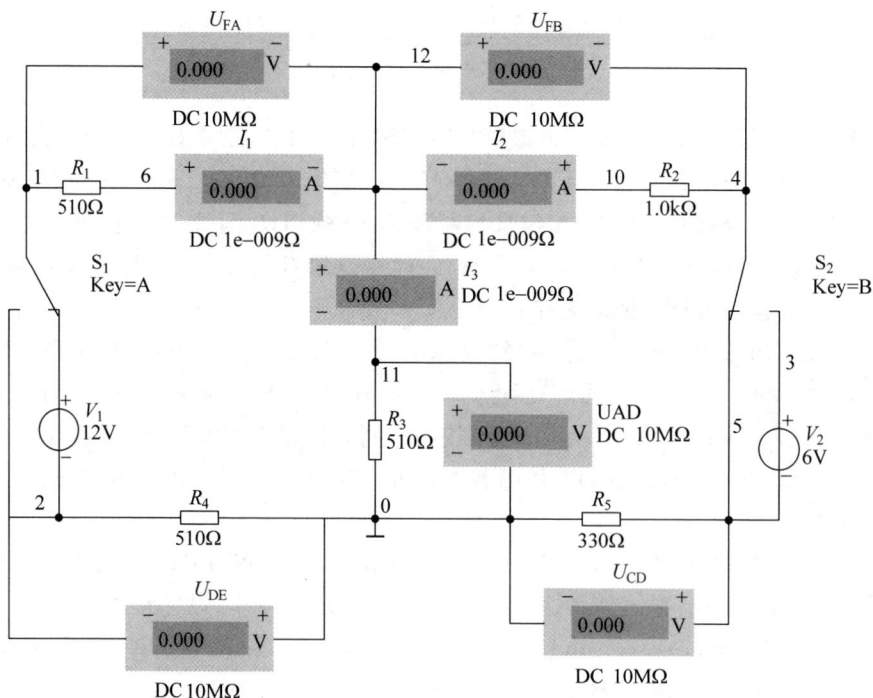

图 4-3　叠加定理电路图

　　图中的电压表、电流表都可以用数字万用表代替，在使用时要注意对万用表挡位进行正确设置。数字万用表（Multimeter）在"仪器仪表栏"中。双击万用表的图标，在弹出的面板上查看万用表的数据,也可以对挡位进行设置。在测量直流电压或直流电流时,设置在直流挡,如图 4-4(a)所示。在测量交流电压或交流电流时,设置在交流挡,如图 4-4(b)所示。

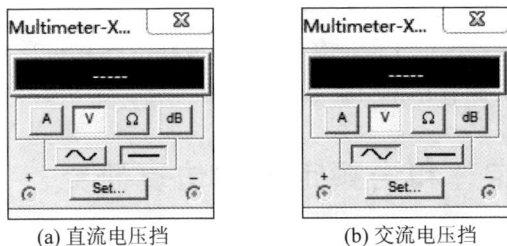

(a) 直流电压挡　　　　(b) 交流电压挡

图 4-4　万用表的挡位设置

3. 测量数据

分别按 A 键和 B 键,使开关的连接如图 4-3 所示,此时电路处于电压源 V_1 单独作用状态。单击仿真开关,待电流表、电压表的测量数据稳定后,把数据记录到表 4-1 中的第 1 行。再次单击仿真开关,停止仿真。

分别按 A 键和 B 键一次,使电压源 V_2 单独作用,电源的连接方式与如图 4-3 所示的相反(即 S_1、S_2 的位置都与图 4-3 所示的位置相反)。单击仿真开关,待电流表、电压表的数据稳定显示后,把数据记录到表 4-1 中的第 2 行。再次单击仿真开关,停止仿真。

按 A 键一次,使电压源 V_1 和 V_2 共同作用(即 S_1 的位置与图 4-3 所示的相同,S_2 的位置与图 4-3 所示的相反)。单击仿真开关,待电流表、电压表的数据稳定显示后,把数据记录到表 4-1 中的第 3 行。再次单击仿真开关,停止仿真。

表 4-1　各支路电流和电阻电压的仿真值

仿真值	V_1	V_2	U_{AB}	U_{CD}	U_{AD}	U_{DE}	U_{FA}	I_1	I_2	I_3
单位	V	V	V	V	V	V	V	mA	mA	mA
V_1 单独作用	12.0	0								
V_2 单独作用	0	6.0								
V_1、V_2 共同作用	12.0	6.0								

4.1.4　实验总结

(1) 根据表 4-1 的仿真结果选择部分电压和电流,验证叠加定理的正确性。

(2) 总结使用 Multisim 仿真软件的体会。

4.1.5　注意事项

(1) Multisim 软件中的有些元器件符号、单位与我国现行的标准存在差异。例如,电容的单位是 μF,在 Multisim 中用 uF 表示。

(2) 每一个电路中必须有一个接地端,如果没有接地端,通常不能进行仿真分析。

（3）如果两根导线在交叉处没有连接点，则表示这两根导线在交叉处不相连接。

（4）为了防止突然断电等原因造成不必要的损失，在建立电路和修改元件标识号的过程中，要及时保存电路文件。

（5）必须在仿真电路停止工作的时候，才能对电路的参数和开关的状态进行改变，否则仿真电路中各虚拟仪器的测量结果可能会不正确。

4.2　戴维南定理和诺顿定理的仿真研究

4.2.1　实验目的

（1）熟悉 Multisim 的使用方法。

（2）利用仿真软件验证戴维南定理和诺顿定理，加深对戴维南定理和诺顿定理的理解。

（3）学习有源二端网络等效内阻的计算方法，加深对等效电路概念的理解。

4.2.2　实验原理简述

戴维南定理：任何一个线性有源二端网络，对外电路来说，可以用一个电压为 U_O 的电压源和阻值为 R_0 的电阻的串联组合等效替换。等效电压源的电压 U_O 等于原有源二端网络的开路电压 U_{OC}，内阻 R_0 等于原有源二端网络中所有独立源置零（电压源短接，电流源开路）后的等效电阻 R_{eq}。该串联组合即为戴维南等效电路。

诺顿定理：任何一个线性有源二端网络，对外电路来说，可以用一个电流源和电阻的并联组合来等效替换。此电流源的电流 I_0 等于这个有源二端网络的短路电流 I_{SC}，其电阻 R_0 等于该网络中所有独立源置零后的等效电阻 R_{eq}。该并联组合即为诺顿等效电路。

4.2.3　实验内容

1. 测量二端网络的外特性

起动 Multisim，在电路窗口中建立如图 4-5 所示电路。放置电流源的操作如下：在"电源库（Place Sources）"中选择"电源（SIGNAL _ CURRENT _ SOURCES）"，放置 DC _ CURRENT 直流电流源 I_s，并把电流值设置为 10mA。

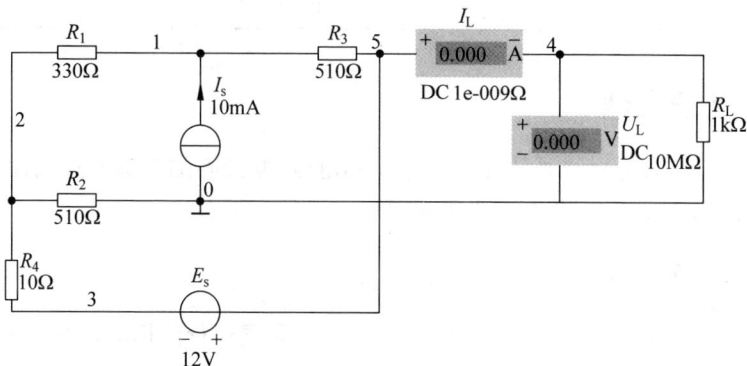

图 4-5　测量二端网络外特性的电路图

按下仿真软件"起动/停止"开关,起动电路。按表 4-2 所列的数值改变负载电阻 R_L 的阻值。测出相应的负载端电压 U_L 与流过负载的电流 I_L,完成表 4-2 前两行的内容。表 4-2 中 R_0 为图 4-5 所示电路从负载 R_L 两端往左看的等效电阻,可按表 4-3 的数据计算 $R_0 = R_{eq} = U_{OC}/I_{SC}$。

表 4-2　二端网络与等效电源电路的外特性

测量项目 / 负载电阻/Ω		0	100	400	500	R_0	550	600	800	1k	2k	5k	∞
二端网络	U_L/V												
	I_L/mA												
戴维南等效电路	U_L'/V												
	I_L'/mA												
诺顿等效电路	U_L''/V												
	I_L''/mA												

根据表 4-2 中前两行的数据,记录该有源二端网络在两种特殊状况下的数据:开路电压 U_{OC} 和短路电流 I_{SC},并计算出等效电阻 R_{eq},填入表 4-3。

表 4-3　戴维南等效电路参数的仿真值

测量项目	U_{OC}/V	I_{SC}/mA	R_{eq}/Ω(计算)
测量值			

2. 测量戴维南等效电路的外特性

取表 4-3 中的 $U_{OC}(U_O = U_{OC})$ 和 $R_{eq}(R_0 = R_{eq})$,在电路窗口中建立如图 4-6 所示电路,组成二端网络的戴维南等效电路。

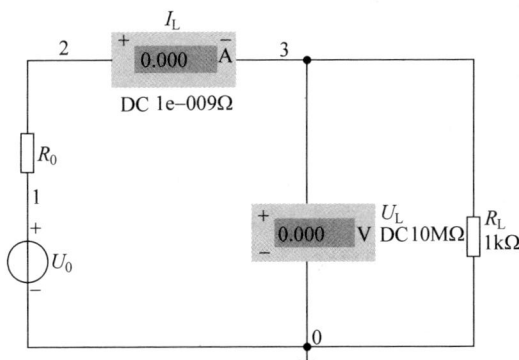

图 4-6　戴维南等效电路

按下仿真软件"起动/停止"开关,起动电路。按表 4-2 所列的数值改变负载电阻 R_L 的阻值。测出相应的负载端电压 U_L' 和流过负载的电流 I_L',完成表 4-2 中间两行的内容。

3. 测量诺顿等效电路的外特性

取表 4-3 中的 $I_{SC}(I_O = I_{SC})$ 和 $R_{eq}(R_0 = R_{eq})$,在电路窗口中建立如图 4-7 所示电路,组成二端网络的诺顿等效电路。

按下仿真软件"起动/停止"开关,起动电路。按表 4-2 所列的数值改变负载电阻 R_L 的阻值。测出相应的负载端电压 U_L'' 和流过负载的电流 I_L'',完成表 4-2 后两行的内容。

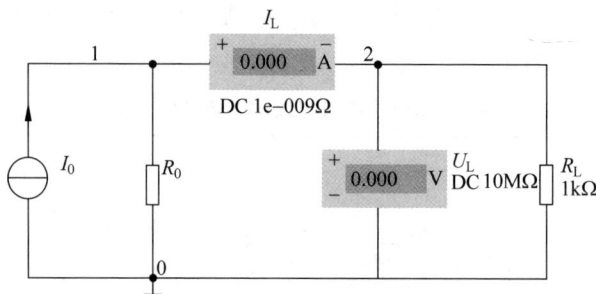

图 4-7　诺顿等效电路

4.2.4　实验总结

(1) 根据表 4-2 的测量数据,填写表 4-3。画出被测二端网络的戴维南等效电路和诺顿等效电路。

(2) 根据表 4-2 的测量数据,在**同一坐标中(用方格纸)**绘制被测二端网络的外特性曲线、戴维南等效电路的外特性曲线和诺顿等效电路的外特性曲线,验证戴维南定理和诺顿定理的正确性。

4.2.5　注意事项

(1) 负载电阻和等效电阻可以根据需要直接修改电阻值。

(2) 在创建电路图时,注意电压表、电流表的极性。

4.3　RC 一阶电路的仿真研究

4.3.1　实验目的

(1) 掌握电容的充电过程和放电过程。

(2) 学会用虚拟示波器观察研究一阶动态电路的响应。

(3) 学习 RC 一阶电路时间常数的测量方法。

(4) 理解微分电路和积分电路的概念。

4.3.2　实验原理简述

动态电路的过渡过程一般都比较短暂,且又是单次的变化过程。要用一般的双通道示波器观察过渡过程和测量时间常数,必须使这种单次的变化过程能重复出现。为此,通常利用信号发生器输出的方波作为阶跃激励信号。方波的上升沿作为 RC 充电过程的开始;方波的下降沿作为 RC 放电过程的开始。只要使方波的周期远远大于电路的时间常数 τ,电路在这样的方波信号作用下,就类似于直流电源的接通和断开。

RC 一阶电路如图 4-8 所示。在 RC 电路的充电过程和放电过程中,电容两端的电压 u_C 分别按指数规律增长和衰减。其变化过程的快慢取决于电路的时间常数 τ。

如果用示波器已测得 RC 电路充放电过程的波形,根据一阶电路的求解方法可得

$$u_c(t) = U_S(1 - e^{-\frac{t}{RC}})$$

当 $t=\tau$ 时, $u_c(\tau)=0.632U_S$。所以,只要找到 $0.632U_S$ 对应的点,此时对应的时间就等于 τ。类似地,放电过程的波形减小到 $0.368U_S$ 时对应的时间也等于时间常数 τ,如图 4-9 所示。

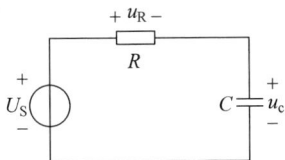

图 4-8　RC 一阶电路

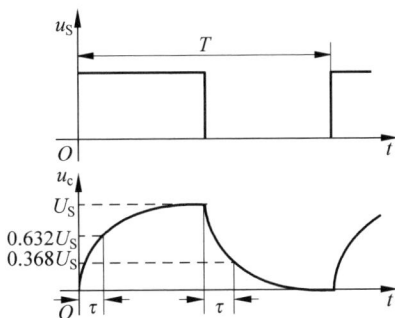

图 4-9　RC 一阶电路的充放电过程

在 RC 串联电路中,在方波信号的作用下,若满足 $\tau \ll T$(T 为方波信号的周期),把电阻 R 两端的电压作为输出信号,就构成了一个微分电路。此时,电路的输出信号与输入信号的微分成正比。如果把电容两端的电压 u_c 作为输出信号,且满足 $\tau \gg T$,就构成了积分电路。此时,电路的输出信号与输入信号的积分成正比。

4.3.3　实验内容

起动 Multisim,在"基本元件库(Place Basic)"中选择"电阻(RESISTOR)"和"电容元件(CAPACITOR)",在窗口右侧的"仪器仪表栏"中选择函数信号发生器 Function Generator 和示波器 Oscilloscope,在电路窗口中建立如图 4-10 所示电路,$R_1=1\text{k}\Omega$,$C_1=0.1\mu\text{F}$。示波器测量的分别是信号发生器产生的波形和电容 C_1 两端的电压 u_c。

双击函数信号发生器 XFG1,在弹出的面板框(如图 4-11 所示)中,选择波形为方波;根据参数 R_1、C_1 的值来合理设置信号频率,使 $T \gg \tau$;设置占空比(Duty Cycle)为 50%;信号的幅值(Amplitude)为 1V;偏置电压(Offset)为 1V。

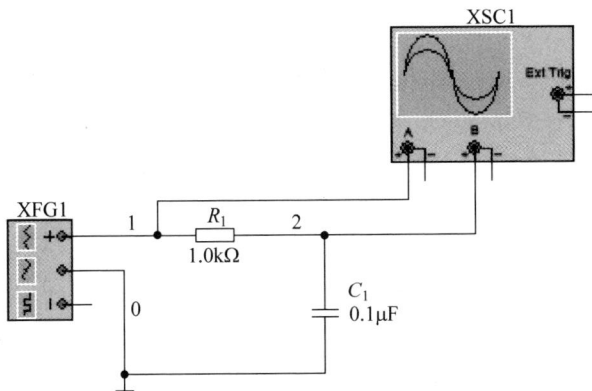

图 4-10　RC 一阶积分电路图

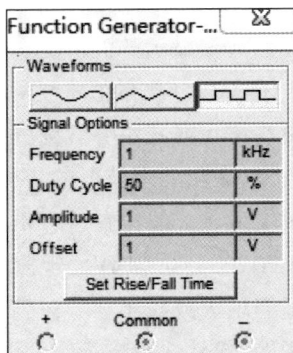

图 4-11　函数信号发生器的
面板设置

双击示波器 XSC1，在弹出的面板框（见图 4-12）中，在 Timebase 中设置 Scale 为 $200\mu s/DIV$，表示在水平方向上，每一大格代表 $200\mu s$。在 Channel A 中，设置 Scale 为 1V/DIV，表示通道 A 的信号在 Y 轴上每一大格代表 1V，设置 Y position 为 −2，表示把通道 A 的波形整体向下移动 2 格。同样地，在 Channel B 中，设置 Scale 为 1V/DIV，设置 Y position 为 0。

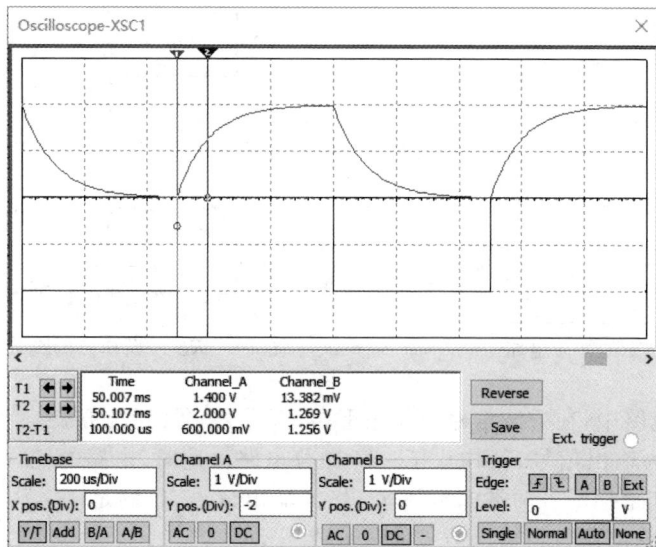

图 4-12 示波器的面板设置

选中示波器的连接导线，双击，在弹出的对话框中设置导线颜色，即可改变波形的显示颜色。

按下仿真软件"起动/停止"开关，起动电路。当示波器上显示出大部分的波形的时候，再次按下"起动/停止"开关，停止仿真，测量相关参数。

移动显示屏幕上的读数指针，指针上方有三角形标志，把光标移至读数指针上（或三角形标志上），按住鼠标左键可拖动读数指针左右移动。把 1 号读数指针移到方波的上升沿处，把 2 号指针移到通道 B 幅值为 1.264V（0.632×2＝1.264V）处。单击 T1、T2 右边的 ◀▶ 键可以微调两根读数指针。

在示波器显示的波形上测量时间常数。同时，根据实验参数，计算 RC 一阶电路的时间常数 $\tau=R_1C_1$。测量值 $\tau=$ _____；计算值 $\tau=R_1C_1=$ _____。

适当增大或减小 C_1（设置 $C_1=0.01\mu F$ 或 $C_1=1\mu F$），根据观察到的波形，定性画出相应的波形，说明两个波形的主要差别。

改变 R_1C_1 的位置，在 Multisim 环境下创建如图 4-13 所示一阶 RC 微分电路，参数为 $R_1=1k\Omega$，$C_1=0.01\mu F$。观测电阻 R_1 上的波形 u_R，并绘出相应波形。

适当增大或减小 R_1（设置 $R_1=470\Omega$ 或 $R_1=10k\Omega$），用示波器观察对 RC 微分电路响应的影响，定性地画出相应的波形，写出相应结论。

把电容改换为电感，创建如图 4-14 所示一阶 RL 电路，实验参数分别为 $R_1=1k\Omega$，$L_1=47mH$。函数信号发生器输出频率为 1kHz，占空比为 50%，幅值为 1V，偏置为 1V 的方波。

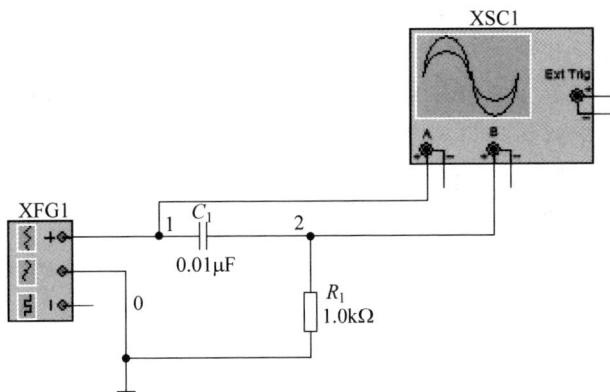

图 4-13　RC 一阶微分电路

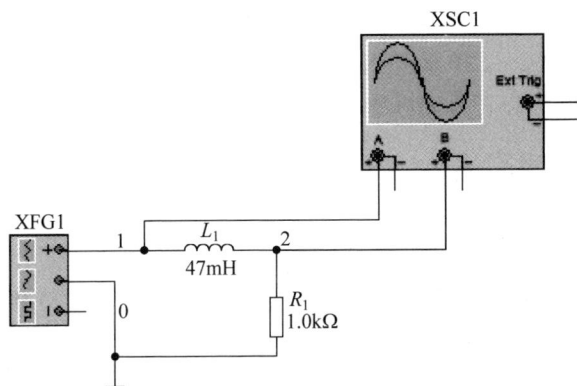

图 4-14　一阶 RL 电路

按下"起动/停止"开关,起动电路进行仿真,在示波器上观察到完整的方波响应 i_L 波形。记录响应波形。

适当增大或减小 R_1($R_1 = 100\Omega$, $R_1 = 10\text{k}\Omega$),用示波器观察 R_L 对电路响应的影响,写出相应结论。

4.3.4　实验总结

(1) 计算 RC 积分电路($R_1 = 1\text{k}\Omega$, $C_1 = 0.1\mu\text{F}$)的时间常数,记录 u_c 的波形,并从图上测出时间常数。

(2) 记录改变电容值($C_1 = 0.01\mu\text{F}$, $C_1 = 1\mu\text{F}$)后的 u_c 波形,说明两个波形的主要区别。

(3) 记录 RC 微分电路在 3 种不同参数下($R_1 = 470\Omega$, $R_1 = 1\text{k}\Omega$, $R_1 = 10\text{k}\Omega$)u_R 的波形。

(4) 记录 RL 电路在 3 种不同参数下($R_1 = 100\Omega$, $R_1 = 1\text{k}\Omega$, $R_1 = 10\text{k}\Omega$)i_L 的波形。

4.3.5　注意事项

(1) 由于电阻上的电压与电流成正比,所以图 4-14 中电阻 R_1 上的电压波形与电感电

流 i_L 的波形相似,所以可以通过观察电阻 R_1 的电压波形从而得到电流 i_L 的波形,但要注意它们之间的参数关系和参考方向。

(2) 实验前应预习第 2 章中有关函数信号发生器和示波器的面板操作方法,学会通过读数指针来测量一阶电路的时间常数。

(3) 必须在仿真电路停止工作的时候,才能对电路的参数和开关的状态进行改变,否则仿真电路中各虚拟仪器的测量结果不一定正确。

4.4　正弦稳态交流电路的仿真研究

4.4.1　实验目的

(1) 加深理解正弦交流电路中电压、电流相量之间的关系。

(2) 加深理解功率的概念及感性负载电路提高功率因数的意义并掌握其方法。

(3) 了解日光灯电路的工作原理,掌握日光灯电路的接线。

(4) 学会使用虚拟瓦特表测量有功功率,进一步提高对仿真软件的应用能力。

4.4.2　实验原理简述

1. RC 串联移相电路

如图 4-15 所示为 RC 串联移相电路。电阻电压 $\dot{U}_R$ 与电容电压 $\dot{U}_C$ 始终保持 90° 的相位差,当改变电阻 R(或改变电容 C)时,整个电路的相位会随之发生变化,电阻电压 $\dot{U}_R$ 的相量轨迹是一个半圆,电源电压 $\dot{U}_S$、电容电压 $\dot{U}_C$ 与电阻电压 $\dot{U}_R$ 构成一个直角电压三角形。

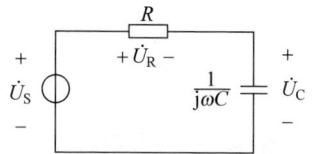

图 4-15　RC 串联移相电路

电容电压 $\dot{U}_C$ 和电源电压 $\dot{U}_S$ 之间的关系为

$$\frac{\dot{U}_C}{\dot{U}_S} = \frac{\dfrac{1}{\mathrm{j}\omega C}}{R + \dfrac{1}{\mathrm{j}\omega C}} = \frac{1}{1 + \mathrm{j}\omega RC} = \frac{1}{\sqrt{1 + (\omega RC)^2}} \angle -\arctan(\omega RC)$$

上式表明,电源电压 $\dot{U}_S$ 和电容电压 $\dot{U}_C$ 之间存在一定的相位差,如果改变电容 C 或电阻 R 的数值,该相位差会随之发生变化。适当地选取电阻 R 或电容 C 的数值,即可控制电容电压 $\dot{U}_C$ 和电源电压 $\dot{U}_S$ 之间的相位差。

2. 日光灯电路及其功率因数的提高

当电路的功率因数 $\cos\varphi$ 较低时,会带来两方面的不利因素:在供电设备的容量一定时,使得供电设备(如发电机、变压器等)的容量得不到充分的利用;在负载有功功率不变的情况下,会使得线路上的电流增大,从而使线路损耗增加,线路压降增大。因此,提高电路的功率因数有着十分重要而且显著的经济意义。

对于感性负载电路,通常采用在负载端并联电容器的方法,用电容器的容性电流(容性功率)补偿感性负载中的感性电流(感性功率),从而提高功率因数。

日光灯电路是一种感性负载,其具体的工作原理请参考 3.2 节中的相关描述。日光灯正常工作后,灯管可以近似认为是一个电阻性负载,而镇流器是一个铁芯线圈,可以看作一个电感较大的感性负载,二者构成一个感性电路,等效电路如图 4-16 所示。

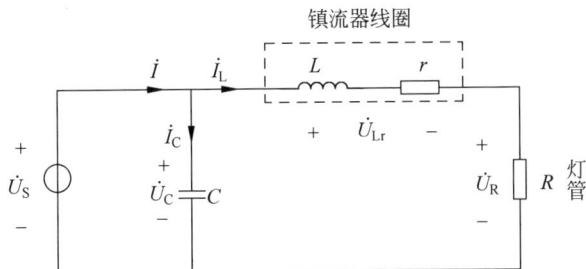

图 4-16　日光灯正常工作后的等效电路

日光灯的功率因数较低(电容 $C=0$ 时),一般在 0.6 以下,且为感性电路,因此往往采用并联电容器的方法来提高电路的功率因数。由于电容支路的电流 $\dot{I}_C$ 超前于电压 $\dot{U}_C$ 90°,抵消了日光灯支路电流中的一部分无功分量,使电路总电流减少,从而提高了电路的功率因数。当电容增加到一定值时,电容电流等于感性无功电流,总电流下降到最小值,此时,整个电路呈现纯电阻性,$\cos\varphi=1$。若再继续增加电容量,总电流 I 反而增大了,整个电路呈现电容性,功率因数反而又降低了。

4.4.3　实验内容

1. RC 串联电路电压三角形的测量

起动 Multisim,在“基本元件库(Place Basic)”中“选择电阻(RESISTOR)”和“电容元件(CAPACITOR)”,在“电源库(Place Sources)”中选择“交流电源(AC_POWER)”,在“指示元件库(Place Indicator)”中选择“电压表(VOLTMETER)”,在电路窗口中建立如图 4-17 所示电路。单击交流电源 u_s 图标,在 Value 选项卡中设置电源电压的有效值(Voltage)为 220V,频率(Frequency)为 50Hz。分别单击 3 个电压表,在 Value 选项卡中把电压表设置为交流电压表(即把 Mode 选项中的 DC 改为 AC),其他参数分别设置为 $R_1=3226.7\Omega$,$C_1=4.7\mu F$。

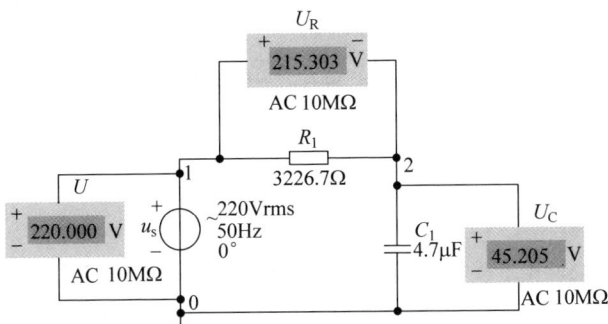

图 4-17　RC 移相仿真电路

起动仿真电路，把 3 个电压表的读数记录在表 4-4 中。

把电阻值改为 $R_1 = 1613.3\Omega$，再次起动仿真电路，把 3 个电压表的读数记录在表 4-4 中。利用测得的 U_R 和 U_C 计算 U 和 φ（U 和 φ 的定义见 3.2 节中图 3-4）。

表 4-4 电压三角形的仿真值

电　　阻	测　量　值			计　算　值	
	U/V	U_R/V	U_C/V	U/V	φ
$R_1 = 3226.7\Omega$					
$R_1 = 1613.3\Omega$					

利用上述两次仿真结果，验证 U_R 相量轨迹。

2. 日光灯电路及其功率因数的提高

起动 Multisim，在"基本元件库"中选择电阻、电感、电容和开关元件，在"电源库"中选择"交流电源（AC_POWER）"，在"指示元件库"中选择"电流表（AMMETER）"，在窗口右侧的"仪器仪表栏"中选择"瓦特表（Wattmeter）"，在电路窗口中建立如图 4-18 所示电路。设置交流电源电压的有效值为 220V，频率为 50Hz。把电流表设置为交流表，其他参数如图 4-18 所示。

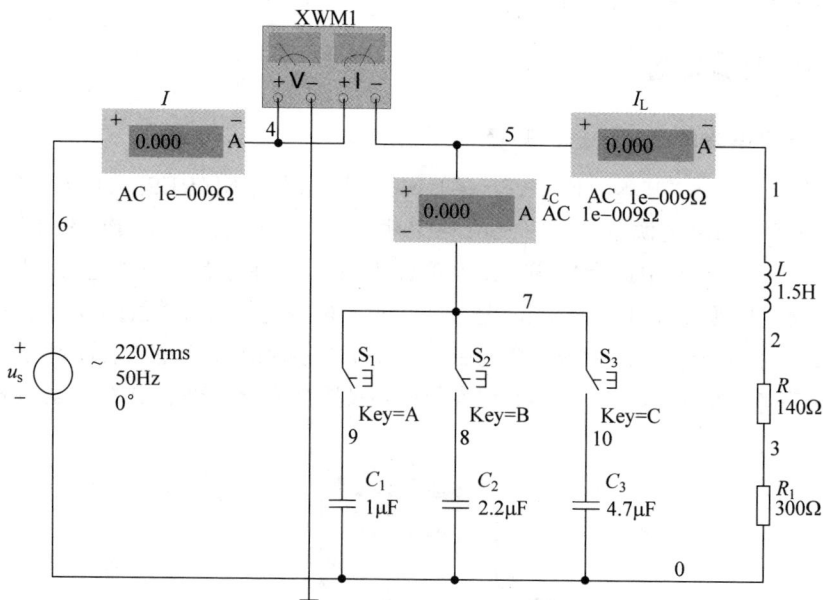

日光灯电路的仿真

图 4-18 日光灯仿真电路

双击瓦特表图标，弹出瓦特表的面板，从面板上可以读取有功功率 P 和功率因数 $\cos\varphi$。

按下仿真软件"起动/停止"开关，起动仿真电路，分别读取 I、I_L、I_C 和瓦特表中功率 P 和功率因数 $\cos\varphi$，记录在表 4-5 第一列中。

再次按下"起动/停止"开关,停止仿真。单击键盘的字母 A 键、B 键和 C 键,通过 3 个开关的不同组合,使并联电容 C 的大小满足表 4-5 中的要求。起动仿真电路后,测量相应的电流、功率和功率因数,记录在表 4-5 中。

表 4-5　不同补偿电容时的测量值

并联电容 $C/\mu F$		0	1	2.2	3.2	4.7	5.7	6.9	7.9
测量值	I/A								
	I_L/A								
	I_C/A								
	P/W								
	$\cos\varphi$								

4.4.4　实验总结

(1) 根据表 4-4 中测出的 U_R 和 U_C,计算端口电压 U。

(2) 根据表 4-5 中的实验数据,在**同一坐标**上(用方格纸)画出不同并联电容时的电压、电流相量图。

(3) 根据表 4-5 中的实验数据,分析在增加并联电容时,各支路电流和端口总功率的变化规律。

(4) 讨论提高电路功率因数的意义和方法。

4.4.5　注意事项

(1) 仿真电路中电压表、电流表的工作模式都要设置为交流表。

(2) 仿真电路中的电源是交流电源,要对其有效值和频率加以设置。

(3) 注意瓦特表的接线方式。瓦特表有 4 个引线端口,电压正极和负极应与负载并联,电流正极和负极应与负载串联。

(4) 必须在仿真电路停止工作的时候,才能对电路的参数和开关的状态进行改变,否则仿真电路中各虚拟仪器的测量结果不一定正确。

4.5　三相交流电路的仿真研究

4.5.1　实验目的

(1) 利用仿真软件,验证三相对称负载星形、三角形连接时,线电压和相电压,线电流和相电流之间的关系。

(2) 了解三相四线制供电系统中中线的作用。

(3) 掌握利用虚拟瓦特表测量三相功率的方法。

4.5.2 实验原理简述

三相负载根据其额定值和电源电压，可作星形（Y）连接或三角形（△）连接。对称三相负载作 Y 连接时，$U_1 = \sqrt{3}U_P$，$I_1 = I_P$，中线电流 $I_0 = 0$，可以不接中线；对称三相负载作 △ 连接时，$U_1 = U_P$，$I_1 = \sqrt{3}I_P$。U_1、U_P 分别为线电压和相电压，I_1、I_P 分别为线电流和相电流。

不对称三相负载作 Y 连接时，中线电流 $I_0 \neq 0$，为保证负载相电压对称，必须要有中线，这时仍有 $U_1 = \sqrt{3}U_P$。如果无中线，则 $U_1 \neq \sqrt{3}U_P$，负载较小（负载阻抗较大）的那一相相电压较高，相电压不对称，使负载不能正常工作。

不对称三相负载作△连接时，$I_1 \neq \sqrt{3}I_P$。这时只要电源 3 个线电压对称，不对称负载的 3 个相电压仍对称，对电器设备没有影响。

三相负载消耗的总有功功率等于每相负载消耗的有功功率之和。对于任何三相负载，都可以采用三瓦特表法测量有功功率。对于三相三线制电路，不论负载对称还是不对称，是星形接法还是三角形接法，都可以采用二瓦特表测量其有功功率。

具体的实验原理请参阅 3.3 节的相关内容。

4.5.3 实验内容

1. 星形连接的三相负载

起动 Multisim，在"指示元件库（Place Indicator）"中选择虚拟灯泡（VIRTUAL_LAMP）放置在电路工作窗口。单击灯泡图标，在 Value 选项卡中设置 Maximum Rated Voltage 为 220V，Maximum Rated Power 为 15W。

在"机电类元件库（Place Electromechanical）"中选择 SUPPLEMENTARY SWITCHES，放置 3 个 PB_NO 开关，单击每个开关元件，在 Value 选项卡中设置 Key for toggle 分别为 A、B 和 C，这样就可以通过按动键盘上的字母 A（或字母 B、字母 C）来改变开关的断开或闭合（注意，必须使键盘处于英文输入状态）。

在"电源库（Place Sources）"中选择三相交流电源（THREE_PHASE_WYE），设置三相交流电源的相电压的有效值[Voltage(L-N,RMS)]为 127V，频率[Frequency(F)]为 50Hz。

在"指示元件库（Place Indicator）"中选择电流表（AMMETER）和电压表（VOLTMETER），单击电流表（或电压表），在 Value 选项卡中设置 Mode 为 AC，把电流表和电压表设置在交流挡。在窗口右侧的"仪器仪表栏"中选择瓦特表（Wattmeter），在电路窗口中建立如图 4-19 所示电路。

在英文输入状态下，分别按下字母 A、B 和 C，使开关 S_1、S_2 和 S_3 都处于闭合状态，此时仿真电路为有中线的三相对称电路。

按下仿真软件"起动/停止"开关，起动仿真电路，分别读取电流表、电压表和瓦特表中的功率和功率因数，记录在表 4-6 的第 1 行中。

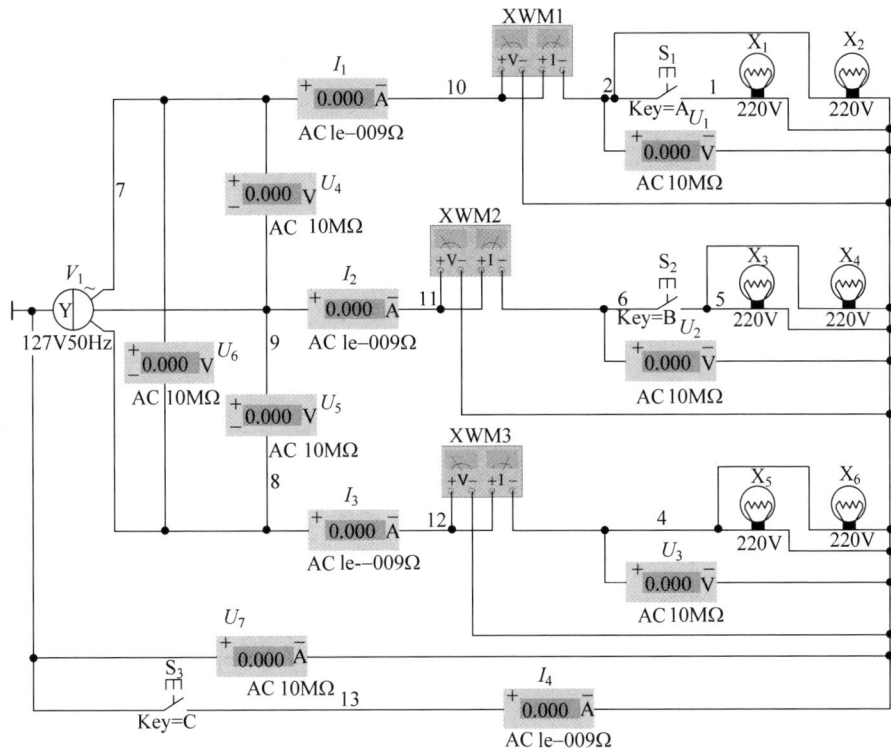

图 4-19　星形连接的三相负载仿真电路图

表 4-6　星形负载时的仿真值

负载情况	电源线电压			负载相电压			电流			中线		三瓦特表法 测量功率			
										电压	电流				
	U_4 /V	U_5 /V	U_6 /V	U_1 /V	U_2 /V	U_3 /V	I_1 /A	I_2 /A	I_3 /A	U_7 /V	I_4 /A	P_1 /W	P_2 /W	P_3 /W	计算 $P_总$ /W
对称 有中线															
对称 无中线															
不对称 有中线															
不对称 无中线															

再次按下仿真软件"起动/停止"开关,停止仿真。按 C 键,使开关 S_3 处于断开状态。此时,仿真电路为无中线的三相对称电路。起动仿真电路,分别读取电流表、电压表和瓦特表中的功率和功率因数,记录在表 4-6 的第 2 行中。

停止仿真电路,分别按 A 键、B 键和 C 键,使开关 S_1、S_2 断开,开关 S_3 闭合,此时仿真电路为有中线的三相不对称电路。起动仿真电路,分别读取电流表、电压表和瓦特表中的功率和功率因数,记录在表 4-6 的第 3 行中。

停止仿真电路,按 C 键,使开关 S_1、S_2、S_3 都断开,此时仿真电路为无中线的三相不对称电路。起动仿真电路,分别读取电流表、电压表和瓦特表中的功率和功率因数,记录在表 4-6 的第 4 行中。

最后计算三相总功率: $P_总 = P_1 + P_2 + P_3$。

2. 三角形连接的三相负载

建立如图 4-20 所示的三角形连接的三相负载仿真电路图。在该仿真图中,采用二瓦特表法来测量三相负载的总功率。要特别注意两个瓦特表的接线。

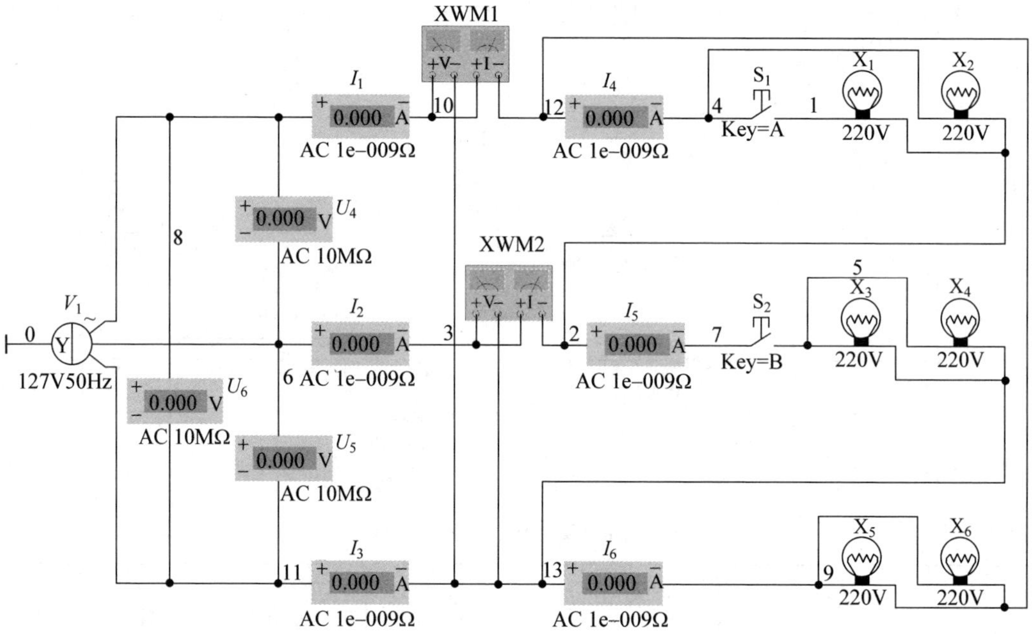

图 4-20　三角形连接的三相负载仿真电路图

按下字母 A 键和 B 键,使 S_1、S_2 两个开关都处于闭合状态。此时仿真电路为三相对称电路。

起动仿真电路,分别读取电流表、电压表和瓦特表中的功率和功率因数,记录在表 4-7 的第 1 行中。

停止仿真电路,按 A 键和 B 键,使开关 S_1、S2 都断开。此时,仿真电路为三相不对称电路。起动仿真电路,分别读取电流表、电压表和瓦特表中的功率和功率因数,记录在表 4-7 的第 2 行中。

最后计算三相总功率: $P_总 = P_1 + P_2$。

表 4-7　三角形负载时的仿真值

测量项目 负载情况	电压			线电流			相电流			二瓦特表法测功率		
	U_4/V	U_5/V	U_6/V	I_1/A	I_2/A	I_3/A	I_4/A	I_5/A	I_6/A	P_1/W	P_2/W	计算$P_总$/W
对称												
不对称												

4.5.4　实验总结

（1）在星形连接的三相不对称负载时,每相负载上分别接了几个灯泡? 开关 S_3 起什么作用?

（2）计算表 4-6 和表 4-7 中的总功率。

（3）根据表 4-6 的数据,分析在不同负载和连接方式的 4 种情况下,电流、负载相电压、中线电流、中线电压、每相功率与负载、中线的关系。说明中线的作用。

（4）根据表 4-7 的数据,分析在负载对称和不对称两种情况下,线电流、相电流、两个瓦特表的读数与负载的关系。

（5）总结在对称负载时,线电压与相电压、线电流与相电流之间的关系。

4.5.5　注意事项

（1）三相电源的电压(相电压)必须设置为 127V。

（2）仿真电路中使用的电压表、电流表的工作模式都必须设置为交流。

（3）特别注意功率表的接线方式。

4.6　单管电压放大器的仿真研究

4.6.1　实验目的

（1）理解静态工作点对放大电路的影响。

（2）掌握集电极电阻和负载电阻对电压放大倍数的影响。

（3）进一步掌握虚拟仪器的使用方法。

4.6.2　实验原理简述

分压式偏置的单管交流电压放大器(如图 4-21 所示)具有较好的稳定性能。图中偏置电路由固定电阻 R_{b1}、R_{b2} 和电位器 R_w 组成。R_w 用以调节偏置电阻 R_b 的大小,从而达到改变静态工作点的目的。

根据电压平衡方程式,可以在已知电路参数时确定静态工作点 Q。此时

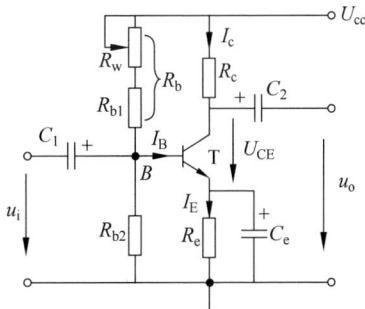

图 4-21　单管交流电压放大电路

$$U_B = \frac{R_{b2}}{R_b + R_{b2}} U_{cc}$$

$$I_E = \frac{U_B - U_{be}}{R_e}, \quad I_B = \frac{I_E}{1 + \beta}, \quad I_c = \beta I_B$$

$$U_{CE} = U_{cc} - I_c \cdot R_c - I_E \cdot R_e$$

$$\approx U_{cc} - I_c(R_c + R_e)$$

单管电压放大电路的交流电压放大倍数,可以通过交流微变等效电路来求得

$$A_u = \frac{u_o}{u_i} = -\beta \frac{R_C // R_L}{r_{be}}$$

式中

$$r_{be} \approx 300 + (1+\beta)\frac{26(\mathrm{mV})}{I_E(\mathrm{mA})}$$

从计算公式中可以看出,放大器的放大倍数与静态工作点(I_E)、集电极电阻R_C和负载电阻R_L有关。

详细的实验原理请见 3.6 节的相关内容。

4.6.3　实验内容

1. 测量静态工作点

起动 Multisim,在"三极管库"(Place Transistor)中选择 NPN 型三极管(BJT_NPN),放置三极管 2N2222。

在"基本元件库(Place Basic)"中选择"电位器(POTENTIOMETER)",放置电位器 R_5,单击该电位器图标,在 Value 选项卡中设置 Key=A,Increment=5%,Resistance=20kΩ,表示电位器的最大阻值为 20kΩ,用字母 A 键来改变电位器的阻值(按一次字母 A 键,阻值增加 5%,按下 Shift+A 组合键,阻值减小 5%)(注意,必须使键盘处于英文输入状态)。在需要微调电位器时,可以设置 Increment=1%,这样每按一次 A 键,阻值增加 1%。

在电路窗口中建立如图 4-22 所示电路。注意,电容 C_1 左侧接地(输入信号为零),开关 S_1 打向右侧(集电极电阻为 4.3kΩ),S_2 断开(不接负载电阻)。电压表和电流表的工作方式为直流。

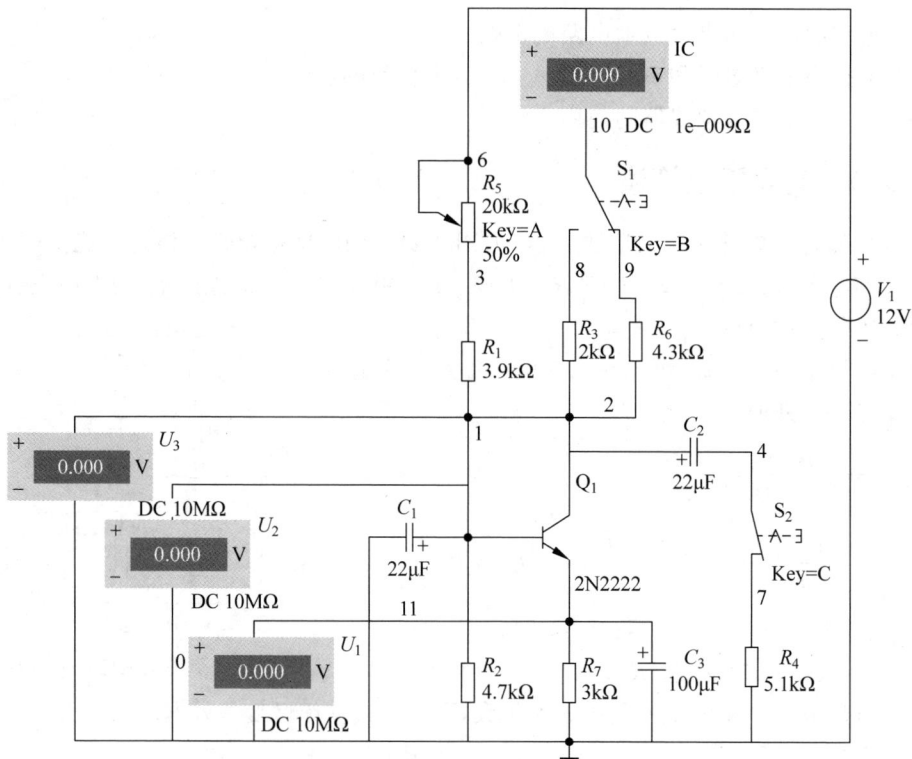

图 4-22　单管放大电路静态仿真电路图

起动仿真电路,调节电位器 R_5 的阻值(按字母 A 键或 Shift+A 组合键),使电流表 I_C 的读数接近 1mA。读取电压表和电流表的数值,记录在表 4-8 的第 2 行中(即"R_W 适中"所在行)。

表 4-8　静态工作点的仿真值

条　　件	U_1/V	U_2/V	U_3/V	I_C/mA	计　　算		晶体管工作状态（截止/放大/饱和）
					U_{BE}	U_{CE}	
R_W 最小							
R_W 适中							
R_W 最大							

把电位器 R_5 调到最小(或最大),把各表的数据分别记录在表 4-8 的第 1 行和第 3 行中。

2. 研究集电极电阻 R_C、负载电阻 R_L 对电压放大倍数的影响

对图 4-22 进行适当修改,并在电路窗口右侧的"仪器仪表栏"中选择函数信号发生器 Function generator 和示波器 Oscilloscope,建立如图 4-23 所示的动态仿真电路。注意,图中电流表 IC 的模式为直流,两个电压表的模式为交流;信号发生器的参数设置如下:输出波形为正弦波,频率(Frequency)为 5kHz,幅值(Amplitude)为 7mVpp;示波器是用来观察输入端和输出端的信号。

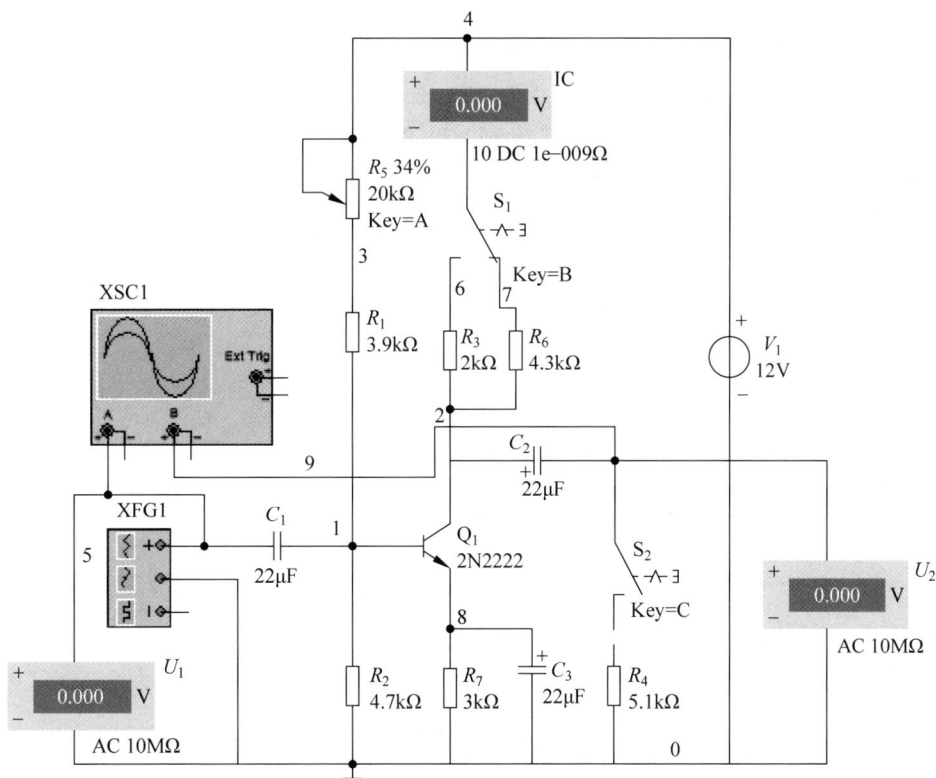

图 4-23　单管放大电路动态仿真电路图

调节电位器 R_5，使集电极电流 $I_C \approx 1\text{mA}$。分别切换开关 S_1、S_2 的状态，完成表 4-9 的内容。

表 4-9   集电极电阻 R_C、负载电阻 R_L 对电压放大倍数的影响

R_L	R_C	U_1	U_2	计算 $A_u = U_1/U_2$
不接（S_2 断开）	$2\text{k}\Omega$（S_1 在左侧）			
不接（S_2 断开）	$4.3\text{k}\Omega$（S_1 在右侧）			
$5.1\text{k}\Omega$（S_2 闭合）	$4.3\text{k}\Omega$（S_1 在右侧）			

3. 研究静态工作点对放大器工作性能的影响

在图 4-23 所示电路中，单击电位器 R_5 的图标，在 Value 选项卡中设置 Resistance＝$30\text{k}\Omega$（Key＝A，Increment＝5％或1％）。

（1）改变静态工作点（调节电位器 R_5 的阻值），在保证输出信号不失真的前提下，观察放大器的电压放大倍数的变化情况，取输入信号 $f = 5\text{kHz}$，$u_i = 7\text{mVpp}$ 不变，完成表 4-10 中的内容（$R_C = 4.3\text{k}\Omega$，不接负载电阻）。

表 4-10   静态工作点对放大器工作性能的影响

I_C/mA	0.3	0.5	0.8	1	1.2
U_o/mV					
$A_u = U_o/U_i$					

（2）观察改变静态工作点对输出电压波形的影响。取输入信号 $f = 5\text{kHz}$，$u_i = 21\text{mVpp}$，用示波器观察 u_o 的变化（$R_C = 4.3\text{k}\Omega$，不接负载电阻）。改变静态工作点，直到输出电压波形失真。把观察到的波形绘制在表 4-11 中，标出时间和幅值，并判断失真波形的性质。若失真不明显，可适当增大输入信号 u_i，使放大器的输出电压产生明显的失真。

表 4-11   静态工作点对输出电压波形的影响

条　　件	R_W 适中，$I_C = 1\text{mA}$	R_W 阻值最大	R_W 阻值最小
输出波形			
晶体管工作状态（截止/放大/饱和）			

4.6.4　实验总结

（1）根据表 4-8 测得的数据，分析偏置电阻的大小对三极管工作状态的影响。

（2）根据表 4-9 测得的数据，分析集电极电阻与负载电阻对放大倍数的影响。

（3）根据表 4-10 测得的数据，分析静态工作点对放大倍数的影响。

（4）根据表 4-11 测得的波形，分析静态工作点对输出电压波形的影响。

4.6.5 注意事项

（1）根据电位器调节精度的要求，及时修改电位器的调节幅度（Increment）。
（2）在实验过程中，要根据实验要求调节信号发生器输出电压的幅值。
（3）正确设置电压表和电流表的工作模式（电流表为直流，电压表为交流）。

4.7 直流稳压电源的仿真研究

4.7.1 实验目的

（1）掌握桥式整流器的工作原理。
（2）理解整流、滤波的作用。
（3）掌握稳压电路的工作原理。
（4）进一步掌握仿真软件的使用方法。

4.7.2 实验原理简述

单相桥式整流电路如图 4-24 所示。其主要性能指标为输出直流电压 U_L 和纹波系数 γ。对于无滤波电路的单相桥式整流电路，输出直流电压 $U_L=0.9U_2$，在电容滤波条件下，$U_L\approx1.2U_2$。纹波系数是用来表征整流电路输出电压的脉动程度，定义为输出电压中交流分量有效值（又称纹波电压）$\tilde{U}_L$ 与输出电压平均值 U_L 之比，即 $\gamma=\tilde{U}_L/U_L$，显然，γ 值越小越好。

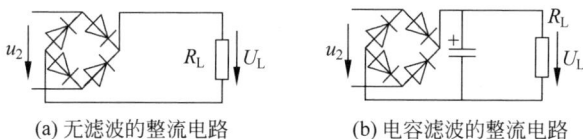

(a) 无滤波的整流电路　(b) 电容滤波的整流电路

图 4-24 单相桥式整流电路

稳压电源的主要性能指标为输出电压调节范围、输出电阻 R 和稳压系数 S。
输出电阻 R 定义为当输入交流电压 U_2 保持不变，由于负载变化而引起的输出电压变化量 ΔU_L 与输出电流变化量 ΔI_L 之比，即

$$R=\frac{\Delta U_L}{\Delta I_L}$$

稳压系数 S 定义为当负载保持不变，输入交流电压从额定值变化 $\pm10\%$，输出电压的相对变化量 ΔU_L 与输入交流电压相对变化量 ΔU_2 之比，即

$$S=\frac{\Delta U_L}{\Delta U_2}$$

显然，输出电阻 R 及稳压系数 S 越小，输出电压越稳定。

4.7.3　实验内容

1. 单相桥式整流、滤波电路

在"二极管库(Place Diodes)"中选择 FWB,放置"1B4B42"桥式整流电路 D1。在"电源库(Place Sources)"中选择 POWER_SOURCES,放置交流电源(AC_POWER)U2,单击该交流电源图标,设置 Voltage(RMS) 为 13.5V,频率 Frequency 为 50Hz。

在"基本元件库(Place Basic)"中选择电阻 RESISTOR,放置电阻元件 R_1。

在窗口右侧的"仪器仪表栏"中选择数字万用表(Multimeter)并放置在电路工作窗口。双击万用表的图标,在弹出的面板上可以对挡位进行设置,也可查看万用表的数据。在测量输出电压平均值 U_L 时,设置在直流电压挡,如图 4-25(a)所示;在测量输出电压中的交流分量有效值(纹波)$\tilde{U}_L$ 时,设置在交流电压挡,如图 4-25(b)所示。

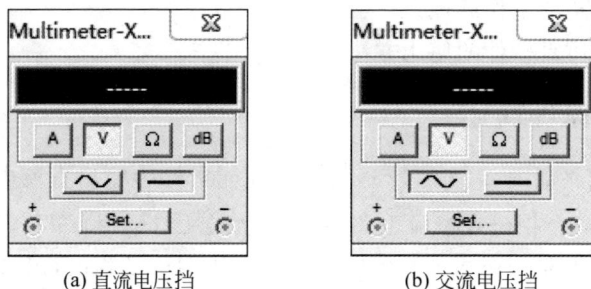

(a) 直流电压挡　　　　　　(b) 交流电压挡

图 4-25　万用表不同挡位的设置示意图

在窗口右侧的"仪器仪表栏"中选择示波器(Oscilloscope),并放置在电路工作窗口。按要求连接各元件,在电路窗口中建立如图 4-26 所示电路。测量输出电压平均值 U_L 和输出电压中的交流分量有效值(纹波)$\tilde{U}_L$,把测量得到的数据和观察到的负载电压的波形记录在表 4-12 的第 1 行中。

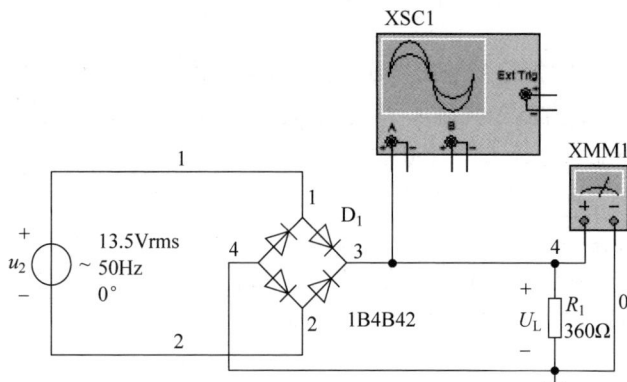

图 4-26　桥式整流电路仿真电路图

在图 4-26 的基础上,在负载电阻两端并联电容 C_1(100μF),构成电容滤波的整流电路,如图 4-27 所示。把测量得到的数据和观察到的波形记录在表 4-12 的第 2 行中。

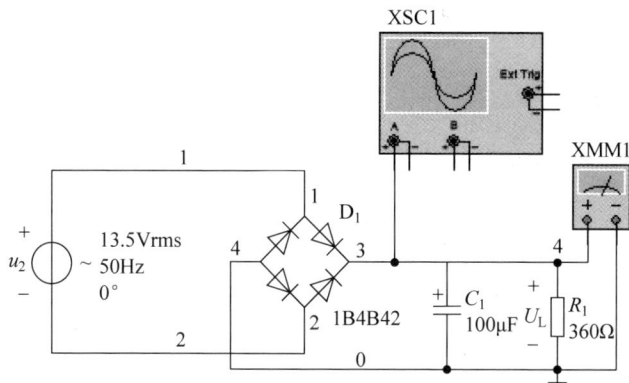

图 4-27 电容滤波的桥式整流电路仿真电路图

在图 4-27 的仿真电路图中,改变滤波电容 C_1 的值,使 $C_1 = 470\mu F$,把测量得到的数据和观察到的波形记录在表 4-12 的第 3 行中。

表 4-12 ($R_L = 360\Omega$、$U_2 = 13.5V$)桥式整流、滤波电路

电 路 图	测量结果			纹 波 系 数
	U_L/V	$\widetilde{U}_L/V$	u_L 波形	

2. 直流稳压电源

在图 4-27 的基础上,在"电力元件库(Place Power Components)"中选择"电压调节器(VOLTAGE_REGULATOR)",放置 LM7812CT。在电路窗口中建立如图 4-28 所示电路。万用表 XMM1 的设置与实验内容 1 相同(即在测量输出电压平均值 U_L 时,设置在直流电压挡,在测量输出电压中的交流分量有效值 $\widetilde{U}_L$ 时,设置在交流电压挡),XMM2 设置为直流电流挡。

按表 4-13 的要求改变负载电阻 R_L,分别测量在不同负载电阻(负载电阻断开,相当于 $R_L = \infty$)时的 U_L、$\widetilde{U}_L$ 和 I_L。

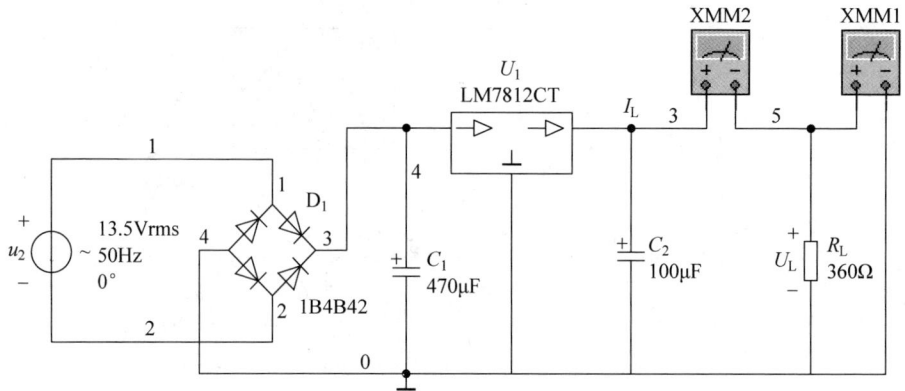

图 4-28   流稳压电源仿真电路图

表 4-13   直流稳压电源的输出电阻($U_2 = 13.5V$)

负　　载	测　量　结　果			输　出　电　阻
R_L/Ω	U_L/V	$\widetilde{U}_L/mV$	I_L/mA	$R = \dfrac{\Delta U_L}{\Delta I_L}$
∞				
360				
180				

在图 4-28 中,取负载电阻 $R_L = 180\Omega$ 不变。改变 U_2,完成表 4-14 的测量。

表 4-14   直流稳压电源的稳压系数($R_L = 180\Omega$)

电源 U_2/V	测　量　结　果		稳　压　系　数
	U_L/V	$\widetilde{U}_L/mV$	$S = \dfrac{\Delta U_L}{\Delta U_2}$
12			
13.5			
14.5			

4.7.4　实验总结

(1) 整流电路在无滤波电容、滤波电容 $C_1 = 100\mu F$ 和滤波电容 $C_1 = 470\mu F$ 这 3 种不同情况时,负载电阻上的波形有什么不同? 说明滤波电容的作用。

(2) 直流稳压电源中增加了集成稳压器(LM7812CT)后,输出电压的纹波幅值有什么变化?

(3) 计算表 4-12 的纹波系数 γ、表 4-13 中的输出电阻 R 和表 4-14 中的稳压系数 S。

(4) 根据表 4-12 中的数据,分析单相桥式整流电路输出电压平均值 U_L 和输入交流电压有效值 u_2 之间的数量关系。

4.7.5 注意事项

（1）正确设置图 4-28 中两个万用表的挡位。特别是万用表 XMM1 在测量 U_L 和 $\tilde{U}_L$ 时，要切换到不同的挡位。

（2）双击万用表的图标，在弹出的面板上可以对挡位进行设置，也可查看万用表的数据。

4.8 集成运算放大器的仿真研究

4.8.1 实验目的

（1）掌握集成运算放大器的几种基本运算电路。
（2）了解集成运算放大器的非线性应用。
（3）进一步掌握仿真软件的使用方法。

4.8.2 实验原理简述

集成运算放大器是一种高增益、高输入电阻的直流放大器。本实验中采用 AD741 型集成运放，其引脚配置如图 4-29 所示。

由于集成运算放大器具有高增益、高输入电阻的特点，它组成运算电路时，必须工作在深度负反馈状态，此时输出电压与输入电压的关系取决于反馈电路的结构与参数。把集成运算放大器与不同的外部电路连接，可以实现比例、加法、减法等数学运算。

电压比较器是运算放大器的一种非线性应用。本实验中采用 LM339 型集成电压比较器。LM339 集成元件内含 4 组独立的电压比较器，其引脚配置如图 4-30 所示。在仿真时可任意选择使用其中的一个。LM339 是集电极开路输出（OC）的，在使用时必须在输出端和正电源之间接一个上拉电阻。

图 4-29 AD741 引脚图

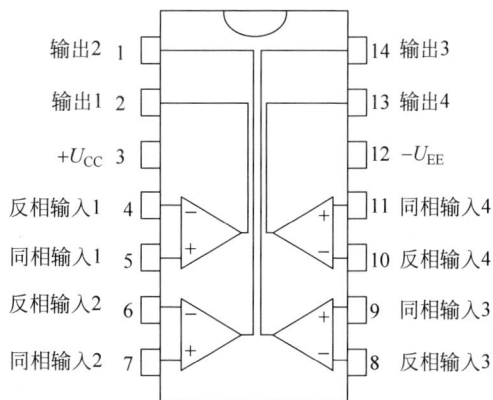

图 4-30 LM339 引脚图

4.8.3 实验内容

1. 反相比例运算电路

在"模拟元件库(Place Analog)"中选择"运算放大器(OPAMP)"，放置 AD741CH。

在"电源库(Place Sources)"中选择"电源(POWER_SOURCES)"，放置两个直流电压源(DC_POWER)E_1、E_2 和输入信号源 u_i。

在"基本元件库(Place Basic)"中选择"电位器(POTENTIOMETER)"，放置阻值为 $10\text{k}\Omega$ 的电位器 R_W。双击电位器图标，在弹出的对话框中选择 Label 选项卡，把 RefDes 修改为 R_W。在 Value 选项卡中设置 Key=A，Increment=5%，Resistance=$10\text{k}\Omega$。

在"基本元件库(Place Basic)"中选择电阻元件(RESISTOR)，放置电阻 R_1、R_2 和 R_F。

在"仪器仪表栏"中选择数字万用表(Multimeter)并放置在电路工作窗口。双击万用表的图标，把万用表设置在直流电压挡。

按要求连接各元件，在电路窗口中建立如图 4-31 所示的反相比例运算电路。

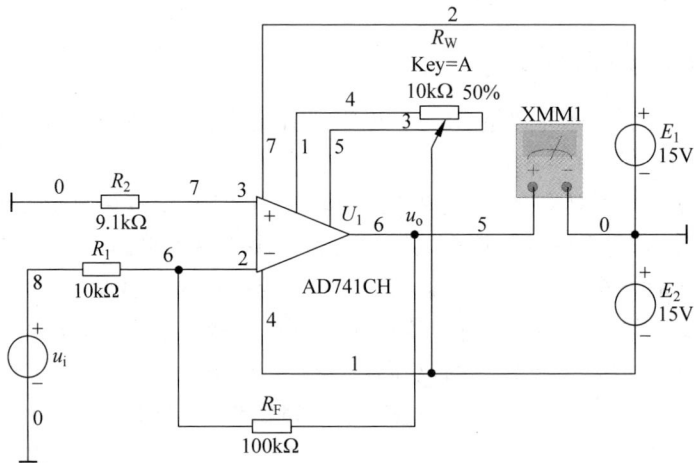

图 4-31　反相比例运算仿真电路图

改变输入信号 u_i 的大小，测量相应的输出电压 u_o，记录在表 4-15 中。并计算相应的电压放大倍数 A_u。

表 4-15　反相比例运算

u_i/V	-1	-0.5	0.25	0.5	1
u_o/V					
$A_u=u_o/u_i$					

2. 同相比例运算电路

在电路窗口中建立如图 4-32 所示的同相比例运算电路。改变输入信号 u_i 的大小，测量相应的输出电压 u_o，记录在表 4-16 中。并计算相应的电压放大倍数 A_u。

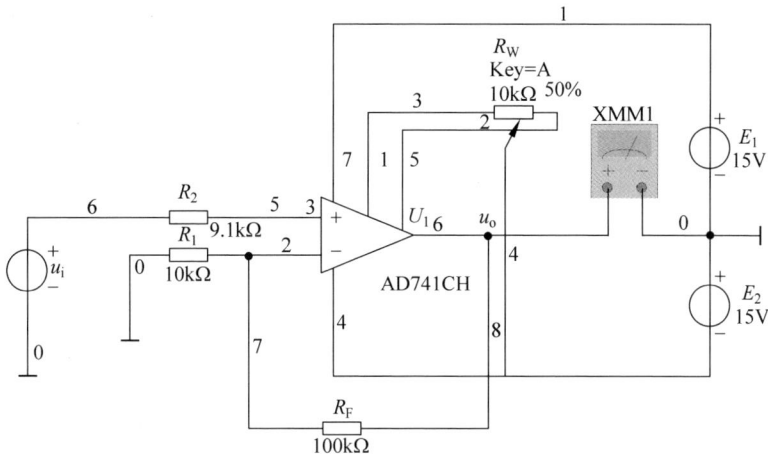

图 4-32 同相比例运算电路仿真电路图

表 4-16 同相比例运算

u_i/V	-1.0	-0.5	0.25	0.5	1.0
u_o/V					
$A_u = u_o/u_i$					

3. 反相加法运算

在电路窗口中建立如图 4-33 所示的反相加法运算电路。改变输入信号 u_{i1}、u_{i2} 的大小,测量相应的输出电压 u_o,记录在表 4-17 中。

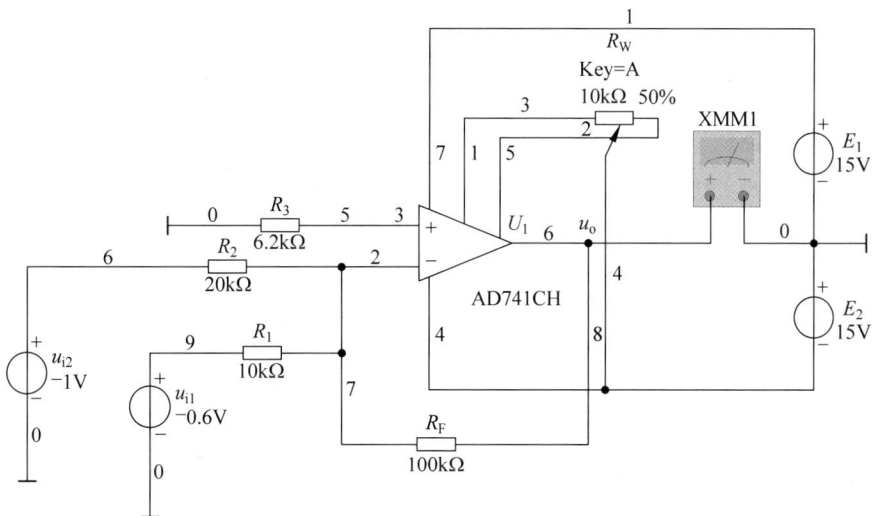

图 4-33 反相加法运算电路仿真电路图

表 4-17　反相加法运算

u_{i1}/V	−0.6	−0.4	−0.25	0	0.5
u_{i2}/V	−1.0	−0.5	0	0.5	1.0
u_o/V					

4. 减法运算

在电路窗口中建立如图 4-34 所示的减法运算电路。改变输入信号 u_{i1}、u_{i2} 的大小，测量相应的输出电压 u_o，记录在表 4-18 中。

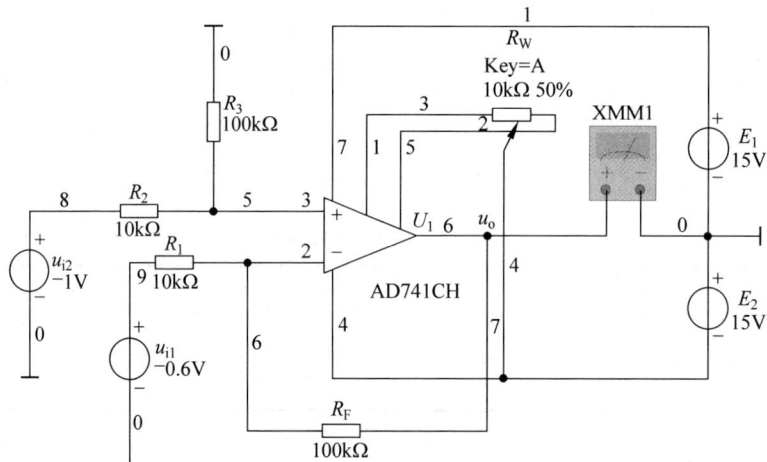

图 4-34　减法运算电路仿真电路图

表 4-18　减法运算

u_{i1}/V	−0.6	−0.4	−0.25	0	0.5
u_{i2}/V	−1.0	−0.5	0	0.5	1.0
u_o/V					

5. 电压比较器

在"模拟元件库（Place Analog）"中选择"比较器（COMPARATOR）"，放置 LM339N。在弹出的窗口中单击 A，表示使用这个器件中的第 1 个比较单元（LM339 中共有 4 个比较单元，见图 4-30）。

在窗口右侧的"仪器仪表栏"中选择函数信号发生器（Function generator）和示波器（Oscilloscope）。

把集成运算放大器 AD741 改换为电压比较器 LM339，按图 4-35 接线，比较器的同相输入端（5 号引脚）接直流电压 U_R（$U_R=-0.5V$），反相输入端（4 号引脚）接正弦信号 u_i（正弦信号由函数信号发生器产生，$f=500Hz$，幅值 1.414V）。用示波器观察 u_o 的波形，并记入表 4-19 中。

按表 4-19 的要求改变 U_R 的电压值，把观察到的波形记录在表 4-19 中。

把直流电压 U_R 和函数信号发生器的位置互换，即比较器的反相输入端接直流电压 U_R，同相输入端接正弦信号。用示波器观察 u_o 的波形，并记录在表 4-19 中。

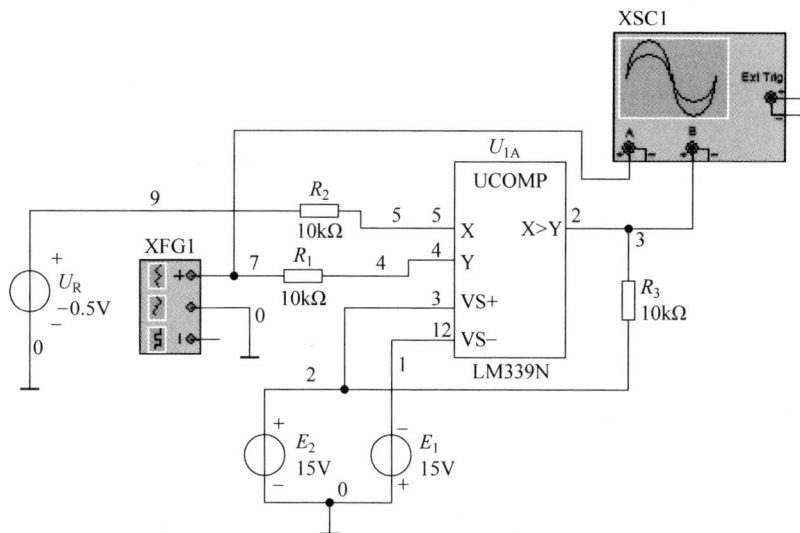

图 4-35 电压比较器仿真电路图

表 4-19 电压比较器输入/输出波形

U_R/V	$-0.5V$	$0V$	$+0.5V$
u_i 的波形			
u_i 接反相端时 u_o 的波形			
u_i 接同相端时 u_o 的波形			

注：波形图中需标注时间和幅值。

4.8.4 实验总结

（1）根据各项运算的实验数据，与理论值进行比较，进行误差分析。

（2）写出图 4-31～图 4-34 各电路中输出电压 u_o 与输入信号 u_i（或 u_{i1}、u_{i2}）之间的关系。

（3）分析表 4-19 所得到的波形。

（4）图 4-35 中电阻 R_3 起什么作用？

4.8.5 注意事项

（1）在进行反相比例运算、同相比例运算、反相加法运算和减法运算仿真时，要正确设置万用表的挡位，正确设置各直流电源的幅值和方向。

（2）在进行电压比较器的电路仿真时，要更换集成元件为 LM339。

（3）为了使运算放大器和电压比较器正常工作，必须给集成元件接上正确的电源。

4.9　TTL 与非门和触发器的仿真研究

4.9.1　实验目的

（1）掌握对 TTL 门电路、触发器的仿真。

（2）通过仿真，掌握用与非门构成与门、或门、异或门和表决电路的方法。

（3）通过仿真，理解 JK 触发器的功能。

4.9.2　实验原理简述

门电路是组成逻辑电路的最基本单元。本实验中采用型号为 74LS00 和 74LS10 两种集成与非门元件，元件的引脚排列如图 4-36 所示。74LS00 集成元件内含有 4 组独立的二输入端与非门，74LS10 内含有 3 组独立的三输入端与非门，其公用电源端都为 7 脚和 14 脚，7 脚接地，14 脚接电源。

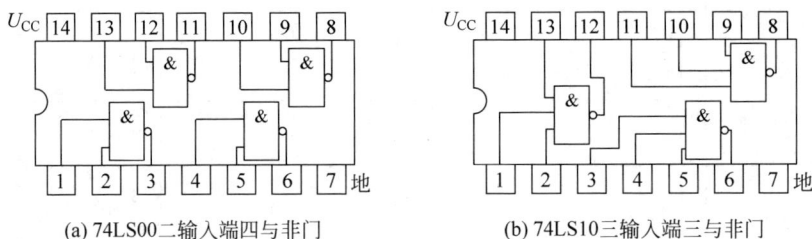

(a) 74LS00二输入端四与非门　　　　(b) 74LS10三输入端三与非门

图 4-36　与非门引脚图

触发器是一种具有记忆功能的电路。本实验采用 74LS112 双 JK 触发器，74LS112 集成元件内含两组独立的 JK 触发器，在仿真时可选择其中的任意一组。图 4-37 是 JK 触发器的逻辑符号及 74LS112 双 JK 触发器引脚图。

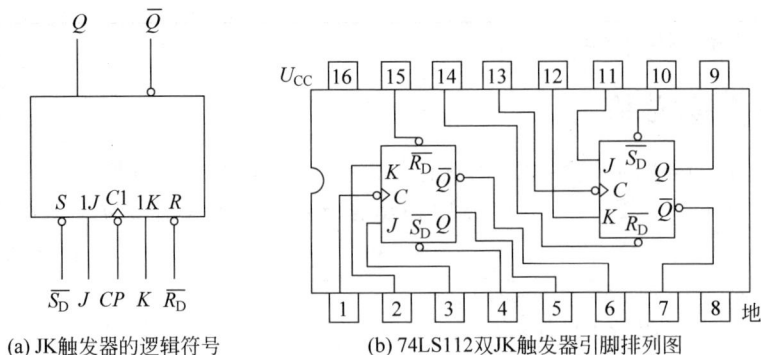

(a) JK触发器的逻辑符号　　　　(b) 74LS112双JK触发器引脚排列图

图 4-37　JK 触发器的逻辑符号及引脚图

4.9.3　实验内容

(1) 用与非门组成与门,测试其逻辑功能。

在"电源库(Place Sources)"中选择"电源(POWER_SOURCES)",放置直流电压源 (DC_POWER)V_1,设置其电压值为5V。

在"基本元件库(Place Basic)"中选择电阻元件(RESISTOR),放置电阻R_1、R_2,并设置其阻值分别为1kΩ和470Ω。

在"基本元件库(Place Basic)"中选择"开关(SWITCH)",放置2个开关(SPDT)S_1和 S_2。单击开关图标,在Value选项卡中分别设置Key for toggle＝A,Key for toggle＝B。

在"TTL元件库(Place TTL)"中选择74LS,放置与非门74LS00D,在弹出的对话框中选择A组。同样,再次放置与非门74LS00D,选择U_1所在行中的B组。

在"二极管元件库(Place Diodes)"中选择发光二极管(LED),放置红色发光二极管 (LED_red)。

按要求连接各元件,在电路窗口中建立如图4-38所示的与门逻辑电路。

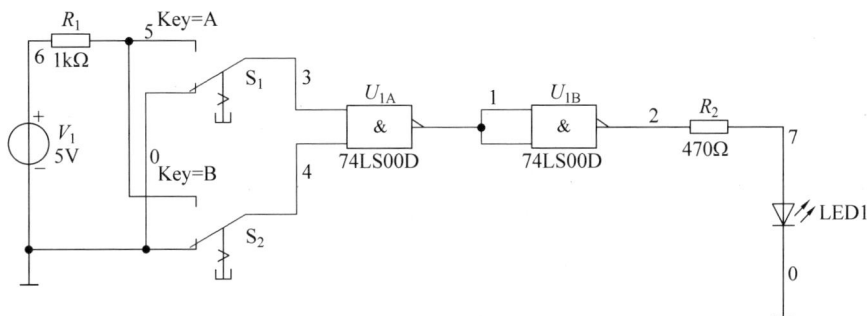

图 4-38　与门逻辑仿真电路图

起动仿真电路,如果发光管右侧的两个箭头变成红色,就表示该发光管已点亮,此时输出为高电平;否则,输出为低电平。

分别按下A键和B键,使输入端的电平按表4-20的要求变化(开关在上侧时输入高电平,开关在下侧时输入低电平),把输出端的电平记录在表4-20中。

表 4-20　与门逻辑功能

输入端逻辑状态		输　出　端
A	B	Y
0	0	
0	1	
1	0	
1	1	

(2) 用与非门组成或门,测试其逻辑功能。

在图4-38的基础上,再增加1个与非门74LS00D。按要求连接各元件,在电路窗口中建立如图4-39所示的或门逻辑电路。

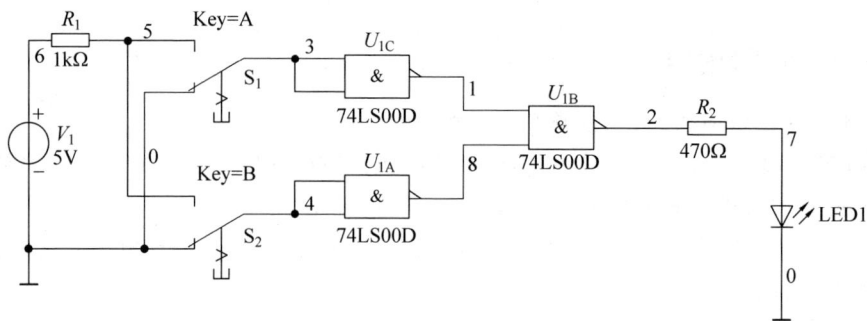

图 4-39 或门逻辑仿真电路图

起动仿真电路,分别按下 A 键和 B 键,使输入端的电平按表 4-21 的要求变化,把输出端的电平记录在表 4-21 中。

表 4-21 或门逻辑功能

输入端逻辑状态		输 出 端
A	B	Y
0	0	
0	1	
1	0	
1	1	

（3）用与非门组成异或门,测试其逻辑功能。

在图 4-39 的基础上,再增加 1 个与非门 74LS00D。按要求连接各元件,在电路窗口中建立如图 4-40 所示的异或门逻辑电路。

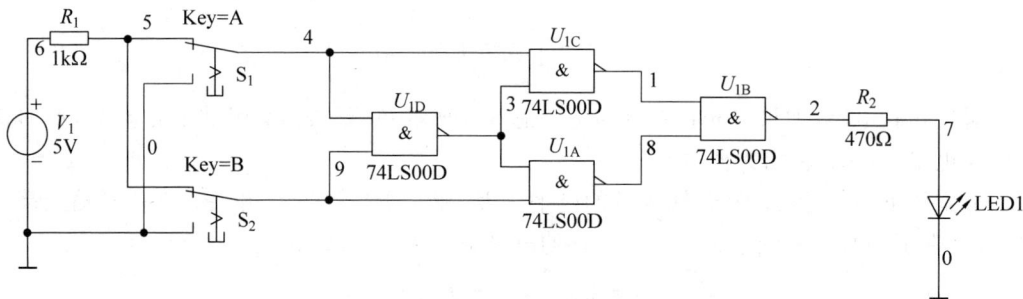

图 4-40 异或门逻辑仿真电路图

起动仿真电路,分别按下 A 键和 B 键,使输入端的电平按表 4-22 的要求变化,把输出端的电平记录在表 4-22 中。

表 4-22 异或门逻辑功能

输入端逻辑状态		输 出 端
A	B	Y
0	0	
0	1	
1	0	
1	1	

（4）用与非门组成表决电路，测试其逻辑功能。

在图 4-40 的基础上，增加 1 个三输入与非门 74LS10D，再增加 1 个开关 S_3，并设置 Key for toggle＝C。按要求连接各元件，在电路窗口中建立如图 4-41 所示的表决电路。

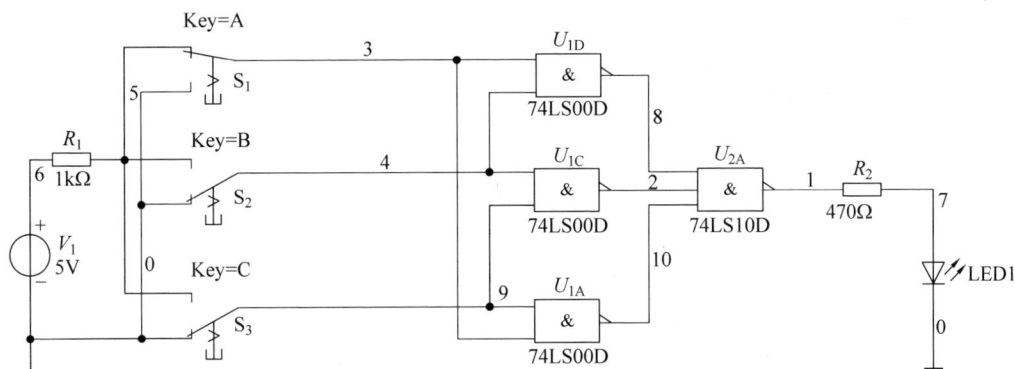

图 4-41 表决电路仿真图

起动仿真电路，分别按下 A 键、B 键和 C 键，使输入端的电平按表 4-23 的要求变化，把输出端的电平记录在表 4-23 中。

表 4-23 表决电路逻辑功能

输入端逻辑状态			输 出
A	B	C	Y
0	0	0	
0	0	1	
0	1	0	
0	1	1	
1	0	0	
1	0	1	
1	1	0	
1	1	1	

（5）测试 JK 触发器的逻辑功能。

在图 4-41 的基础上，再增加两个开关 S_4 和 S_5，并分别设置 Key for toggle＝D 和 Key for toggle＝E。删除所有的与非门 74LS00D 和 74LS10D。

在"TTL 元件库（Place TTL）"中选择 74LS，放置 JK 触发器 74LS112N，在弹出的对话框中选择 A 组。

按要求连接各元件，在电路窗口中建立如图 4-42 所示的 JK 触发器电路。

起动仿真电路，分别按下 A 键、B 键、C 键、D 键和 E 键，使输入端的电平按表 4-24 的要求变化，把输出端的电平记录在表 4-24 中（表中"×"表示可以是任意状态；"↓"表示是脉冲的下降沿，即从高电平变为低电平）。

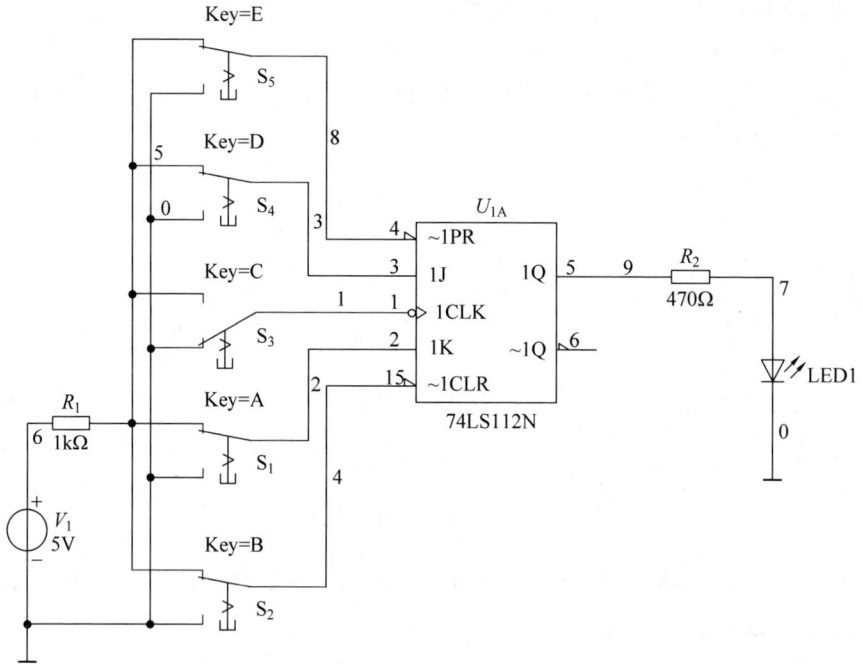

图 4-42　JK 触发器仿真电路图

表 4-24　JK 触发器逻辑功能

输　　入					输　　出	
$\overline{S}_D$	$\overline{R}_D$	CP	J	K	Q_n	Q_{n+1}
0	1	×	×	×	×	
1	0	×	×	×	×	
1	1	↓	0	0	0	
1	1	↓			1	
1	1	↓	1	0	0	
1	1	↓			1	
1	1	↓	0	1	0	
1	1	↓			1	
1	1	↓	1	1	0	
1	1	↓			1	

注：表中 $\overline{S}_D$、$\overline{R}_D$ 和 CP 分别对应图 4-42 中的～1PR、～1CLR 和 1CLK。

4.9.4　实验总结

（1）根据仿真结果，分别写出与门、或门和异或门的逻辑功能。

（2）根据仿真结果，说明表决电路的功能（即多数输入端为 0 态，输出端为_____态；多数输入端为 1 态，输出端为_____态）。

（3）根据仿真结果，说明 JK 触发器的触发方式。（是电平触发，还是脉冲触发；上升沿触发，还是下降沿触发？）

4.9.5　注意事项

（1）如果在仿真图中要用到多个与非门,应选择同一集成元件中的各组(即选用 U_{1A},U_{1B},…)。

（2）在起动仿真后,可以直接切换开关状态来观察输出端的电平状态。

（3）在测试 JK 触发器功能时,要仔细核对各开关状态。

4.10　计数、译码和显示电路的仿真研究

4.10.1　实验目的

（1）理解译码器的基本功能。

（2）理解七段码显示器的工作原理和使用方法。

（3）学习用复位法实现计数器不同进制的转换。

4.10.2　实验原理简述

1. 计数器

计数器是数字电路系统中一种基本的部件,它能对脉冲进行计数,以实现数字存储、运算和控制。常用的有二进制计数器、十六进制计数器等,计数器根据计数脉冲引入的方式不同,分为同步计数器和异步计数器。按计数过程中计数器数字增减来分,计数器又可分为加法计数器、减法计数器和可逆计数器等。

本实验采用 74LS193 型同步十六进制可逆计数器,它的引脚排列如图 3-52 所示,各引脚的功能、操作说明及逻辑功能见 3.11 节中的相关内容。

在实际使用中会需要其他不同进制的计数器,本实验采用复位法转换计数器进制,利用计数器中的复位功能实现 N 进制。如图 3-56 所示为六进制的接法。

2. 译码、显示

通常计数器将时钟脉冲个数按 4 位二进制数输出,如果需要把数值显示出来,就需要通过译码器把这个二进制数码译成适用于七段数码管显示的代码。本实验采用 74LS48 型 BCD—七段译码器,其引脚排列如图 3-57 所示。

常用的显示器有半导体数码管显示器和液晶显示器。前者具有体积小、寿命长、工作电压低、可靠性高等优点,并且可以和集成电路配合使用。同一规格的数码管有共阴极和共阳极两种,本实验采用共阴极七段 LED 数码管,外引线及内部电路结构如图 3-58 所示。

4.10.3　实验内容

1. 检查 74LS48 译码器、数码管的功能

在"TTL 元件库(Place TTL)"中选择 74LS,放置译码器 74LS48D。

在"指示元件库(Place Indicator)"中选择 HEX_DISPLAY,放置七段码显示器 SEVEN_

SEG_COM_K。

放置直流电源、开关、电阻等元件，按要求连接各元件，在电路窗口中建立如图 4-43 所示的译码器功能测试电路。

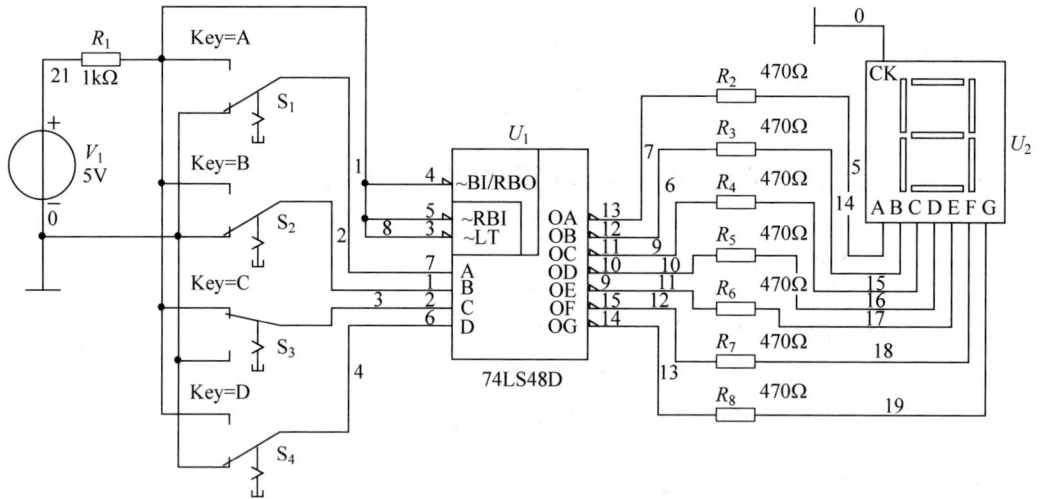

图 4-43　74LS48 译码器功能测试仿真图

分别按下 A 键、B 键、C 键和 D 键，使 74LS48 的输入按照 0000→0001→0011…1110→1111 的规律变化（译码器 74LS48 的数码输入端中 D 为高位，A 为低位），观察数码管显示的字符是否与输入数码相同。

2. 测试 74LS193 计数器的计数功能

在"TTL 元件库（Place TTL）"中选择 74LS，放置计数器 74LS193D。

在"二极管元件库（Place Diodes）"中选择发光二极管（LED），放置红色发光二极管（LED_red）。

将 74LS193 的输出端 Q_A、Q_B、Q_C、Q_D 通过电阻接状态显示发光二极管，置 0 端 CLR 接地，预置数控制端～LOAD=1，DOWN=1。

注意：仿真软件中 74LS193 的引脚符号与常用的集成元件的引脚符号的不同之处。仿真软件中的 CLR，～LOAD，UP，DOWN 分别对应于 R_D，$\overline{LD}$，CP_+，CP_-。

按要求连接各元件，在电路窗口中建立如图 4-44 所示的计数器功能测试电路。

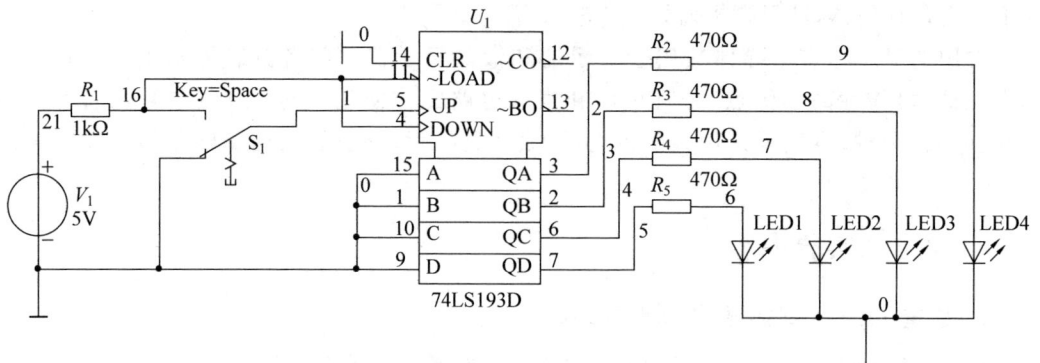

图 4-44　74LS193 计数器功能测试仿真图

起动仿真电路。在 UP 端加入单次脉冲(按两次空格键,相当于在 UP 端加入一个单次脉冲),将结果记录在表 4-25 中。

表 4-25 计数器的计数功能

CP	Q_D	Q_C	Q_B	Q_A
0	0	0	0	0
1				
2				
3				
4				
5				
6				
7				
8				
9				
10				
11				
12				
13				
14				
15				
16				

3. 用复位法将 74LS193 计数器接成六进制

如图 4-45 所示,在电路窗口中建立六进制计数器仿真电路图。

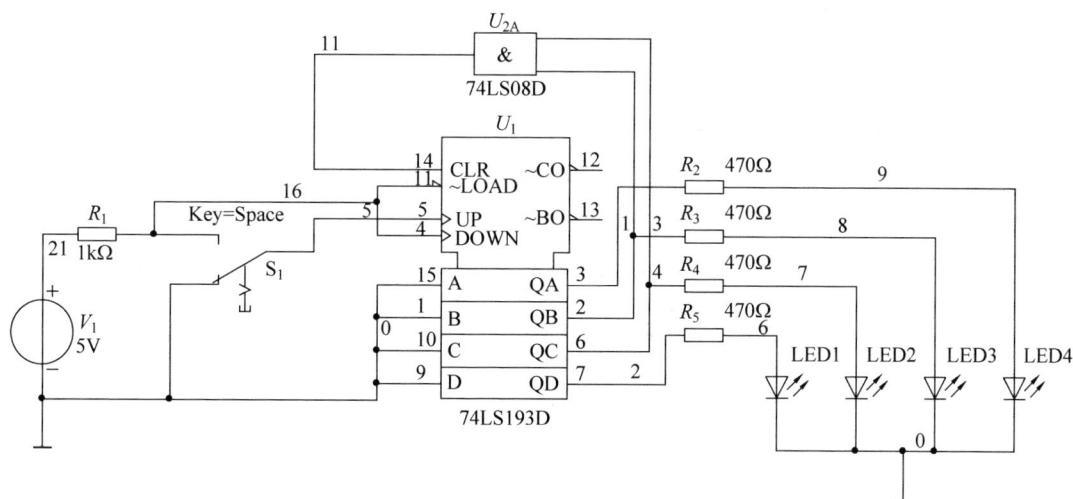

图 4-45 74LS193 构成的六进制计数器仿真电路图

十进制计数器的仿真

　　起动仿真电路,按空格键,在 74LS193 的 UP 端加入脉冲,观察输出情况。参照表 4-25 的格式设计一个表格,把观察的结果记录下来。

　　4. 用复位法将 74LS193 计数器接成十进制计数器并与译码器相连

　　按照要求,用复位法将 74LS193 计数器接成十进制计数器并与译码器 74LS48 相连,观察计数情况(电路请读者自行设计)。

4.10.4　实验总结

　　(1) 根据实验内容 1 的结果,总结 74LS48 译码器的功能。
　　(2) 根据实验内容 2 的结果,总结 74LS193 计数器的功能。
　　(3) 根据实验内容 3 和 4 的结果,总结用复位法将 74LS193 接成任意进制计数器的原理。

4.10.5　注意事项

　　(1) 在检查 74LS48 译码器、数码管的功能时,按下 A、B、C、D 中任意 1 个键,显示器显示的内容就应该改变一次。
　　(2) 在 74LS193 计数器的 UP 端加脉冲时,按两次空格键,输出变化一次。
　　(3) 在仿真过程中,通过观察数码管和 LED 指示灯来判断输出高低电平的状态。

4.11　序列信号发生电路的仿真研究

4.11.1　实验目的

　　(1) 了解序列信号发生电路的设计方法。
　　(2) 了解计数器的工作原理。
　　(3) 理解组合逻辑电路的设计方法。
　　(4) 理解仿真软件的使用方法。

4.11.2　实验原理简述

　　本实验要求在只使用 1 片 74LS161、1 片 74LS00 和 1 片 74LS10 的前提下。设计能产生三路序列信号的序列信号发生器,原理框图如图 4-46 所示。

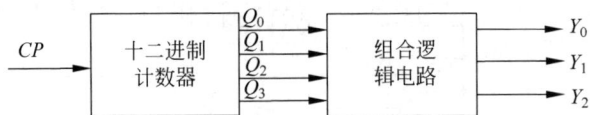

图 4-46　实验原理框图

　　组合逻辑电路的输出 Y_0、Y_1、Y_2 与输入 $Q_3Q_2Q_1Q_0$ 之间的关系满足

$$Y_0 = Q_3Q_1Q_0, \quad Y_1 = \overline{Q_3}, \quad Y_2 = Q_3\overline{Q_1}Q_0$$

1. 序列信号发生电路

按一定规律排列的周期性串行数字信号称为序列信号。产生序列信号的方法很多，利用计数器和组合逻辑电路也可以产生序列信号。

74LS161 是 4 位同步二进制加法计数器，具有同步置数、异步清零和保持等功能。74LS161 的引脚排列及功能介绍详见 3.12 节的实验原理简述。

74LS00 是二输入四与非门，74LS10 是三输入三与非门。用与非门可以组成其他逻辑电路。74LS00 和 74LS10 的引脚排列及逻辑功能详见 3.10 节的实验原理简述。

2. 用 74LS161 设计十二进制计数器

利用 74LS161 的同步置数或异步清零的功能，可以把它设计为十二进制计数器。利用同步置数功能实现的十二进制计数器如图 4-47 所示，其中 $\overline{LD} = \overline{Q_3 Q_1 Q_0}$。当计数器递增计数到十进制数 11（二进制 1011）时，$\overline{LD}$ 为低电平，在时钟脉冲的上升沿（仿真软件中是下降沿），把并行数据输入端 $ABCD$ 的数据 0000 锁存到输出端口 $Q_0 Q_1 Q_2 Q_3$，因此计数器的输出就在 0000～1011 循环。构成一个十二进制计数器。

当然，也可以利用 74LS161 计数器异步清零的功能来设计十二进制计数器，具体的电路请读者自行设计。

3. 组合逻辑电路的设计

根据实验要求，组合逻辑电路的输出 Y_0、Y_1、Y_2 与输入 $Q_3 Q_2 Q_1 Q_0$ 之间的逻辑关系表达式已知，其中 $Y_0 = Q_3 Q_1 Q_0$ 可以表示为 $Y_0 = Q_3 Q_1 Q_0 = \overline{\overline{Q_3 Q_1 Q_0}} = \overline{\overline{LD}}$；$Y_2 = Q_3 \bar{Q_1} Q_0$ 可表示为 $Y_2 = Q_3 \bar{Q_1} Q_0 = \overline{\overline{Q_3 \bar{Q_1} Q_0}}$。根据这些逻辑关系表达式，结合图 4-47 的十二进制计数器，容易设计出相应的组合逻辑电路，如图 4-48 所示。

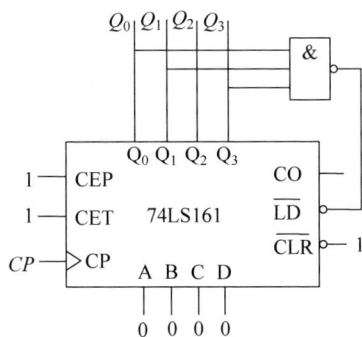

图 4-47　十二进制计数器的原理图

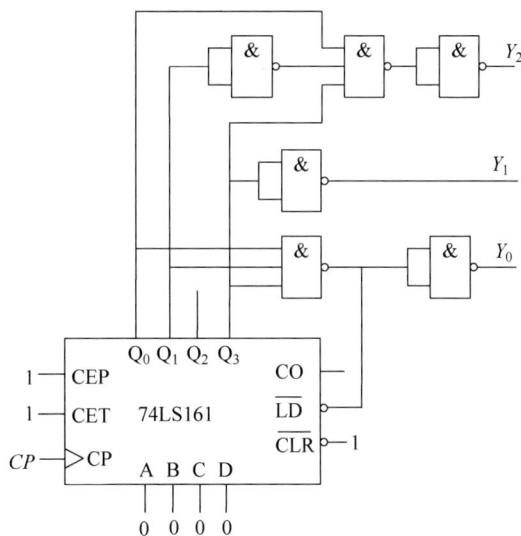

图 4-48　序列信号发生电路

4.11.3 预习要求

（1）复习有关计数器、组合逻辑电路的工作原理，以及 74LS161 型计数器、74LS00、74LS10 集成门电路的逻辑功能及各集成芯片的引脚排列和功能。

（2）分析图 4-48 所示序列信号发生电路的工作过程。

（3）复习 Multisim 12 仿真软件的使用方法。

4.11.4 实验步骤

首先，按照图 4-48 的序列信号发生电路搭建仿真电路。

在"电源库（Place Sources）"中选择"电源（POWER_SOURCES）"，放置"电源"V_{CC}，设置其电压值为 5V。同样，放置"地"GROUND。

在"基本元件库（Place Basic）"中选择电阻元件（RESISTOR），放置电阻 R_1，并设置其阻值为 1kΩ。

在"TTL 元件库（Place TTL）"中选择 74LS，放置与非门 74LS00D，在弹出的对话框中选择 A 组，并再次选择 B 组、C 组和 D 组（74LS00D 需要用到全部 4 组与非门）。放置与非门 74LS10D，在弹出的对话框中选择 A 组，并再次选择 B 组（74LS10D 需要用到 2 组与非门）。放置移位寄存器 74LS161D。注意，在仿真软件中，74LS161D 是下降沿触发的。

在窗口右侧的"仪器仪表栏"中选择函数信号发生器（Function generator）和四通道示波器（Four channel oscilloscope），把函数信号发生器 XFG1 设置成输出波形为方波，频率（Frequency）为 1kHz，幅值（Amplitude）为 2.5V，直流偏置（offset）为 2.5V。

按要求连接各元件，在电路窗口中建立如图 4-49 所示的序列信号发生电路。

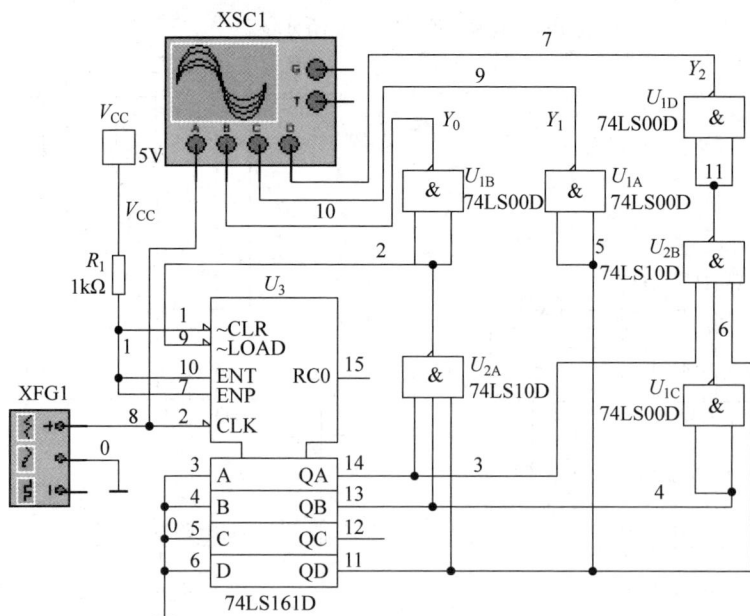

图 4-49 序列信号发生器仿真电路图

用示波器分别观察 74LS161D 的脉冲输入信号(2 号脚)和 3 个输出信号 Y_0、Y_1 和 Y_2，把观察到的波形记录在图 4-50 中。

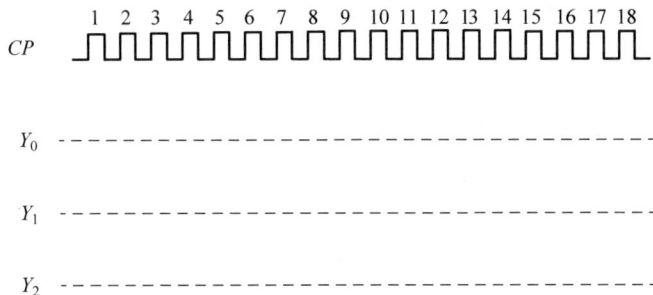

图 4-50　仿真电路的输出波形

4.11.5　实验总结

（1）总结 74LS161 同步计数器的特点,说明上升沿触发与下降触发有什么不同。

（2）画出利用异步清零功能实现的十二进制计数的原理图,采用同步置数或异步清零功能实现的十二进制计数在结构上和输出波形上有什么区别?

（3）Y_0 高电平的脉冲宽度与时钟 CP 脉冲的周期有什么关系?

（4）如果用双踪示波器观察输出波形,应该怎么操作?

4.11.6　注意事项

（1）仿真软件中 74LS161D 的图形符号与常规的图形符号不一致,触发方式也不同,注意各引脚的对应关系以及输出波形与时钟信号的关系。

（2）在搭建仿真电路时,可以根据需要对信号源或芯片进行旋转或翻转,以方便连线。

4.12　移位寄存器应用电路的仿真研究

4.12.1　实验目的

（1）了解移位寄存器和数据选择器的工作原理。

（2）了解利用数据选择器实现组合逻辑功能的方法。

（3）了解用移位寄存器和数据选择器设计序列信号发生电路的方法。

（4）理解仿真软件的使用方法。

4.12.2　实验原理简述

本实验要求使用 74LS153、74LS194 和 74LS00,设计能输出 11101000 的序列信号发生器。

序列信号是指按一定规律排列的周期性串行数字信号。序列信号可以利用计数器和组合逻辑电路、计数器和数据选择器、移位寄存器等产生。本实验主要是利用移位寄存器和组合逻辑电路来产生序列信号。

基于移位寄存器和组合反馈网络可构成反馈移位型序列信号发生器,在移位寄存器的某一输出端可以输出周期性的序列信号。其结构框图如图 4-51 所示。

利用移位寄存器产生序列信号的具体设计步骤详见 3.13 节的相关内容。

实验中需用到的 74LS194 双向移位寄存器、74LS153 数据选择器、74LS00 的工作原理和逻辑功能详见 3.13 节和 3.10 节的实验原理部分内容。

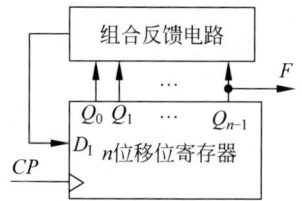

图 4-51 反馈移位型序列信号
发生电路结构框图

以产生 11101000 序列信号为例,可以把该序列信号划分为 8 个不重复的状态:111、110、101、010、100、000、001、011。由此可以画出状态转换图,如图 4-52 所示。

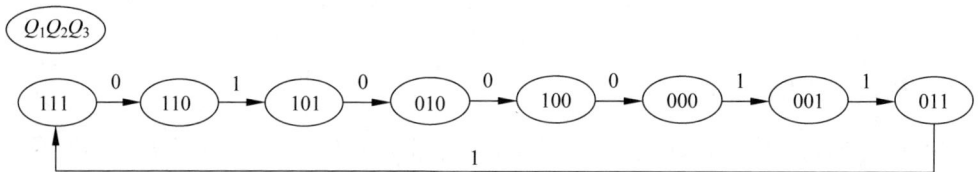

图 4-52 状态转换图

根据状态转换图,可以列出状态转换表,如表 4-26 所示。

表 4-26 状态转换表

Q_1	Q_2	Q_3	F
0	0	0	1
0	0	1	1
0	1	1	1
1	1	1	0
1	1	0	1
1	0	1	0
0	0	1	0
1	0	0	0

根据状态转换表,可以得到反馈函数的逻辑表达式

$$F = \overline{Q_1}\,\overline{Q_2}\,\overline{Q_3} + \overline{Q_1}\,\overline{Q_2}\,Q_3 + \overline{Q_1}\,Q_2\,Q_3 + Q_1\,Q_2\,\overline{Q_2}$$

这个逻辑表达式可以通过一般的门电路实现,也可以利用数据选择器来实现。用数据选择器和移位寄存器实现的序列信号发生电路如图 4-53 所示。

4.12.3 预习要求

(1) 复习有关移位寄存器、数据选择器电路的工作原理,以及 74LS153 型数据选择器、74LS194 双向移位寄存器的逻辑功能及各集成芯片的引脚排列和功能。

(2) 分析图 4-54 所示序列信号发生器的工作过程。

(3) 复习 Multisim 12 仿真软件的使用方法。

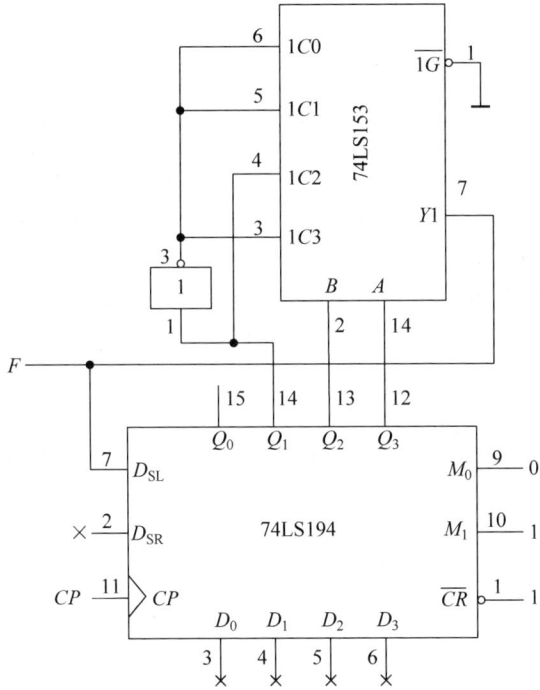

图 4-53　基于数据选择器的逻辑电路图

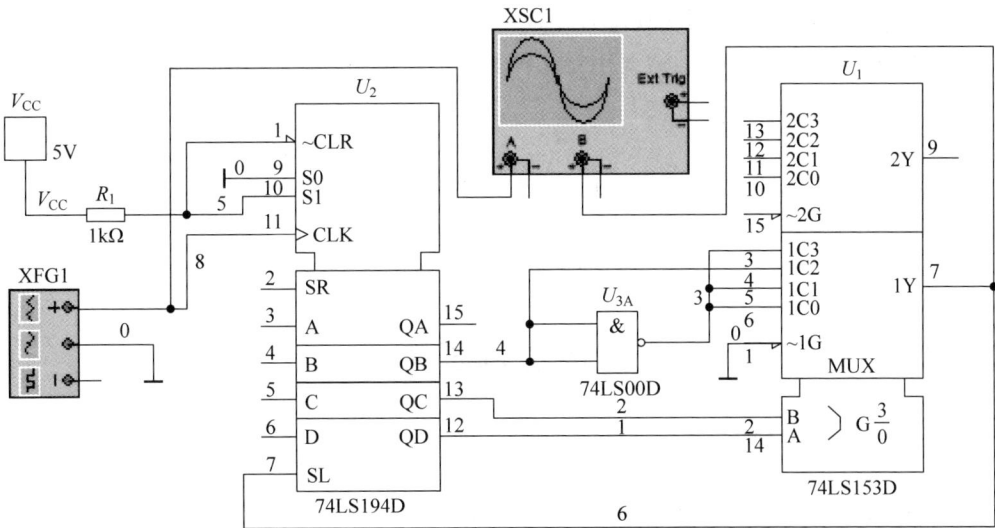

图 4-54　序列信号发生器仿真电路图

4.12.4　实验步骤

首先,按照图 4-54 的逻辑电路图搭建仿真电路。

在"电源库(Place Sources)"中选择"电源(POWER_SOURCES)",放置"电源"V_{CC},设置其电压值为 5V。同样,放置"地"GROUND。

在"基本元件库(Place Basic)"中选择电阻元件(Resistor)，放置电阻 R_1，并设置其阻值分别为 1kΩ。

在"TTL 元件库(Place TTL)"中选择 74LS，放置与非门 74LS00D，在弹出的对话框中选择 A 组。再次放置数据选择器 74LS153D 和移位寄存器 74LS194D。

在窗口右侧的"仪器仪表栏"中选择函数信号发生器(Function generator)和示波器(Oscilloscope)，把函数信号发生器 XFG1 设置成输出波形为方波，频率(Frequency)为 1kHz，幅值(Amplitude)为 2.5V，直流偏置(Offset)为 2.5V。

按要求连接各元件，在电路窗口中建立如图 4-54 所示的序列信号发生电路。

用示波器分别观察 74LS194D 的脉冲输入信号（11 号脚）和 74LS153D 的输出信号（7号脚），把观察到的波形记录在图 4-55 中。

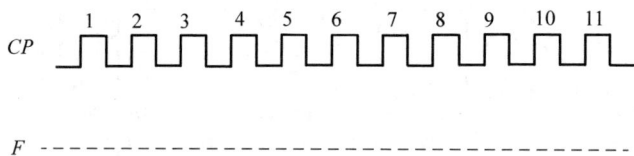

图 4-55　仿真电路的输出波形

4.12.5　实验总结

（1）从仿真波形写出仿真电路输出的序列信号。
（2）总结利用数据选择器实现组合逻辑功能的方法。
（3）如果不用数据选择器，需要用哪几种类型的门电路才能实现相同的逻辑功能？

4.12.6　注意事项

（1）仿真软件中 74LS194D 和 74LS153D 的图形符号与常规的图形符号不一致，注意各引脚的功能。
（2）可以根据需要对信号源或芯片进行旋转或翻转，以方便连线。

4.13　可控硅调光电路的仿真研究

4.13.1　实验目的

（1）掌握晶闸管和单结晶体管的使用方法。
（2）理解单结晶体管触发电路及调试方法。
（3）理解由晶闸管构成的调光电路的结构和工作原理。

4.13.2　实验原理简述

晶闸管（可控硅）器件，由可控硅构成的可控整流电路，单结晶体管器件介绍以及单结晶体管触发电路的介绍详见 3.14 节的相关内容。

4.13.3 实验内容

1. 观察触发电路各点的波形

在"电源库(Place Source)"中选择"电源(POWER_SOURCES)",放置交流电压源(AC_POWER)V_1,设置其电压有效值为220V,频率为50Hz。

在"基本元件库(Place Basic)"中选择变压器(TRANSFORMER),放置变压器(1P1S),双击变压器图标,在Value选项卡中设置Primary coil 1(一次线圈的匝数)为183,Secondary coil 1(二次线圈的匝数)为10。选择电阻(RESISTOR),根据不同的阻值分别放置阻值为300Ω、1kΩ、510Ω、1kΩ、100Ω的电阻$R_1 \sim R_5$。选择电容器(CAPACITOR),放置电容值为0.047μF的电容C_1。选择电位器(POTENTIOMETER),放置阻值为50kΩ的电位器R_W(双击电位器图标,在弹出的对话框中选择Label选项卡,把RefDes修改为R_W即可)。

在"二极管元件库(Place Diodes)"中选择二极管(DIODE),放置5个二极管1N4007。选择稳压管(ZENER),放置稳压管BZV55-C9V1。选择单向可控硅(SCR),放置可控硅BT151-500R。

在"三极管元件库(Place Transistors)"中选择单结晶体管(UJT),放置单结晶体管2N6027(注意,图形符号与实际操作实验中的图形符号不一样)。图4-56中R_3、R_4分别代表单结晶体管的内部基极电阻R_{b1}和R_{b2}。

在"指示元件库(Place Indicator)"中选择虚拟灯泡(VIRTUAL_LAMP)放置在电路工作窗口。单击灯泡图标,在Value选项卡中设置Maximum rated voltage(最大额定电压)为12V,Maximum rated power(最大额定功率)为1.2W。

在窗口右侧的"仪器仪表栏"中选择四通道示波器(Four channel oscilloscope)。

按要求连接各元件,在电路窗口中建立如图4-56所示的可控硅调光电路。

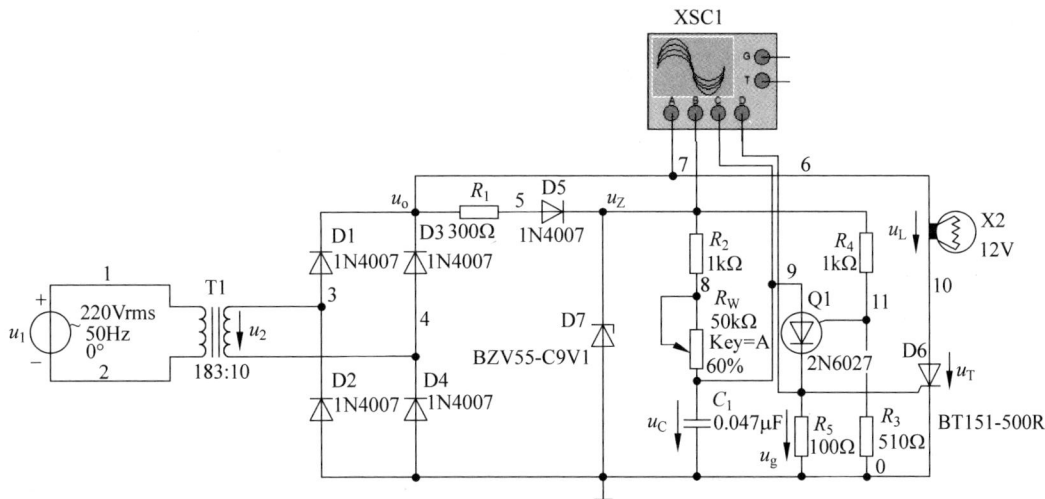

图 4-56 可控硅调光仿真电路图

起动仿真电路,把电位器R_W调到最小处,用示波器观察,并在图4-57中绘出u_o、u_Z、u_C、u_g的波形。标注时间和幅值。

调节 R_W，观察 u_C、u_g 波形的变化，并与上述波形进行比较。

2. 观察主电路带电阻性负载各部分的电压波形

（1）把电位器 R_W 调到最小，用双踪示波器观察交流输入电压 u_2、晶闸管压降 u_T、输出电压 u_L 的波形，并绘在图 4-58 中，标注时间和幅值。

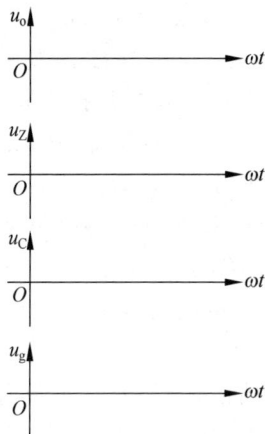

图 4-57　触发电路波形　　　　　图 4-58　主电路各部分电压波形

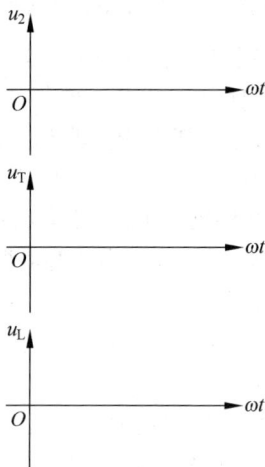

（2）调节 R_W，观察 u_T 和 u_L 波形的变化，同时用万用表直流挡测量负载电压 U_L，并计算相应的控制角 α，记入表 4-27 中。

表 4-27　负载电压 U_L 及控制角 α

测试条件 \ 测试项目		灯 泡 亮 度	U_L/V	$\alpha/(°)$
$U_2=$　　/V	R_W 最小			
	R_W 适中			
	R_W 最大			

4.13.4　实验总结

（1）根据所测的波形，说明如何改变晶闸管的控制角 α。

（2）在单结晶体管触发电路中，直接用直流稳压电源代替桥式整流电路给稳压管限幅供电是否可行？为什么？

4.13.5　注意事项

（1）在仿真电路图中，单结晶体管外围电路的接法与实际操作实验中的电路不一样，需要特别注意。

（2）可以直接用四通道示波器观察 u_o、u_Z、u_C、u_g 的波形，如果有波形重叠，则可以通过上下移动（调节"Y 轴位移（格）"的参数）波形，使波形显示完整。但在观察 u_2、u_T、和 u_L 的波形时，必须用双踪示波器分两次观察。

附录 电工接线图

电工接线图（彩图）

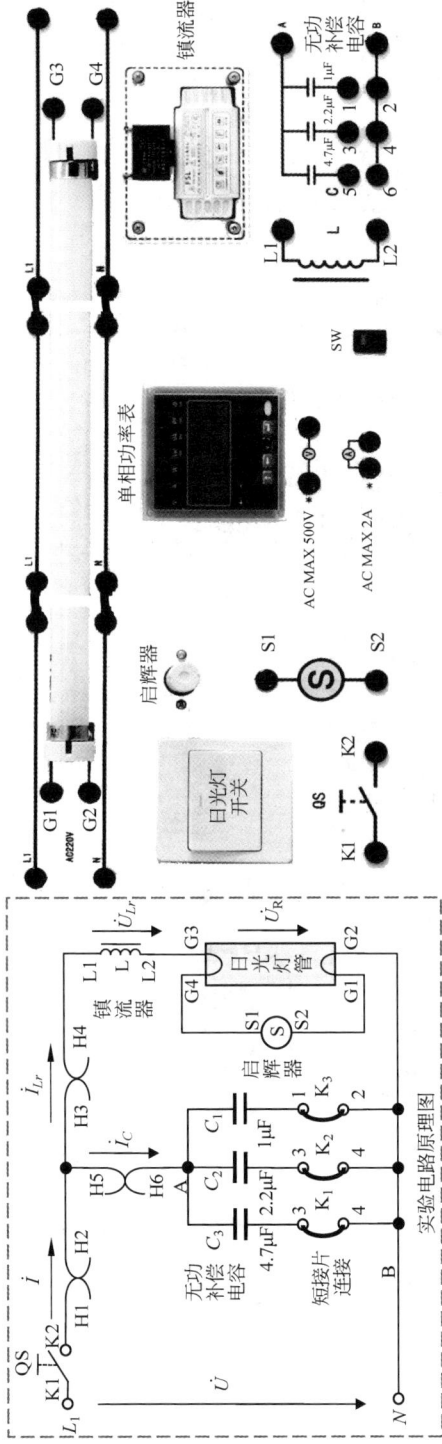

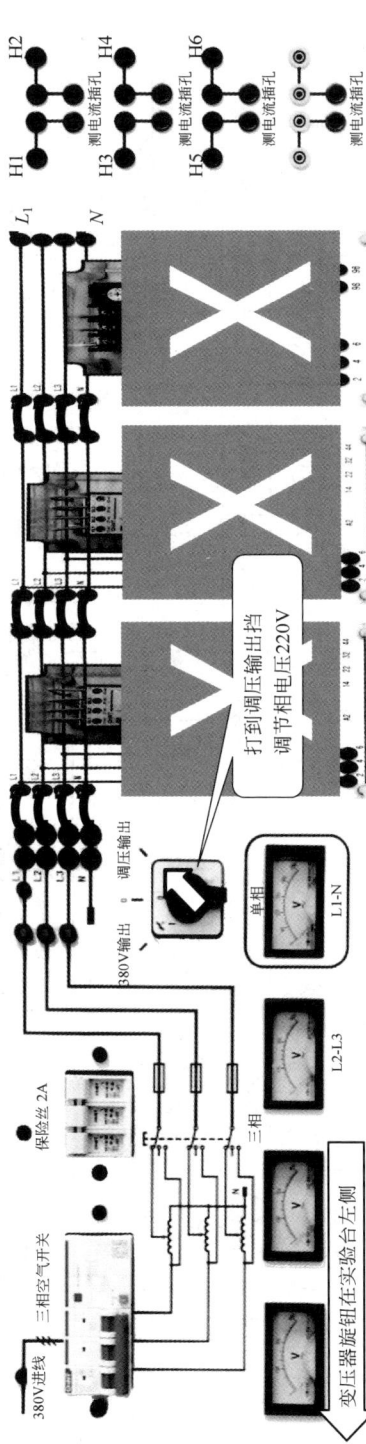

实验电路原理图

电工接线图

图纸名称：	电工接线辅助教学用图	版本号	v1.3	绘线员（签字）：	实验
图纸名称：				审核员（签字）：	台号
实验名称：	实验二 日光灯电路及其功率因数的提高			图纸设计人：	
图纸设计单位：	浙江工业大学电工电子实验教学示范中心			杨海清	日期

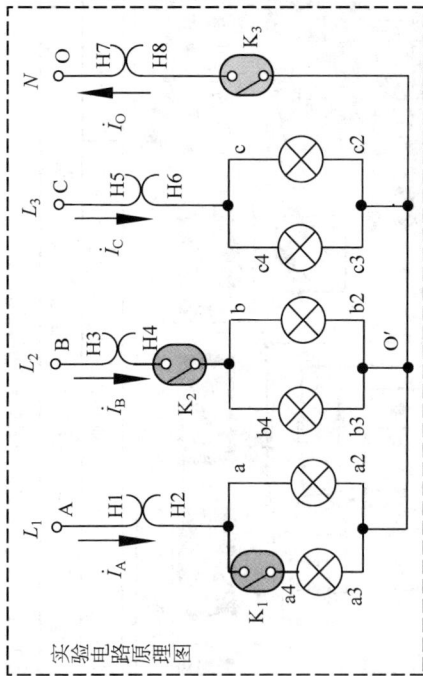

	负载情况1	负载情况2	负载情况3	负载情况4
	对称 有中线	对称 无中线	不对称 有中线	不对称 无中线
	K_1K_2闭合	K_1K_2闭合	K_1K_2断开	K_1K_2断开
	K_3闭合	K_3断开	K_3闭合	K_3断开

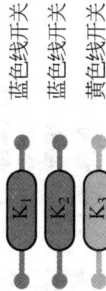

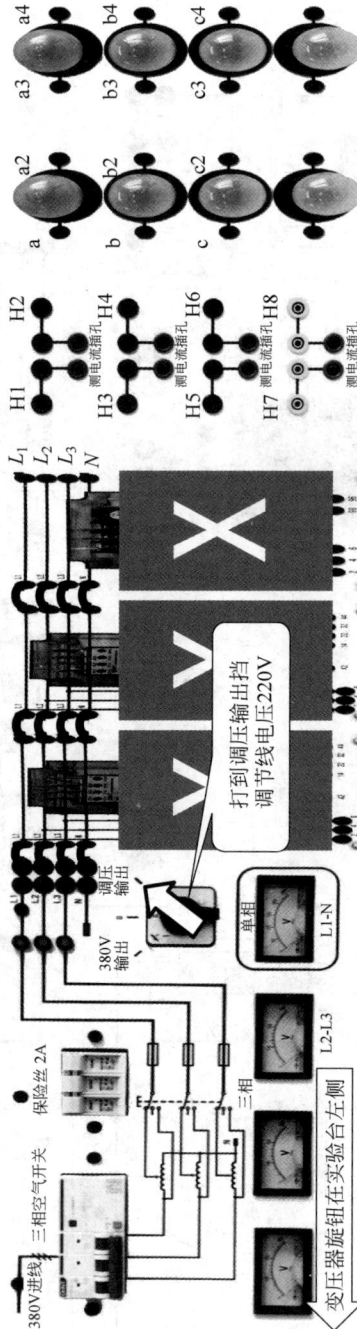

蓝色线开关　蓝色线开关　黄色线开关

K_1　K_2　K_3

a3 a4 b3 b4 c3 c4
a2 a b2 b c2 c

H2 H4 H6 H8
H1 测电流插孔 H3 测电流插孔 H5 测电流插孔 H7 测电流插孔

实验电路原理图

L_1 A H1 H2　i_A　a4 a3 K_1 a a2
L_2 B H3 H4　i_B　b4 b b2 O′ K_2
L_3 C H5 H6　i_C　c4 c c2 c3
N O H7 H8　i_O　K_3

三相空气开关　380V进线　保险丝 2A
打到调压输出挡 调节线电压220V
380V输出　调压输出
单相 L1-N　L2-L3　三相
变压器旋钮在实验台左侧

图纸名称：	电工接线辅助教学用图	版本号	v1.3	实验台号	
实验名称：	实验三 三相交流电路（负载作星形联接）		绘线员（签字）：	日期	
图纸设计单位：	浙江工业大学电工电子实验教学示范中心		审核员（签字）：		
			图纸设计人：杨海清		

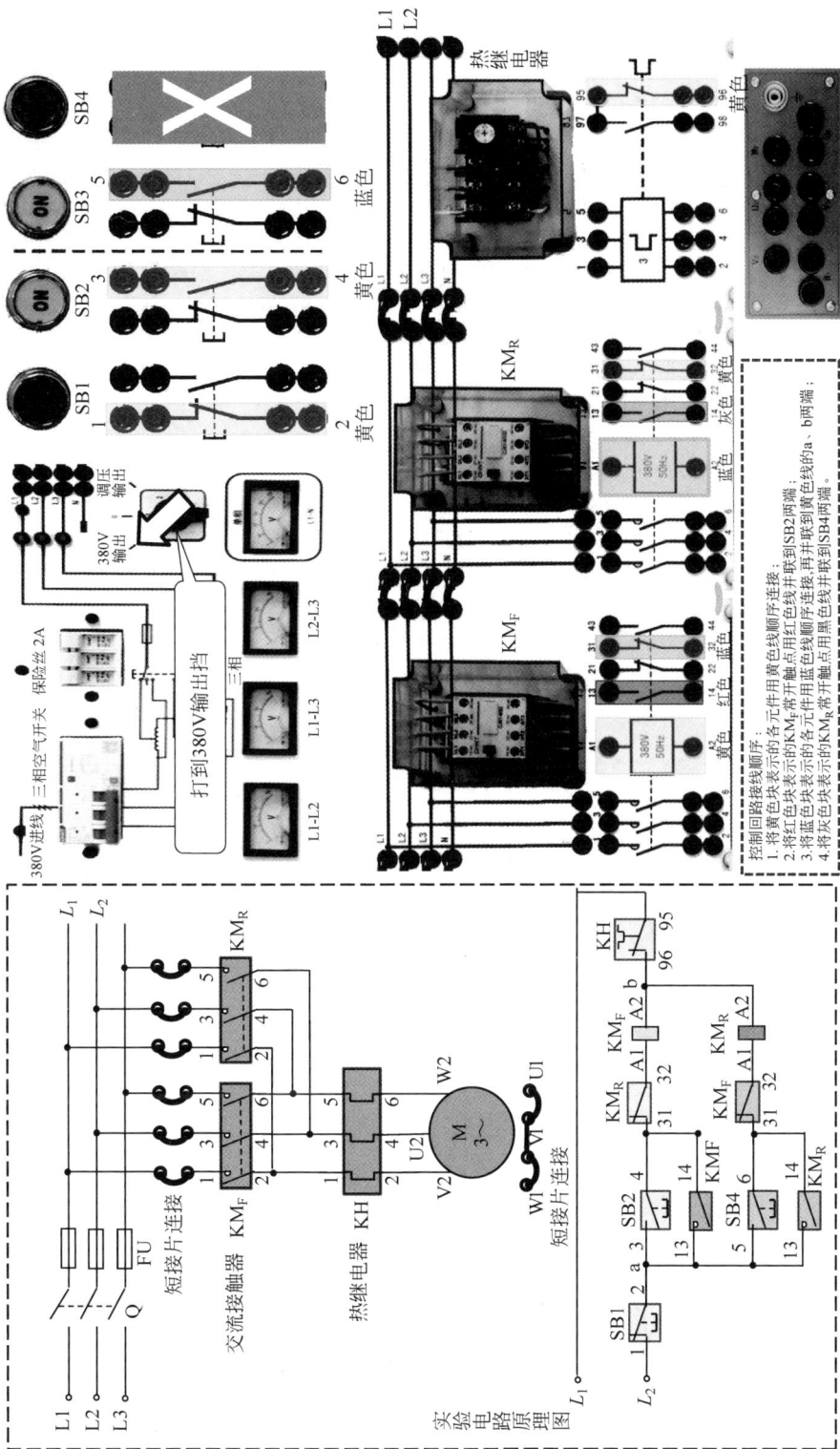

参 考 文 献

[1] 吴根忠,仇翔,徐红,等.现代电工电子学[M].北京:科学出版社,2020.

[2] 贾立新.数字电路[M].3 版.北京:电子工业出版社,2017.

[3] 金燕,李如春,贾立新.模拟电子技术实验与课程设计[M].武汉:华中科技大学出版社,2020.

[4] 康华光,陈大钦,张林.电子技术基础——模拟部分[M].5 版.北京:高等教育出版社,2006.

[5] 贾爱民,张伯尧.电工电子学实验教程[M].杭州:浙江大学出版社,2009.

[6] 王宇红.电工学实验教程[M].2 版.北京:机械工业出版社,2013.

[7] 杨风.电工学实验[M].2 版.北京:机械工业出版社,2014.

[8] 唐介.电工学(少学时)[M].4 版.北京:高等教育出版社,2014.

[9] 刘润华.电工电子学[M].北京:高等教育出版社,2015.

[10] 王冠华.Multisim 12 电路设计及应用[M].北京:国防工业出版社,2014.

[11] 聂典.Multisim 12 仿真设计[M].北京:电子工业出版社,2014.

[12] 王连英.Multisim 12 电子线路设计与实验[M].北京:高等教育出版社,2015.